333 Superlative und Kuriositäten der Luftfahrt

Andreas Fecker

333 Superlative und Kuriositäten der Luftfahrt

GeraMond

Vorwort

Bei allem Ernst wünsche ich mir, dass wir das Vermächtnis der Pioniere, das Geschenk des Luftverkehrs, der uns heute schnell, preisgünstig, unkompliziert und komfortabel in alle Welt verreisen lässt, mit Verantwortung für unsere Umwelt nutzen, dass wir es verbessern und weiterentwickeln, und dass wir darauf verzichten, wo es nicht notwendig ist.

Wann immer der Mensch versucht, die Schwerkraft zu überwinden, ist das von Haus aus wider die Natur, weil er dafür nun mal nicht geschaffen ist. Aber der Blick auf die Vögel ließ ihm keine Ruhe. Er entwickelte Maschinen, die zwar schwerer sind als Luft, die er aber gleichwohl nutzen konnte, um zu gleiten oder sich gar mit einem Motor fortzubewegen. Das wurde schnell zu einer komplexen Angelegenheit, denn man bediente sich dabei der Physik, der Chemie und des menschlichen Verstandes, um die lästige Schwerkraft auszutricksen. Unermüdliche Geister und todesmutige Pioniere haben sich in die Fliegerei verbissen, um ihre Maschinen zu verbessern, um neue Rekorde aufzustellen und schließlich die dritte Dimension mitsamt dem Weltall zu erobern. Diese mühsamen Versuche sind genauso wie der fliegerische Alltag mit Kuriositäten gespickt, die ich für dieses Buch zusammengetragen habe. Wir erleben mutige Menschen, die die Grenzen des Machbaren weiter vor sich hergeschoben haben. Wir werden leider auch Zeugen, wie wir Erdlinge uns die Fliegerei zunutze machten, um Tod und Zerstörung zu bringen und andere Länder zu unterwerfen. In einer friedlichen Welt verstehen wir Luftfahrt als selbstverständliches Transportmittel des öffentlichen Verkehrs. Technik und Sicherheit setzen wir voraus. Dabei übersehen wir gerne die vielen erstaunlichen Highlights, die das Thema atemberaubend spannend machen.

Andreas Fecker

Eine C-5 Galaxy der U.S. Air Mobility Command wird in McMurdo auf der Antarktis vor dem Start enteist. Für Großraumflugzeuge werden zwischen 3.000 und 6.000 Liter Enteisungsflüssigkeit gebraucht. In Europa kostet das zwischen 8.000 und 12.000 Euro. In der Antarktis dürfte noch einiges an Kosten für den Antransport und die Lagerung hinzukommen.

COMMAND

Inhalt

Wirbelschleppen hinter einer Herkules C-130

Eine Twin Otter stürzt sich zur Piste der karibischen Insel San Barthélemy hinab.

Miami International Airport, Florida

Jatho Eindecker mit darüberliegendem Höhensteuer

Kann es eine wirkungsvollere Werbung geben für Alaska, für frischen Lachs und für die Airline, die ihre Kunden in diese großartige Region fliegt?

Alaska
ska Seafood

01

Die erste Fliegeruhr

Der brasilianische Flugpionier Alberto Santos-Dumont gewann 1901 in Paris mit seinem Luftschiff den Deutsch-de-la-Meurthe-Preis, dotiert mit 100.000 Franc. Im Anschluss daran feierte er im Pariser Nobelrestaurant Maxim's. Zu seinem Freundeskreis zählte der Juwelier und Uhrmacher Louis-François Cartier. Santos-Dumont erzählte, wie umständlich es sei, während des Fliegens die Taschenuhr aus der Hosentasche zu kramen, sie aufzuklappen, um die Zeit abzulesen. Schließlich war so etwas wie ein Autopilot noch lange nicht erfunden, und Piloten behielten ihre Hände am Steuer, mussten aber gleichwohl die Zeit ablesen können. Cartier versprach, ihm eine Uhr zu entwickeln, die er am Handgelenk tragen könnte. Die Öffentlichkeit wurde durch Fotos in der Zeitung darauf aufmerksam. „Was hat er da an seinem Handgelenk?" Bis dahin war die Armbanduhr mangels Hosentasche ein weibliches Accessoire. So war es schließlich diese Uhr, die durch Freundschaft mit Santos-Dumont den Namen Cartier weltberühmt machte.

Fliegeruhren wurden bis in die heutige Zeit kultiviert. Was ist an ihr anders als an einer normalen Armbanduhr? Sie soll schnell ablesbar sein, übersichtlich, mit dunklem Ziffernblatt und hellen, meist arabischen Ziffern. Doch der Markt ist voll an mehr oder weniger übersichtlichen Uhren mit dunklem Ziffernblatt und hellen Ziffern. Kann sich also jede zweite Uhr „Fliegeruhr" nennen? Und in der Tat, es gibt dutzende von Herstellern, die in ihrem Katalog auch eine Fliegeruhr anbieten. Zumindest äußerlich fällt sie durch ihr schickes und funktionales Design auf.

Erster Flug von Santos-Dumont mit dem Flugzeug „14-bis"

Das längste Luftrennen der Welt 02

Die De Havilland DH89 Rapide wird von begeisterten Zuschauern umringt.

Im Jahr 1930 fand die MacRobertson Trophy statt, ein Luftrennen von England nach Australien, das Preisgeld betrug 75.000 USD. Es gab zwei Kategorien: Geschwindigkeit und Ankunft innerhalb von 16 Tagen mit der geringsten Flugstundenzahl. Jim Mollison testete die Route 1931 aus und legte fünf Pflichtlandeorte fest: Bagdad, Allahabad, Singapur, Darwin und Charleville. Es gab kein Größenlimit für Flugzeuge oder Crews. Aber es durfte auch kein Pilot unterwegs dazu stoßen. Am 20. Oktober 1934 starteten 64 Teilnehmer aus 13 Ländern. Am Start waren die unterschiedlichsten Flugzeugtypen – von der einmotorigen Maschine bis zur DC-2 der KLM. Im 45-Sekunden-Rhythmus starteten die 20 Maschinen. Einige schlugen sofort den Kurs nach Bagdad ein, andere nach Marseille, Rom oder Bukarest, wieder andere nach Athen, je nach Reichweite der Tanks. Bereits am zweiten Tag waren mehrere Maschinen ausgeschieden, sei es wegen Öl-Lecks oder einigen fatalen Bruchlandungen. Von allen Teilnehmern kamen nach teils dramatischen Erlebnissen nur neun in Melbourne an. Die Sieger, Charles Scott und Campbell Black, benötigten 71 Stunden für die 18.200 Kilometer lange Strecke. Im Laufe der folgenden Jahrzehnte wurden diese Zeiten natürlich immer weiter unterboten, die Etappen wurden weniger, die Non-Stop-Strecken immer länger.

03

Notlandungslehrgänge

Cockpit einer Boeing 727

Es gab einmal ein paar Filme im Fernsehen, da hatten die Piloten verdorbenes Essen zu sich genommen und waren danach kurzerhand wegen Lebensmittelvergiftung flugunfähig. Daraufhin achteten Fluggesellschaften angeblich darauf, dass nicht beide Piloten das gleiche aßen. Bestellte der eine Fisch, musste der andere Rind oder Schwein essen. Findige Geschäftleute kamen auf die Idee, die teueren Schulungssimulatoren auszulasten und veranstalteten Lehrgänge für blutige Laien, wie man einen Jumbo landet, wenn das Cockpit „außer Gefecht" ist. Fortan meldeten sich reihenweise Passagiere schon beim Einsteigen bei den Flugbegleitern prophylaktisch mit: „Miss, wenn die Piloten nicht mehr fliegen können, kommen Sie zu mir. Ich kann das." Natürlich wurde das mit einem freundlichen Lächeln quittiert, was bei dem vermeintlichen Rettungspiloten Zuversicht bewirkte. Das diente natürlich in erster Linie dazu, die Sitznachbarin zu beeindrucken. Denn, sollte der Ernstfall eintreten, dann wird dem Passagier mit dem Piloten-Crash-Kurs nichts anderes einfallen, als „also wie ging das nochmal ..." Und das mit dem Crash-Teil vom Crashkurs wurde wahrscheinlich auch falsch verstanden. Unterm Strich war das nichts als eine Geschäftsidee, wahrscheinlich verbunden mit einer Aufwertung des Egos vieler Teilnehmer und einem Schuss Abenteuer.

Torrey Canyon

Im März 1967 lief der 120.000-Tonnen-Supertanker Torrey Canyon vor der englischen Küste auf ein Riff. Elf Tage lang donnerte die Brandung gegen das havarierte Schiff, von dem immer mehr Rohöl ins Meer lief. Hilfsschiffe versuchten mit Detergenzien das Öl aufzulösen und vergrößerten dabei auch noch die Umweltkatastrophe. Beim Versuch einer niederländischen Bergungsfirma, den Tanker wieder flott zu machen, kam ein Seemann ums Leben. Schließlich holte man Flugzeuge der Royal Navy, um das Schiff mithilfe von Bomben zu versenken. Zwei Tage lang flog die Navy Angriffe gegen das Wrack, 42 Bomben und elf Raketen wurden abgeworfen, ein Viertel davon trafen nicht einmal das unbewegliche Schiff. Die Ölpest wurde schlimmer, ein entstandenes Feuer wurde von der Brandung gelöscht. Die Presse feixte: „Wie gut, dass der Tanker nicht zurückschießt!" Am nächsten Tag gingen die Angriffe weiter, diesmal griff auch die Air Force mit Napalm ein. Schließlich verbrannten das Wrack und ein Teil des Öls. Das Umweltdesaster war zu dieser Zeit das Größte der Geschichte. 20.000 Seevögel verendeten. Es war nicht der erste Verlust eine Tankers. Aber es war das erste Mal in der Geschichte der Seefahrt, dass die Öffentlichkeit derart Anteil an dem Desaster nehmen konnte.

Der zerbrochene Supertanker vor der Küste Englands

05 Egomanen und andere Diktatoren

Öl, Gold, Diamanten und seltene Erden verführen Afrikas korrupte „Herrscher auf Lebenszeit“ zu einem Leben in einer luxuriösen Parallelwelt. Unmut oder gar Kritik gelten als Blasphemie und werden bestraft. Das Ausland verschließt die Augen und duldet oder unterstützt das jeweilige Regime, solange man Geschäfte machen kann und nicht gerade ein öffentlicher Genozid stattfindet. Wirtschaftlicher und politischer Einfluss bestimmen den Umgang mit den Despoten, denn man will sie möglichst nicht an den Einflussbereich anderer Großmächte wie zum Beispiel China verlieren. Präsident Mobutu Sese Sekos (DR Kongo, früher Zaire) hat ein Privatvermögen von fünf Milliarden Dollar angehäuft. In seinem Heimatort Gbadolite ließ er sich den belgischen Königspalast nachbauen samt einer Concorde-fähigen Piste. Schließlich ließ man sich ja frische Torten und Champagner aus Paris einfliegen. Und Concorde und Kongo schienen nach seiner Auffassung füreinander gemacht. Das Paradoxe an dieser Sache ist, entfernt man diese „Sonnenkönige“ aus ihren Palästen, versinkt das Land alsbald in Chaos und Bürgerkrieg. Flugzeuge für Ego-Trips sind da noch das kleinste Übel. Gleichwohl begnügen sich die Operettenfürsten oft nicht mit eigenem Luxus, sondern gründen auch noch Fluglinien, um den Ruhm und die vermeintliche Größe ihres Herrschertums in die Welt hinauszutragen.

Nachdem Präsident Mobutu Sese Sekos entmachtet wurde, wurde es still in Gbadolite. Nur noch gelegentlich landete ein Flugzeug auf dem Geisterflughafen.

Der Lufthansa-Raub

06

Bei einem Raubüberfall im Jahr 1978 wurden aus dem Frachtterminal der Lufthansa im New Yorker JFK-Airport fünf Millionen USD erbeutet. Nach heutigem Geldwert entspricht das etwa 20 Millionen Dollar. Der Überfall dauerte 64 Minuten. Es war der größte Geldraub auf dem Boden der USA. Die Fluchtwagen sollten noch am gleichen Tag in der Schrottpresse landen. Aber die unerwartet hohe Beute sorgte für Übermut. Einer der Drahtzieher fuhr statt zur Schrottpresse zu seiner Freundin, um mit ihr zu feiern. Den Wagen stellte er im Parkverbot ab. Daran wurden seine Fingerabdrücke gefunden. Bei der Verteilung der Beute kam es zu weiteren Meinungsverschiedenheiten. Im 14-Tage-Rhythmus wurden Beteiligte nach und nach ermordet. Andere flüchteten sich in das Zeugenschutzprogramm. Der mutmaßliche Drahtzieher Jim Burke konnte nicht mehr überführt werden, da wichtige Zeugen nicht mehr lebten. 1996 starb er in Haft wegen eines anderen Delikts. Bis 1984 wurden 13 Mitglieder durch den Lucchese-Clan liquidiert. Das Geld wurde nie gefunden.

Red Baron ripped off:
JFK ROBBERS GET $5M IN CASH

Klodeckelkontroverse

07

Der amerikanische Rechnungshof kritisierte in den 1980er-Jahren die kritiklose Verschwendung von Steuergeldern im Pentagon. So wurde zum Beispiel moniert, dass für eine Sechskantmutter 2.043 Dollar bezahlt wurde oder für einen Schraubendreher 285 Dollar. Was immer das Pentagon kaufte, kostete das Zehnfache wie ein identischer Artikel im Baumarkt. Klar, wenn ein Reißnagel in der Küche vom Pinboard fällt, verliert man womöglich ein feines Rezept. Wenn ein Pentagon-geprüfter Reißnagel im Einsatzgebiet von der Wand fällt, könnte man einen Schlachtplan verlieren und damit womöglich den ganzen Krieg! Die amerikanische Presse erging sich in Sarkasmus. Besonders der Lokusdeckel für die Bordtoiletten in der C-5 Galaxy war ein beliebtes Ziel. Die Air Force begründete die hohen Kosten mit der Entwicklung und den geringen Stückzahlen. Besonders ein Vorschlag bewegte die Nation: Man solle doch die Flugzeuge gleich beim führenden Toilettenhersteller Kimberly-Clark bestellen. Der könne ja dann die Flugzeuge drum herum bauen.

Soapy Watson mit der notgelandeten Harrier auf dem Containerschiff

08 Soapy Watson

Der junge Harrier-Pilot Ian „Soapy“ Watson wurde 1983 zu einer Search-and-Rescue-Übung der Royal Navy auf einen Flugzeugträger in den Atlantik abkommandiert. Er erwischte ein Flugzeug, bei dem schon tags zuvor der Funk nicht in Ordnung gewesen war. Während er versuchte, mit seinem Schiff über Funk in Verbindung zu treten, verirrte er sich über den Weiten des Ozeans und der Treibstoff ging zur Neige. Da entdeckte er auf seinem Radar ein Frachtschiff und setzte den Harrier mit dem letzten Tropfen Sprit zwischen zwei Ladekränen auf die Container. Das Schiff war unterwegs nach Lissabon. Nach maritimem Brauch stand der Reederei ein Rettungserlös zu (Salvage Money). Man einigte sich auf 1,14 Millionen Dollar, von denen drei Fünftel an die Crew ging. Soapys Kommandeur rügte ihn öffentlich dafür, dass er sich trotz all seines Navigationsequipments verirren konnte. Soapy Watson bat um eine Untersuchung. Dort kam heraus, dass das Flugzeug gar nicht hätte geflogen werden dürfen, und dass der 25-Jährige seine Ausbildung zum Piloten erst zu 75 Prozent abgeschlossen hatte, bevor er zu diesem Einsatz praktisch gezwungen wurde. Schließlich erhielt er auch noch die Anerkennung dafür, das Flugzeug gerettet zu haben.

Der Preis der Eitelkeit

Hastings Banda, Präsident von Malawi auf Lebenszeit, plante 1985 einen Staatsbesuch in England. Um standesgemäß anreisen zu können, charterte Air Malawi am 2. April 1985 eine Boeing 747SP samt Crew von South African Airways. SAA nahm sie dazu aus dem laufenden Betrieb und lackierte sie in die Farben der Air Malawi um. Am 13. April flog die Maschine mit Hastings Banda an Bord nach Amsterdam. Am 16. April ging es weiter nach London Heathrow. Der afrikanische Staatsgast verweilte dort bis zum 10. Mai! Der Riesenvogel parkte solange in Heathrow, einem der teuersten Flughäfen Europas. Allein die Abstellgebühren verschlangen rund 200.000 USD. Am 11. Mai landete das Flugzeug mit Präsident Banda und seiner Entourage wieder zu Hause und wurde um 12.50 Uhr Ortszeit desselben Tages an SAA zurückgegeben. Während Airlines, die Gewinne einfliegen, die Bodenzeit ihrer Maschinen auf das absolute Minimum beschränken, wurde hier das Geld einer staatlichen Fluggesellschaft, die sowieso nur Verluste einflog, mit vollen Händen zum Fenster hinausgeworfen, nur um am Ankunfts- und Abflugtag für ein paar Minuten Eindruck zu schinden. Eine Auslandsverschuldung in Milliardenhöhe macht eben schmerzfrei. Schuldig sind letztendlich alle die Länder, die dieses Spiel mitmachen, die Waffen liefern statt Saatgut, Genmais statt Brunnen. Unsere Fangflotten fischen die Küstengewässer leer, um den Hunger zu stillen überlassen wir ihnen unsere Fleischabfälle. Gleichzeitig werten wir ihre Herrscher auf, um unseren Einfluss nicht zu gefährden.

Die eigens für einen Staatsbesuch umlackierte Boeing 747 der South African Airways

10 Ein Airport zieht um

Noch 25 Jahre nach der Eröffnung des neuen Münchner Flughafens gilt der Umzug von Riem nach Erding weltweit als Musterbeispiel deutscher Organisation und Logistik. Fachleute aus aller Welt kommen in die bayerische Landeshauptstadt und informieren sich über die Details. Damals schloss München-Riem um 23 Uhr nach der letzten Landung für immer, während alles Inventar, Computer, Maschinen, Bodengeräte auf 1.600 durchnummerierte Tieflader, Lastwagen, Möbelwagen und Spezialfahrzeuge aller Art verladen und über die gesperrte Autobahn zum neuen Airport gebracht, ausgeladen und bereitgestellt wurden. Verkehrszonendisponenten dirigierten Fahrer zu 130 Beladepunkten. 80 Speditionen waren an dem Umzug beteiligt. In Erding schließlich werden die Fahrer zu den Entladepunkten dirigiert, wo sie bereits erwartet werden. Unterwegs stehen Räumfahrzeuge und Schlepper an den Autobahnen bereit, sollte es zu Zwischenfällen kommen. Der Umzug wird abgespult wie ein Formel-1 Rennen. 1.200 Journalisten aus aller Welt wurden Zeugen dieser reibungslosen Organisation. Sie schwärmten in ihren Zeitungen über die deutsche Präzision, denn am nächsten Morgen, pünktlich um sechs Uhr startet in Erding das erste Flugzeug, als hätte es nie einen Umzug gegeben.

Irgendwie geriet ein solcher Plan in Berlin etwas durcheinander. Dort hatte man Einladungen zur feierlichen Eröffnung verschickt, Häppchen und Sekt bestellt, Tempelhof geschlossen und vor lauter Begeisterung vergessen, den Flughafen fertig zu bauen. Das war 2007. Heute pfuscht man noch immer an der Fertigstellung herum und überlegt immer wieder mal, ob man ihn nicht doch abreißen sollte.

Autokräne und Tieflader teilten sich am letzten Tag von München-Riem das Vorfeld.

11 General Musharrafs Irrflug

Am 12. Oktober 1999 flog Käpten Syed Hussein seinen PIA Airbus A300 von Colombo nach Karachi. Gleichzeitig entließ Premierminister Sharif seinen damaligen Armeechef Pervez Musharraf, zufällig einer der 190 Passagiere an Bord. Als der Airbus in Karachi zur Landung ansetzte, gab Sharif die Order, das Flugzeug nicht in Karachi landen zu lassen. Käpten Hussein flog daraufhin nach Nawabshah. Doch auch dort verweigerte man ihm die Landung ungeachtet der prekären Treibstoffsituation. Auf der Landebahn stand ein Truck. Er solle sich um die Landung in einem anderen Land kümmern, hieß es. Zu diesem Zeitpunkt übernahm Musharraf-treues Militär den Flughafen

PIA Airbus A300

von Karachi und befahl Hussein nach Karachi zurückzufliegen und dort zu landen. Das Flugzeug landete auf dem letzten Tropfen Sprit. Der Putsch hatte Erfolg, General Musharraf übernahm die Regierung. Premierminister Nawaz Sharif wurde wegen versuchtem Mord angeklagt, später aber begnadigt und ins Exil verbannt. Doch im Juni 2013 wurde er erneut zum Premierminister gewählt.

12 Die Vorstände von Olympic

Früher einmal leitete Aristoteles Onassis die Olympic Airlines, bis er sich mit der griechischen Regierung überwarf und die Airline an den Staat zurückverkaufte. Doch damit begann die Misswirtschaft. 1994 genehmigt die EU der griechischen Regierung für die Olympic eine einmalige Zwei-Milliarden-Euro-Finanzspritze unter weitreichenden Bedingungen: Unter anderem musste sich das Verkehrsministerium zukünftig aus dem Management heraushalten, und mehr Wettbewerb zulassen. Und siehe da, 1995 konnte Olympic erstmals seit Jahren wieder ein Plus bilanzieren. Doch schon ein Jahr später schien sich das Ministerium nicht mehr an die erste Bedingung der EU zu erinnern. In 30 Jahren hatte Olympic

Boeing 707 der Olympic

Airways bereits 27 Chairmen verschlissen. Eine britische Consulting-Crew wurde engagiert, um Olympic fit für eine Allianz zu machen. Doch nach vielen internen Schwierigkeiten, geprägt von Misstrauen gegen die Engländer, kündigte Olympic nach drei Jahren den Vertrag, ohne das Honorar zu bezahlen. Am 8. Dezember 2000 gestand die griechische Regierung erstmals ihr Versagen ein.

13

Charlotte

Vietnamesisches Hängebauchschwein

Am 17. Oktober 2000 buchte Maria Tirotta Andrews einen Flug von Philadelphia nach Seattle in der ersten Klasse für sich und ihr Begleittier. Amerikanisches Recht sieht vor, dass therapeutische Tiere als Begleitung von Menschen mit einer Behinderung befördert werden müssen. Telefonisch wurde Mrs. Andrews sogar zugesichert, dass das Begleittier umsonst befördert werden würde. Als Mrs. Andrews aber mit einem 150 Kilo schweren vietnamesischen Hängebauchschwein eincheckte, das auf den Namen „Charlotte" hörte, war man sich nicht mehr sicher. Mrs. Andrews bestand darauf, sie bräuchte das Schwein auf dem sechsstündigen Flug zur Beruhigung ihres schwachen Herzens bei sich. Während des Landeanflugs wurde die Sau wild. In Panik rannte sie gegen die Cockpittür und randalierte anschließend in der Bordküche. Sie quiekte, schrie und verteilte ihren Kot in der ersten Klasse. US Airways gab danach bekannt, dass dies das erste und letzte Mal war.

14

Delta 15

Stipendiaten der Lewisporte High

Als am 11. September 2001 der Luftraum über den USA für jeglichen Passagierverkehr gesperrt wurde, landeten 53 Passagiermaschinen in Gander, Neufundland. Die Behörden gingen sehr systematisch mit der Entladung und Unterbringung der insgesamt 10.500 Passagiere vor. Die 287 Menschen von DL15 wurden in der High-School von Lewisporte untergebracht. Krankenschwestern und Altenpfleger kümmerten sich um die Gestrandeten. Jedem stand ein Telefon zur Verfügung, von wo er nach Hause telefonieren durfte. Die Gastgeber organisierten Ausflugsprogramme, Bootsfahrten, Wanderungen. Die örtlichen Bäckereien legten 24-Stunden-Schichten ein. Mahlzeiten wurden gebracht. Es gab Wertmarken für Waschsalons, denn das Gepäck war nicht entladen worden. Als dann der Luftraum über den USA wieder geöffnet wurde, gründeten die Passagiere von DL15 eine Stiftung für die Schüler der Lewisporte High-School. Noch an Bord kamen 14.000 Dollar zusammen. 2016 waren 1,5 Millionen Dollar in dem Fonds!

15

Not(durft)landung

An Bord einer Boeing 747 der British Airways auf dem Flug von London nach Dubai schaffte es ein Passagier buchstäblich in letzter Sekunde auf die Bordtoilette, bevor sich sein Darmtrakt explosionsartig entleerte. Der Passagier schaffte es auch noch unbemerkt zurück auf seinen Platz und in die Anonymität. Aber seine fäkale Hinterlassenschaft auf der Toilette verbreitete trotz geschlossener Türe einen derartigen Gestank, dass eine oberflächliche Reinigung mit herkömmlichen Mitteln und flaschenweise Sagrotan und Duftspray nicht mehr möglich waren. Die Exkremente klebten an Tür und Wänden. Auch das Verkleben der Türritzen mit Klebeband half nicht. Passagiere, die der Toilette am nächsten saßen, wurden mit Sauerstoffmasken versorgt. Der Käpten kehrte um und flog

Boeing 747 der British Airways

nach London zurück. So groß war die Notlage, dass er bei vollen Tanks eine Übergewichtslandung in Kauf nahm, nach der das Flugzeug in der Werft vermessen und auf Strukturschäden kontrolliert werden muss. Bei der Toilette waren sowieso Demontage, Hochdruckreiniger und eine Grundinstandsetzung fällig.

16

Toilettenbann

Seit 9/11 gibt es besonders an Bord von US-Airlines einige Regeln, die man kennen sollte. So darf man auf Flügen nach Washington 30 Minuten vor der Landung nicht mehr zur Toilette. Man könnte ja irgendwas im Schilde führen. Folglich bildet sich schon 40 Minuten vorher eine Schlange. Dagegen gibt es aber das „Versammlungsverbot". Dass man vorher die Blase mit Wasser, Kaffee oder Tomatensaft gefüllt hatte, ist eben Pech. Man könnte natürlich die Zahl der Bordtoiletten erhöhen. Der Trend geht aber zugunsten weiterer Sitzreihen in die andere Richtung. Die vordere Toilette zu nutzen, geht nur, wenn man nicht warten muss. Sonst verstößt man gegen das Aufenthaltsverbot im sensitiven Cockpitbereich. Eltern mit Kindern geraten da schnell in Hochstress. Hat man den richtigen Zeitpunkt zur Erleichterung verpasst, ist Mann oder Frau bis zum Aussteigen an seinen Sitz gebunden. Bedauerlicherweise heißt der 30-Minuten-Toiletten-Bann nicht, dass man in 30 Minuten aussteigen kann. Warteschleifen, Anflugverfahren, Rollen zum Terminal können gerne über 30 Minuten dauern. Hoffen Sie nicht auf Nachsicht bei amerikanischen Airlines! Und folgen Sie nicht der Empfehlung der Airline, viel zu trinken.

17 Bombendrohung

Panzerwagen der Bundespolizei in Tegel

Immer wieder versuchen Schlaumeier ihren Flug aufzuhalten, in dem sie die Airline anrufen und behaupten, es befände sich eine Bombe an Bord. Sie glauben dann, in der gewonnenen Zeit in Ruhe ihr Fahrzeug parken und einchecken zu können. Natürlich müssen alle Passagiere wieder aussteigen. Gepäck wird entladen und von Spürhunden untersucht, das Flugzeug womöglich an einen sicheren Ort geschleppt. Die Passagierliste wird auf No-Shows untersucht, die nicht für den gebuchten Flug eingecheckt hatten. Und schon hat man einen Namen. 2003 drohte eine Studentin mit anonymen Anrufen dem Flughafen Düsseldorf mit einer Bombenexplosion. Wegen Beziehungsproblemen wollte sie nicht mit ihrem Freund in den gebuchten Urlaub nach Teneriffa fliegen. Sie hoffte, dadurch die Stornierungskosten zu sparen. Der Flughafen wurde daraufhin geschlossen, 200 Flüge gestrichen. 15.000 Passagiere saßen fest, 1,4 Millionen Euro Schaden. Die Studentin wurde zu 207.000 Euro Schadenersatz verurteilt, zahlbar in Monatsraten über die nächsten 30 Jahre.

18 United breaks Guitars

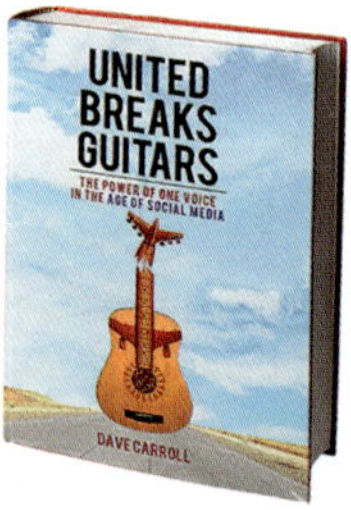

Eine kanadische Country-Band flog 2008 mit United Airlines von Halifax nach Omaha. Bei der Ankunft war der Hals einer 3.500 USD teuren Gitarre abgebrochen. Neun Monate lang versuchte der Kunde, die 1.200 Dollar für die Reparatur erstattet zu bekommen. United wehrte sich. In einem letzten Schreiben erhielt er eine finale Abfuhr. Er versprach darauf in seiner Antwort, drei Songs über diese Geschichte zu schreiben und sie als Video bei YouTube zu verbreiten. Als das erste Video mit dem Titel „United breaks Guitars" erschien und CNN darüber berichtete, erhielten die Songs 16 Millionen Aufrufe. Bald berichteten alle TV- und Radiosender in Nordamerika darüber, das Video ging um die Welt. Bei United Airlines hagelte es Stornierungen, auch von Langstreckenflügen. Laut BBC kostete das die Airline etwa 180 Millionen USD! Die Montrealer Konvention legt eine Höchstgrenze von 1.000 Dollar Entschädigung pro Person fest. Hier ging es aber um Kundenservice. Selbst wenn die Airline im Recht sein sollte, ihr Schaden war hunderttausendmal größer. Der Fall wurde in wenigen Tagen zum Lehrstück in Marketingkursen. Und er wird für immer mit United Airlines verbunden sein.

19 Ausraster

Gewalt nimmt nicht nur auf der Straße zu, sondern auch in der Luft. Besonders auf den Rennstrecken zum Ballermann oder nach Bangkok rasten Passagiere mit aggressiver Grundneigung bisweilen aus, weil sie nicht rauchen dürfen oder weil sie zu viel Alkohol getrunken haben. Da wird schon mal einer Stewardess ein blaues Auge geschlagen, weil sie nicht telefonieren dürfen, weil sie sich nicht anschnallen wollen, oder weil ihnen der fünfte Wodka verweigert wird. 2008 entschied sich der Käpten eines Charterfluges von München nach Bangkok über der Ukraine wieder umzukehren und nach Deutschland zurückzufliegen. Ein Gast war derart gewalttätig geworden, dass er an den Sitz gefesselt werden musste. Da München mittlerweile geschlossen war, musste die Crew nach Düsseldorf zurück. Dort übergab sie den Randalierer der Polizei. Die 212 Passagiere wurden im Hotel untergebracht. Am nächsten Tag flog sie eine andere Crew dann nach Bangkok. Die Kosten für die Übernachtungen, den Sprit, die Landegebühren, den Schadenersatz für die Passagiere muss der Verursacher tragen. Da kommen schnell mal 100.000 Euro zusammen.

20 Nieten aus dem Baumarkt

Der Roll-out eines neuen Flugzeugs ist immer etwas Besonderes. Für die Boeing 787 hatte man daher schon lange vorher den 8. Juli 2007 angepeilt, weil in amerikanischer Schreibweise Monat/Tag/Jahr der 7/8/7 eben ein besonderer Gag war. Jahre vorher hat der größte Hersteller für zertifizierte Flugzeugnieten Alcoa einen Liefervertrag für die A380-Produktion abgeschlossen, weshalb es zu Lieferengpässen bei der Dreamlinerproduktion kam. Da der Roll-out-Termin näher rückte, beschloss man bei Boeing sich in den Baumärkten einzudecken und den Prototyp provisorisch zusammenzubauen. Die Nieten wurden rot bemalt, damit man sie später wieder finden würde. Alles passierte geheim und konspirativ. Dann wurde der Dreamliner festlich lackiert. 15.000 Zuschauer applaudierten begeistert, als die Hallentore aufgeschoben wurden und ein Schlepper die leere Flugzeughülle herauszog. Nach dem Fest wurde das Flugzeug wieder komplett abgewaschen und zerlegt. Beim Entfernen der provisorischen Nieten konnten Beschädigungen an den Kohlefaserteilen nicht ausgeschlossen werden. Auch den überhasteten Einbau habe man nicht gründlich dokumentiert, gibt Boeing später zu.

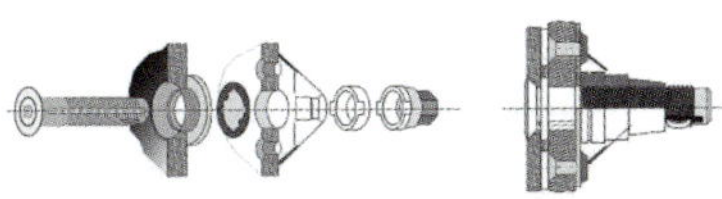

Flugzeugniete

21 Fliegende Dachziegel

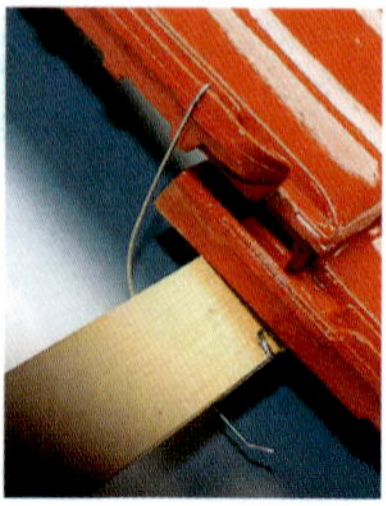

Jeder durch die Luft fliegende Körper bringt die Luft in Bewegung. Flugzeuge ziehen Wirbelschleppen hinter sich her, je größer um so heftiger. Diese meist unsichtbaren Luftverwirbelungen können durch Wind und Druckeinflüsse zur Seite oder nach unten bewegt werden. Bei nachfolgenden Starts und Landungen stellen sie ein Problem für kleinere Flugzeuge dar. Im Anflug kommt es schon mal vor, dass lose Dachziegel hochgerissen werden. Dächer im Endanflugbereich werden deshalb oft geklammert. Strittig ist dabei stets, wer das bezahlt. Die Klimaveränderungen der letzten Jahrzehnte haben zu häufigerem Auftreten von Starkwindereignissen und Stürmen geführt, was entsprechend höhere Belastungen von Dächern zur Folge hat. 2011 hat der Gesetzgeber darauf mit einer verschärften Ordnung reagiert, denn Windsog ist ein flächendeckendes Phänomen und Dächer können auch in flughafenfernen Gemeinden durch Stürme abgedeckt werden. Daher hat der Eigentümer grundsätzlich dafür zu sorgen, dass sein Dach verkehrssicher ist, ob er nun in einer Einflugschneise wohnt oder nicht.

22 Macadamia

Cho Yangho ist Chef der Korean Air Lines. Seine Tochter Cho Hyun-ah war Vizepräsidentin und flog folgerichtig erster Klasse. Auf dem Weg zur Startbahn in New York verteilte eine Flugbegleiterin ungefragt Macadamianüsse unter den Passagieren. Aber die waren noch in der Verpackung und nicht im Schälchen. Außerdem wäre Madame Cho Hyun gerne gefragt worden, ob sie überhaupt einen Snack wünschte. Wütend warf sie die Nüsse gegen die Wand, beschimpfte die Stewardess und schickte nach dem Chef des Kabinenpersonals. Die Farce eskalierte. Der Purser und die in Tränen aufgelöste Stewardess mussten vor ihr niederknien und um Entschuldigung bitten. Doch bald regte sich das schlechte Gewissen. Zu Hause angekommen, bekamen die beiden Gedemütigten täglich Besuch von mehreren Airline- und Regierungsvertretern, die sie zu der Aussage überreden wollten, Frau Cho hätte sich korrekt verhalten. Erst als die Presse berichtete, was sich zugetragen hatte, entschuldigte sich Vater Cho Yangho öffentlich und live im Fernsehen bei der koreanischen Bevölkerung für das Fehlverhalten seiner Tochter.

Nachtflugverbot

Der Eurowings „Mannschaftsbus" von Borussia Dortmund

Welche seltsamen Auswüchse allzu starr ausgelegte Lärmschutzauflagen haben können, zeigte sich am 5. Dezember 2010, als die Rückreise des Fußballvereins Borussia Dortmund als frisch gebackener Herbstmeister von einem Spiel in Nürnberg zur Provinzposse geriet. Die Schutzgemeinschaft Fluglärm Dortmund – Kreis Unna e.V. hatte ein Nachtflugverbot durchgesetzt, das um 23.00 Uhr beginnt. Um 22.55 Uhr befand sich das Flugzeug mit ausgefahrenem Fahrwerk im langen Endanflug auf Dortmund. Um 23.00 Uhr waren es noch genau 29 Sekunden bis zur Landung. Da kam die Anweisung zum Durchstarten. Eine Ausnahmegenehmigung über die Landesregierung unter Hinweis auf die Verdienste des Vereins für seine Stadt war nicht erteilt worden. Nach der Ausweichlandung in Paderborn musste dann ein Bus organisiert werden, der die müden Spieler über vereiste Straßen ins hundert Kilometer entfernte Dortmund brachte. Wir reden hier von Spitzensportlern, die für ihren Verein und für ihre Stadt eine sportliche Höchstleistung in einem eiskalten, verschneiten Fußballstadion in den Knochen hatten! Wenn nicht einmal dafür eine Ausnahmegenehmigung am heimischen Flughafen zu bekommen ist, dann stimmt das schon nachdenklich.

24 Steph loves you

Die 13-jährige Stephanie, Tochter eines amerikanischen Astronauten auf der ISS, trat eines Tages an die koreanische Autofirma Hyundai heran und machte ihr einen ungeheuerlichen Vorschlag. Sie wollte ihrem Vater, der bereits seit Monaten im All war, eine Botschaft schicken. Und diese Botschaft sollte von Autoreifen in den Sand geschrieben werden. Irgendjemand bei Hyundai hat das Werbepotential dieses Projekts sehr schnell erkannt. Herausforderung, Logistik und Organisation ließen sich gut in Szene setzen. Und wie die Koreaner diesen Event zu Werbezwecken nutzten! Ein Film entstand, wie die Fahrzeuge GPS-gesteuert und von einem Hubschrauber angeleitet in Formation die Buchstaben „Steph loves you" in den Sand schrieben. Die Kreation war 5,5 Quadratkilometer groß. Gleichzeitig meldete das Unternehmen das „Größtes Reifenspurbild der Welt" beim Guiness-Buch der Rekorde an. Einzig die NASA hielt sich zurück. Man wolle keine Werbung für einen Autohersteller machen, hieß es. Daher gab man auch den Namen des Astronauten nicht bekannt. Man weiß jedoch, dass Terry Virts als Astronaut zur fraglichen Zeit an Bord der ISS war und dass er eine Tochter namens Stephanie hat. In jedem Fall ist es eine rührende Geschichte.

25 Pferde fliegen First Class

Der Transport von circa 300 Pferden aus allen Teilen der Welt zu einer Olympiade ist einen Beitrag wert: Jedes Pferd wiegt zwischen 500 und 650 kg. Für jedes Pferd werden 40 Liter Wasser mitgeführt, dazu tonnenweise Heu. Jedes Pferd hat seine eigene Box. Um Unruhe im Frachtraum zu vermeiden, fliegen die Hengste vorne, die Stuten hinten. Ansonsten werden Pferde wie menschliche Passagiere behandelt. Da sie zu den besten der Welt gehören, erhalten sie die Aufmerksamkeit eines First-Class-Passagiers, auch wenn sie den ganzen Flug über stehen. Pro Pferd kostet so ein Rückflugticket etwa 20.000 USD. Mit an Bord sind Veterinäre, Betreuer und Transportspezialisten. Pferde haben Pässe und Gesundheitspapiere. Zaumzeug und Decken müssen durch den Sicherheitscheck und werden auf Drogen geprüft. Offenbar leiden Pferde nach ihrer Ankunft nicht an Jetlag.

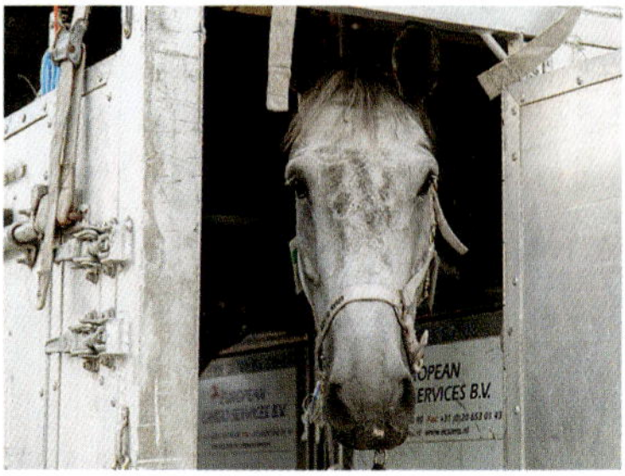

26 Crash Fire Rescue

Die ICAO fordert von internationalen Flughäfen, dass nach Alarmierung mindestens ein Löschzug innerhalb von 120 Sekunden jeden Punkt des Flughafens erreichen kann. In manchen Fällen sogar in 90 Sekunden. Der Zeitdruck rührt von der im Flugzeugbau verwendeten Aluminium- oder CFK-Hülle her, die bei 480° Celsius schmilzt und die einem wütenden Kerosinfeuer nur wenige Minuten standhält. Die Flaggschiffe der Flugzeugbrandbekämpfung sind die 1.250 PS starken vierachsigen Großtanklöschfahrzeuge vom Typ „Simba“ mit 12.000 Litern Wasser, dem man je nach Einsatzart 2x600 Liter Schaum und/oder zwei Tonnen Löschpulver beimischen kann. Der Angriff erfolgt mittels einer 280-PS-Pumpe über einen auf das Dach montierten Löschbalken, mit einem „Joystick“ im Führerhaus gesteuert, oder über Frontdüsen. Beim Alarmstart eines solchen Fahrzeugs genügt es, einen Knopf zu drücken, der den Motor startet, den Funk einschaltet, die Tore öffnet, die Halogenlampen einschaltet und in der Küche den Herd und die Kaffeemaschine stromlos macht.

27

Fluglärm

Ein Phänomen, das den Flughäfen zu schaffen macht, ist die „aufmerksamkeitsgesteuerte Wahrnehmung“. Als einst in London Heathrow die ersten Testflüge der Concorde stattfinden sollten, veröffentlichte der Flughafen am Donnerstag zuvor einen Hinweis an die Bevölkerung, dass es am Freitag ab 9.00 Uhr aus diesem Grund etwas laut werden könnte. Wegen schlechten Wetters verschob man die Testflüge jedoch auf die folgende Woche. Trotzdem gingen schon freitags die ersten Lärmbeschwerden ein, dass der Lärm des neuen Flugzeugs unerträglich gewesen sei. Ähnliches ist ständig in Deutschland zu beobachten. Als die Lufthansa mit ihrer vergleichsweise flüsterleisen Boeing 747-8 „Schleswig-Holstein“ für ihren Erstflug einen Low Pass über dem Hamburger Flughafen plante, protestierte eine Bürgerinitiative gegen den ungenehmigten Überflug! Viel Lärm um nichts. Das Wetter über der Elbmetropole war so mies, dass die Maschine die Stadt in drei Kilometer Höhe überflog. Niemand hat sie gesehen, niemand hat sie gehört. Aber ein paar Leute haben sich unmöglich gemacht.

Das Haus an der Piste 28 von Zürich. Der Besitzer hat ein sehr entspanntes Verhältnis zum Flugverkehr, obwohl er nun wirklich hochbetroffen ist.

28 Lärmbeschwerden

Die italienische Staats-Bürokratie lässt sich ihre Arbeitszeit von den Nutzern bezahlen.

Bis zum Ablauf des Jahres 2016 gingen bei der Hamburger Umweltbehörde 86.120 Lärmbeschwerden ein. Diese stammen aber von gerade mal 751 Personen! Deshalb ging der Senat dazu über, nicht nur die Anzahl der Vorfälle zu zählen, sondern auch die Anzahl der Beschwerdeführer und deren regionale Verteilung. So kamen aus einer Bürgerinitiative aus Ahrensburg mit 30.000 Einwohnern 19.250 Beschwerden von gerade mal zehn Personen. Das macht rechnerisch 1.925 Beschwerden pro Jahr und fünf Beschwerden pro Tag. Ahrensburg liegt 15 km vom Hamburger Flughafen Fuhlsbüttel entfernt. Das Dorf Elmenhorst liegt 20 km vor der Schwelle zur Piste 23 und hat gerade mal 2.500 Einwohner. Trotzdem kamen von dort 28.237 Lärmbeschwerden, Von genau 99 Personen. Der Verdacht liegt nahe, dass hier ein Computerprogramm dahintersteckt. Italien umgeht die Massenbeschwerden durch eine Gebührenpflicht. So kostet zum Beispiel eine Lärmbeschwerde gegen ein Bauunternehmen, einen Nachbarn oder einen Flughafen 16 Euro. Dieser Betrag ist mit einer solchen Steuermarke zu begleichen. Jede Beschwerde muss auf einer Carta Bollata abgefasst werden, die zuvor für einen Euro in bestimmten Läden erhältlich ist. Sie ist außerdem einzeln einzureichen, entweder persönlich bei einer Behörde oder per Einschreiben. Zum Ausgleich kann der Bürger sicher sein, dass eine seriöse Beschwerde auch ernst genommen und verfolgt wird. Sollte er Recht bekommen, erhält er seine Kosten zurück.

29 Wasserbomber

Was macht man mit einer nicht mehr ganz taufrischen Boeing 747? Wenn sie weder als Passagier- noch als Frachtflugzeug gewinnbringend einzusetzen ist, kann man sie zum Beispiel als Löschflugzeug umrüsten.

Die US-amerikanische Firma Evergreen Aviation hat eine Methode gefunden, wie sie vier ihrer 30 Jahre alten Boeing 747 nutzbringend vermarkten kann: Sie wurden zu Wasserbombern umgebaut und werden zur effektiven Waldbrandbekämpfung angeboten. Die 747 kann siebenmal so viel Löschmasse (Wasser mit Farbe und Dünger vermischt) abwerfen, wie andere konventionelle Löschflugzeuge. Wenn dieses Gewicht auf dem Brandherd auftrifft, ist die Wirkung geradezu destruktiv. Alles brennbare Material wird zermalmt.

Mit 90.000 Litern Tankinhalt wird auch eine höhere Lösch-Ökonomie erreicht, das heißt, die Nachhaltigkeit des Einsatzes kann vergrößert werden. Bei der Evergreen 747 wird der Tankinhalt mit hohem Druck durch vier dicke Rohre herausgepresst. Dies kann entweder im Tiefflug geschehen, was für ein massiv brennendes begrenztes Feuer meist besser ist, oder es kann in großen Höhen gesprayt werden. Damit wird dann die Luftfeuchtigkeit erhöht, Regen wird simuliert. Sind alle vier Flugzeuge im Einsatz, werden sie sich abwechseln. Eines löscht gerade, ein zweites ist auf dem Rückflug, ein drittes auf dem Hinflug und das vierte wird gerade betankt. Der Betankungsvorgang dauert etwa 25 Minuten.

Flugzeugreifen

30

Durchmesser 1,20 m, 185 kg schwer mit Felge, 1.200 Euro pro Reifen. Das sind die wichtigsten Daten eines Rades einer Boeing 747-400. 18 Räder tragen die 400.000 kg einer vollbeladenen 747. Kaum ein anderer Reifen ist einer derartigen Belastung ausgesetzt: Die Reifen erwärmen sich durch Reibung und Walkarbeit. Die Haupträder müssen dabei radiale und axiale Kräfte aufnehmen. Sie sind Verschmutzungen und Fremdkörpern auf Rollwegen und Pisten ausgesetzt, sie müssen mit glühend heißem Asphalt fertigwerden, sie werden beim Start auf rund 360 km/h beschleunigt. Wenn dann das Flugzeug aus großer Höhe kommend beispielsweise im heißen Las Vegas zur Landung ansetzt, dann war es wenige Minuten vorher noch in einer Umgebungstemperatur von vielleicht minus 60 Grad Celsius. Beim Aufsetzen auf der 90 Grad heißen Piste werden sie in Sekundenschnelle von Null auf 250 km/h beschleunigt und müssen gleichzeitig die tonnenschwere Last des Flugzeugs tragen. Beim Abbremsen erhitzen sich die Bremspakete auf 400 bis 600 Grad. Bei Gewaltbremsungen in Notfällen können es auch schon mal 1.000 Grad werden. Bei einer solchen Tortur ist es geradezu erstaunlich, dass ein Reifen zwischen 50 und 100 Landungen aushält und bis zu achtmal runderneuert werden kann.

80 bis 100 Landungen hält ein Flugzeugreifen üblicherweise aus. Geradezu abenteuerlich ist deshalb die Theorie, Flugzeuge würden vor der Landung Sprit ablassen, um die Reifen zu schonen!

31

Zeitung an Bord

Zeitungen leben vom Verkauf wie vom Anzeigengeschäft. Die Anzeigenpreise orientieren sich an der Höhe der Auflage. Geht diese zurück, lässt auch das Interesse der Wirtschaft an großflächigen Annoncen nach. Deshalb sind die Zeitungs- und Magazinverlage daran interessiert, einem qualifizierten Kundenkreis ihre Druckerzeugnisse notfalls kostenlos in die Hand zu drücken. So bezahlen sie zum Beispiel Airlines, ihre Tageszeitungen und Nachrichtenmagazine den Kunden als Bordexemplare zur Verfügung zu stellen. Darunter versteht man an Unternehmen des öffentlichen Personenverkehrs verkaufte oder abgegebene Exemplare, die der unentgeltlichen Weitergabe an deren Kunden an Bord oder in deren Wartebereichen an Flughäfen dienen. Das gilt für Züge, Busse, Schiffe und Flugzeuge. Die „verbreitete Auflage“ wird dadurch erhöht. Alle profitieren davon, denn Flugpassagiere gelten als zahlungskräftige Leser und potentielle Abonnenten. Allerdings versuchen Airlines schon seit längerem, Gewicht zu reduzieren um Treibstoffkosten zu sparen. So reduzieren manche schon den Umfang des eigenen Bordmagazins und wählen ein geringeres Papiergewicht. Die Low Coster gerieren sich da konsequenter. Unnötiges Papier kommt nicht an Bord. Außer der laminierten Getränke- und Snackkarte mit Apothekenpreisen gibt es da nichts zu lesen. Der Kunde soll konsumieren, nicht lesen.

Lesestoff an Bord bedeutet Gewicht. Deshalb lassen sich Airlines das Mitführen von Zeitungen schon mal bezahlen. Die Verlage haben so die Möglichkeit Abonnenten zu werben.

Henderson Island am Rande des pazifischen Müllstrudels. Wo früher die Meuterer der Bounty ihren Käpten aussetzten, gibt es jetzt die größte Plastikmülldichte der Welt.

32

Airline-Müll

Nach jeder Landung eines Mittel- oder Langstreckenflugzeugs muss der Müll entsorgt werden. Da fallen Verpackungen von Nüssen, Plastikbesteck, Aluminiumdeckel von der Bordmahlzeit, Kaffee-, Tomaten- und Weinbecher, Tetrapacks, Weinfläschchen, Getränkedosen, Speisereste, Butterpäckchen, Milchportionen, Zucker- und Salztütchen, Wasserflaschen, Salatsoßen, Servietten, Erfrischungstücher, hunderte von Millionen kleiner Schaumkappen für Kopfhörer und natürlich die Inhalte von Bordtoiletten samt gebrauchten Handtüchern an. Die IATA rechnet mit 5,2 Millionen Tonnen Müll, den es zu entsorgen gilt. Und nicht überall landen die Verpackungen in einer hochwertigen Müllverbrennungsanlage, sondern auf stinkenden Müllkippen an Meeresufern armer Länder und idyllischer Ferieninseln. Und von hier gelangt das Zeug in die Strudel der Meere, in die Mägen der Fische und zurück auf unseren Teller. Den Airlines obliegt es deshalb, auf umweltfreundliche Catering-Verpackungen zurückzugreifen. Die 210 Betriebsstätten der Catering Gesellschaft LSG-Sky Chefs in 51 Ländern sind hier in besonderem Maße gefordert, denn sie beliefern 300 Airlines weltweit mit 578 Millionen Mahlzeiten pro Jahr. 2016 hob Präsident Obama im Pazifik das größte maritime Naturschutzgebiet unseres Planeten aus der Taufe. Es soll seine Nachfolger zum aktiven Umweltschutz ermuntern. Wird es richtig eingesetzt, können die USA alle Airlines mit Landerechten in Amerika zur nachhaltigen Müllvermeidung zwingen.

33 All doors in flight

Die Türe eines Airbus A319. Die Umschaltung von Manual auf Flight ist hier durch einen Stift mit rotem Fähnchen gesichert.

Flugzeugtüren sind mehr als nur Türen, es sind Maschinen! Sie sind gut 160 kg schwer und sie verschließen den Flugzeugeingang wie ein Korken. Daher müssen sie vor dem Öffnen zuerst nach innen gezogen werden, bevor sie sich schwenken lassen. Der Kabinendruck verhindert, dass man sie im Flug öffnen kann.

Im unteren Teil der Türe ist die Notrutsche untergebracht, die sich nach dem Öffnen der Türe automatisch aufbläst und nach der Evakuierung bei Bedarf auch als Rettungsfloß benutzt werden kann. Das kann allerdings nur passieren, wenn die Türe „scharf geschaltet" ist, wie bei einer Alarmanlage. Ein versehentliches Aufblasen der Notrutschen wird durch einen Schalter verhindert, der spürt, ob das Flugzeug mit den Rädern am Boden ist. Unmittelbar vor dem Start fordert der Pilot die Flugbegleiter auf, die Türen auf scharf zu stellen und sich gegenseitig zu kontrollieren, „Select doors to automatic and cross-check". Jetzt sind die Notrutschen für Notlagen aktiviert und jedes Öffnen der Türen zündet den Auslösemechanismus.

Oshkosh

Oshkosh ist eine Stadt in Wisconsin. Jedes Jahr in der ersten Juliwoche findet dort seit 1953 die Oshkosh Airshow statt. Das ist die größte Luftfahrtausstellung der Welt für Privatflugzeuge. Über 800 Aussteller bieten dort ihre Flugzeuge und das passende Zubehör an, bis zu 16.000 Flugzeuge fliegen dort ein, 600.000 Besucher wohnen dem Spektakel an Kunstflugdarbietungen und statischem Display bei. Auch Boeing, Airbus und viele andere Produzenten stellen ihre Flotten aus. Ein besonderes Spotlight liegt auf der Flugsicherung, denn kein Flughafen der Welt hat in so kurzer Zeit so viele Flugbewegungen. Für die Fluglotsen ist es eine Ehre, dort arbeiten zu dürfen. So bewarben sich Hunderte Lotsen aus dem Mittleren Westen um eine Zulassung, die rund 36.000 Flugbewegungen abarbeiten zu dürfen. Wegen einer Haushaltssperre gab die amerikanische Luftfahrtbehörde FAA 2013 bekannt, sie könne in diesem Jahr kein Personal abstellen. Um die Veranstaltung zu retten, zahlten die Veranstalter der FAA daraufhin eine halbe Million Dollar für die Personalkosten.

Eine siebentägige Flugshow bietet die EAA AirVenture in Oshkosh. Hier kommt jeder Flugzeugfan auf seine Kosten, Pilot oder nicht.

35 Notrutschen

Als der Airbus A340 von Air France 2005 in Toronto auf regennasser Piste nach der Landung über den Asphalt hinausschlitterte und in Flammen aufging, dauerte es genau 52 Sekunden, da waren alle 309 Menschen an Bord über die Notrutschen ins Freie gelangt. Niemand wurde verletzt. Noch in den 1960er-Jahren lautete die Anforderung, dass sich eine Notrutsche innerhalb von 25 Sekunden entfalten muss. Heute gibt man ihr gerade mal sechs Sekunden. Und das muss bei Windgeschwindigkeiten von 46 km/h und bei minus 53 Grad Celsius genauso klappen wie bei 71 Grad Celsius über Null. Natürlich ist dieser Anspruch besonders beim Oberdeck des A380 nur schwer zu erfüllen. Die Firma Goodrich ließ sich ein Beschleunigungssystem patentieren: Der Inhalt einer Gaskartusche in der Größe einer Getränkedose vermischt sich mit dem Inhalt eines Gaskanisters, der das Aufblasen beschleunigt. Alle 16 Notrutschen des A380 sind damit ausgerüstet. Das Material muss für mindestens 90 Sekunden feuerresistent sein, die Zeit, innerhalb derer ein Flugzeug im Notfall evakuiert sein muss. Die Oberfläche muss glatt sein, damit sich Nylon-Strumpfhosen bei hoher Rutschgeschwindigkeit nicht erhitzen, hohe Absätze dürfen nicht zu Rissen führen.

Auch die Boeing 777 der Asiana geriet nach der Bruchlandung in San Francisco in Brand. Da waren die überlebenden Passagiere aber schon von Bord.

Die südkoreanische Kunstflugstaffel „Black Eagles“ fliegt ein koreanisches Produkt, die KAI T-50 Golden Eagle.

36

Kunstflugstaffeln

Fast jeder Staat der Welt außer Deutschland unterhält eine Kunstflugstaffel, mit der er sich präsentiert, mit deren Leistungen die Luftwaffen der Welt ihre Bürger überzeugen wollen, dass der Wehretat gut angelegt sei. Kaum eine Air Base in den USA, die nicht einmal im Jahr „die Sau rauslässt“ und ihre Bürger damit begeistert; God bless America! Die Patrouille de France, die Red Arrows, die Frecce Tricolori, die Patrouille Suisse, die amerikanischen Blue Angels und die Thunderbirds machen ihre Landsleute stolz. Wenn acht Eagles mit 16 Triebwerken in wenigen Metern Höhe über die Landebahn donnern und einer kommt ihnen im Rückenflug entgegen, halten die Menschen den Atem an. Jeder weiß, die Gefahr fliegt mit. Wie in Farnborough, wo zwei tschechische MiG-29 zusammenstießen. Oder in Le Bourget, wo die Tupolev 144 am Boden zerschellte. Oder in Lvov, wo eine Su-27 nach Bodenberührung in die Zuschauer raste, 85 Menschen starben, 199 wurden verletzt. Am 17. Juli 1962 verlor die deutsche Luftwaffe beim Training ihre gesamte Kunstflugstaffel von vier Starfightern bei einem Unfall, noch vor der offiziellen Einführung des neuen Flugzeugs. Seitdem hat sich Deutschland aus diesen Veranstaltungen verabschiedet. Das hat allerdings auch einen positiven Aspekt, wenn man gewillt ist, es so zu sehen: Wir haben zwar leistungsfähige Flugzeuge, aber durch Beschränkungen von Flugstunden und Lebensdauer und Einschränkungen in der Performance, können diese Flugzeuge unmöglich für Show-Zwecke abgestellt werden.

Im Reisebedarf hinter dem Sicherheitscheck steht die Nagelschere wieder zum Verkauf, die den Passagieren zuvor abgenommen wurde.

37 Reisebedarf

Die rigorosen Sicherheitschecks, die nach dem 11. September eingeführt wurden, machen auf den ersten Blick nicht unbedingt Sinn. So echauffierten sich zum Beispiel Piloten, denen man an der Security die Nagelschere abnahm, dass sie doch nicht ihr eigenes Flugzeug entführen würden. Und wenn, dann bräuchten sie garantiert keine Nagelschere dazu, sondern sie würden ganz einfach irgendwo anders hinfliegen! Außerdem befänden sich in allen Cockpits messerscharfe Feueräxte, gegen die eine Nagelschere doch nur Kinderspielzeug sei. Pflichtbewusstes Sicherheitspersonal lässt sich davon nicht beeindrucken und kontrolliert Cockpit- und Kabinenpersonal genauso rigoros wie Passagiere. Erstens könnte man dem Airline-Personal etwas untergeschoben haben, zweites kann man Ausweise und Uniformen fälschen und drittens gab es in der jüngeren Vergangenheit immer wieder einmal psychisch labile Piloten, die tatsächlich einen fatalen Plan umsetzten. Allerdings nicht mit Schere und Nagelfeile, sondern einfach in dem sie den zweiten Mann aussperrten. Dazu reicht das Umlegen des Türschalters, die dann von außen nicht mehr zu öffnen ist. Übrigens wenden einige Flughäfen strengere Maßstäbe an als andere. Diskussionen an der Security sind zwecklos und nicht zu empfehlen, wenn man seinen Flug erreichen will.

38

Wolldecke für 12 Dollar

Wolldecken gehören eigentlich – besonders auf Langstreckenflügen – zur Standardausstattung einer Passagierkabine. Und bisher waren die auch kostenlos. Seitdem gibt es diesen vermeintlichen Luxusartikel bei manchen Airlines nur noch für First-Class-Passagiere. Alle anderen müssen bezahlen. Hawaiian Airlines bietet die Decke auf ihrer Webseite für 10 USD an. Als ein Passagier im März 2017 auf dem Flug von Las Vegas nach Honolulu nach dem Start um eine Decke bat, weil es ihm an Bord zu kühl war, verlangte die Flugbegleiterin 12 Dollar. Der Kunde weigerte sich zu bezahlen und bestand auf dem offiziellen Preis, ganz abgesehen davon, dass er das alles nicht für gerechtfertigt hielt. Er kündigte an, mal mit jemandem „hinter den Holzschuppen zu gehen". Der Käpten wiederum verstand das als Drohung und wollte nicht mit einem widerspenstigen Passagier fünf Stunden über offenem Meer fliegen. Er landete außerplanmäßig in Los Angeles. Das kostete 12.000 Dollar, tausendmal so viel wie die Decke hätte kosten sollen.

Wolldecken an Bord waren bisher selbstverständlich.

39

Gebetomat

Am Stuttgarter Flughafen steht ein Prayomat (= Gebetomat), der Reisenden vor Abflug auf besinnliche Gedanken bringt. Er ist durch einen Vorhang begehbar und erinnert an einen Passbildautomaten. Am Bildschirm scrollt man sich durch ein Menü mit 300 Gebeten in 65 Sprachen aus verschiedenen Weltreligionen. Buddhismus, Christentum, Hinduismus, Islam, Judentum sowie zahlreiche kleinere Religionen und Glaubensrichtungen stehen als Audio-Dateien zur Verfügung. Es handelt sich um authentische Gebete gläubiger Menschen, die in Gottesdiensten, Andachtsräumen, Wohnungen und Orten aller Art gesammelt wurden. Die Gebete der Weltreligionen sind nach Glaubensrichtungen gegliedert, die der anderen Religionen nach ihrem ethnischen bzw. geographischen Hintergrund. 50 Cent reichen für fünf Minuten, ein Euro für zehn Minuten, zwei Euro für 20 Minuten. Der Gebetomat wurde vom Berliner Künstler Oliver Sturm entwickelt. Gedacht ist der Gebetomat für Bahnhöfe, Gebetsräume in Universitäten, Flughäfen und andere Orte des öffentlichen Lebens.

40

Reisen mit Kindern

Es ist nicht so selbstverständlich wie es scheint, wenn ein Vater oder eine Mutter mit dem eigenen Kind eine Flugreise antreten will. Schon bei der Passkontrolle im eigenen Land kann der Beamte fragen, wie denn die Verwandtschaftsverhältnisse seien, ob man als Elternteil überhaupt berechtigt sei, das Kind ins Ausland mitzunehmen. Es könnte ja sein, dass es sich um einen Fall von Kindesentführung handelt, dass der geschiedene Elternteil gar kein Sorgerecht hat, oder dass das Kind gegen den eigenen Willen entführt wird. Das kann bisweilen Formen annehmen, die geradezu grotesk anmuten. So kann zum Beispiel die rumänische Grenzpolizei auf einer notariell beglaubigten Vollmacht des nicht mitreisenden Elternteils bestehen. In Italien muss eine vollständig ausgefüllte Erklärung, die sogenannte „Dichiarazione di affido“ mitgeführt werden, die bei der örtlichen Polizeidienststelle erhältlich ist. Bei Ausreisen aus den USA muss der mitreisende Elternteil gegebenenfalls einen Nachweis des alleinigen Sorgerechts mitführen. Es obliegt stets den Kunden, sich über die notwendigen Bestimmungen zu informieren und die erforderlichen Papiere, Formulare und Beglaubigungen vorzuhalten. Wo ist sie geblieben, die Selbstverständlichkeit, mit der Eltern ihre Kinder mit auf Reisen nehmen konnten? Zerstört durch Päderasten und Menschenhändler. Erschüttert von gescheiterten Ehen, denen gerichtliche Streitigkeiten um die Kinder folgten. Der Staat muss Kinder und Eltern schützen.

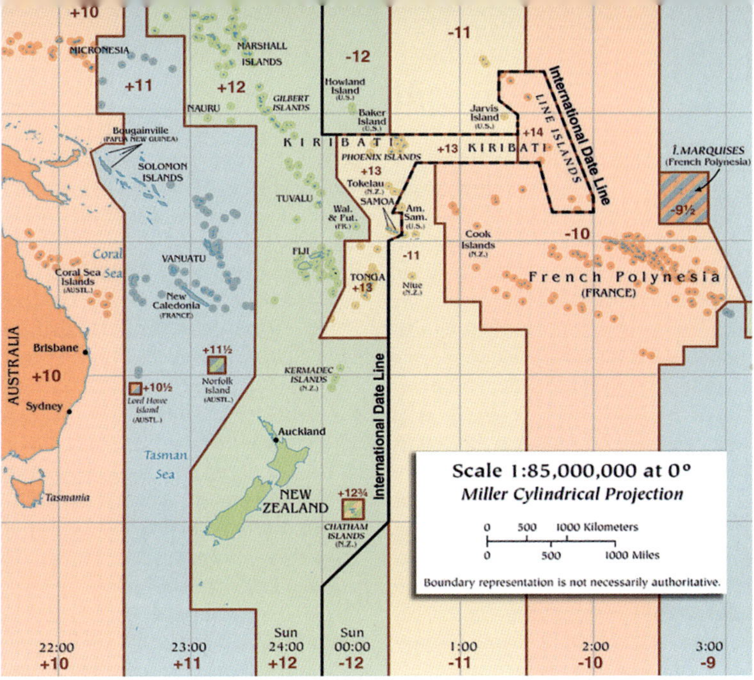

Die Datumsgrenze berücksichtigt Wirtschaftsräume.

41

Datumsgrenze

Auf der ganzen Welt herrscht im Flugverkehr die UTC, die koordinierte Universalzeit. Deshalb steht auf allen Uhren, die diese Zeit anzeigen ein „Z" für Zulu. Man spricht auch von der Zulu-Zeit. Das ist die Zeit am Null-Meridian von Greenwich, die von jeher für alle Zeitberechnung in der ganzen Welt maßgeblich war. Damit verhindert man Verwirrung bei Start- und Landezeiten im globalen System der Flugüberwachung. Westwärts von Greenwich werden für die Ortszeit je nach Längengrad und Zeitzone bis zu zwölf Stunden abgezogen, ostwärts hinzuaddiert, bis man jeweils an die internationale Datumsgrenze kommt. Einen Schritt westlich davon ist man nicht nur eine Stunde weiter, sondern bereits im nächsten Tag. Fliegen wir einmal gemeinsam von Fagalii auf West-Samoa nach Pago Pago auf American-Samoa. Der Flug dauert keine 30 Minuten und kostet 160 US-Dollar hin und zurück. Starten wir am Freitag, den 1. April um 08.45 Uhr, landen wir am Donnerstag, den 31. März um 08.20 Uhr in Pago Pago auf der Ost-Insel. Buchen wir den Rückflug für denselben Tag, wird uns die Standard-Buchungsmaschine im Internet die klassische Rückmeldung geben: „Rückflug kann nicht vor dem Hinflug stattfinden." Doch, kann er.

Afrika

Nach einem Bürgerkrieg in einem afrikanischen Land schickten die Vereinten Nationen Berater aus allen Sparten des Lebens und der Wirtschaft, um das Land neu aufzubauen. In einem Auswahlverfahren für Fluglotsen sollte auch Personal für die Flugsicherung ausgebildet werden. Am Schluss waren aber doppelt so viele Anwärter da als notwendig. Das Aufbauteam versprach, die nicht berücksichtigten Anwärter als Techniker ausbilden zu lassen. Lehrer wurden aus dem Ausland angefordert, die die zukünftigen Fluglotsen unterrichteten, damit sie irgendwann den Dienst übernehmen konnten, den solange ausländische Controller verrichteten. Das Gleiche passierte mit den designierten Technikern. Nach einem Jahr übernahmen die örtlichen Fluglotsen die Geschäfte im Tower. Doch sechs Monate später rebellierten die Techniker und verlangten, dass die Gruppe jetzt lange genug im Tower gesessen hätte und dass sie jetzt dran wären. Die stolzen Controller dachten nicht im Traum daran, den Tower zu verlassen. Da zerhackten die nicht weniger stolzen Techniker alle Kabel, die zum Tower und zu den Sendeanlagen führten. Auf einem Zettel, der an einem der Tatorte gefunden wurde, stand: „Seht zu, wie ihr klarkommt." Keiner der Techniker war seither gesehen worden. Wir schütteln den Kopf darüber, während wir oft von Entschleunigung reden. Die Afrikaner haben uns das offenbar voraus.

Crewmitglied einer Luftwaffen-Transall auf einem Versorgungsflug in Sierra Leone

Sao Paulo: Hubschrauber 43

São Paulo ist die Stadt mit der größten Hubschrauberdichte der Welt.

Im brasilianischen São Paulo pendeln 20 Millionen Menschen Tag für Tag mit sechs Millionen Autos und 42.000 Bussen. 160.000 Lastwagen und 875.000 Motorräder sind in der Stadt registriert. Jeden Tag werden weitere 800 Fahrzeuge zugelassen. 1980 war die Durchschnittsgeschwindigkeit noch 25 km/h, mittlerweile sind es noch 15 km/h, mit denen man durch die 8.000 km² große Metropolregion kommt. Den 200 km langen Dauerstau machen sich Verbrecher zunutze, die auf offener Straße Passagiere in Omnibussen, Taxis oder Privatwagen ausrauben. Daher ist São Paulo, noch vor Tokio und New York, die Stadt mit der größten Hubschrauberdichte der Welt. 500 Helis waren 2013 registriert, 70.000 Flüge finden jährlich über den Köpfen der Erdenbürger statt. Von den 260 Landeplätzen in der Stadt befinden sich 210 auf Dächern von Hochhäusern. Mit dem Hubschrauber fliegt man über alle Probleme hinweg. In einer Viertelstunde ist man am Meer, oder zu Hause, oder bei einem Geschäftspartner. Mit dem Auto hätte das drei, vier Stunden gedauert. Die Firma Uber bietet Heli-Taxis an für 63 Dollar pro Flug. Der Vertreter von Eurocopter in São Paulo bringt es auf den Punkt: „Um hier Geschäfte zu machen, brauchst Du einen Blackberry und einen Helikopter.“ Er sagte das mit einer Selbstverständlichkeit, als würde er über seine Manschettenknöpfe reden.

44 MedEvac 1

Nach einem Schießunfall auf dem Truppenübungsplatz Münsingen 1983, bei dem vier Soldaten getötet und 25 weitere Soldaten und Zivilisten zum Teil schwer verletzt wurden, befahl der damalige Bundesverteidigungsminister Manfred Wörner, für Großschadensereignisse jeglicher Art zwei Großhubschrauber zu fliegenden Intensivstationen einzurichten und bereitzuhalten. Diese Hubschrauber vom Typ Sikorski CH-53G „GRH" sind in ihrer medizinischen Ausstattung weltweit einmalig. So manches Kreiskrankenhaus wäre stolz auf eine solche Einrichtung: An Bord ist Platz für zwölf Patienten sowie ein Notarztteam. Sechs Intensivpatienten können dabei intubiert und beatmet, weitere sechs gleichzeitig medizinisch grundversorgt werden. Zur Besatzung gehören, neben den beiden Piloten, zwei Bordtechniker, sowie ein für das medizinische Material verantwortlicher Sanitätsfeldwebel. Zusätzlich wird der GRH im Rahmen eines Großschadensfalles üblicherweise mit drei bis vier Arztgruppen (ein Notarzt, ein Rettungsassistent bzw. Intensivpfleger) aus den Bundeswehrkrankenhäusern Ulm oder Koblenz besetzt.

Kaum vorstellbar, dass sich diese Krankenstation in einem Hubschrauber befindet.

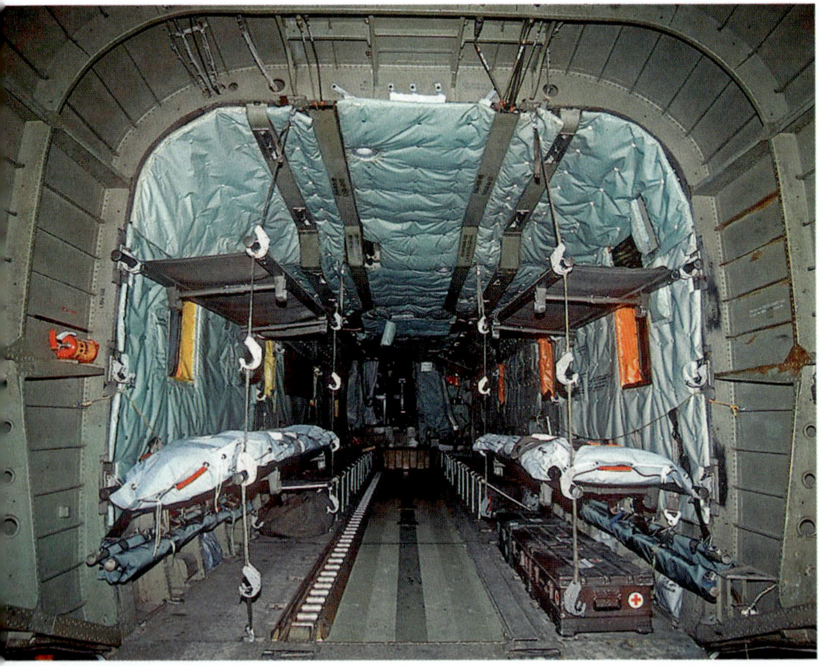

45

MedEvac 2

Zur medizinischen Evakuierung schwer- und schwerstverletzter Personen über große Distanzen besitzt die Luftwaffe einen Airbus A310 MRTT MedEvac. Dieses Flugzeug ist ein wichtiges Glied in der Rettungskette. Der MedEvac-Rüstsatz besteht aus bis zu sechs Patiententransporteinheiten (PTE), deren Ausstattung den modernsten Standards der Intensivmedizin entspricht. Des Weiteren befinden sich 38 Liegeplätze an Bord, von denen an 16 Intermediate-Care-Plätzen mittels Monitorkontrolle eine verstärkte medizinische Überwachung und Medikamentenbehandlung möglich ist. Somit können insgesamt 44 Patienten liegend transportiert werden.

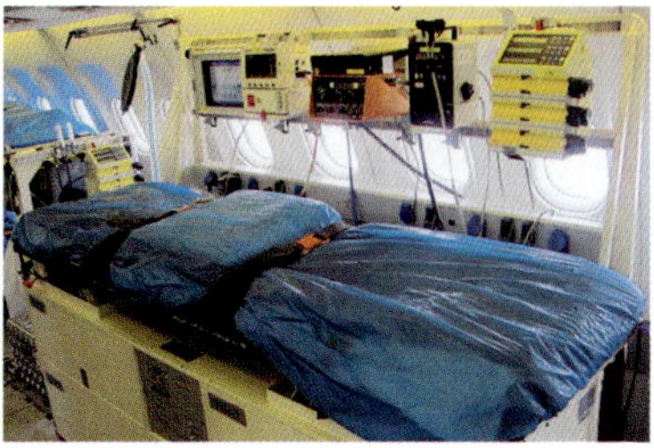

Intensivstation im Rettungs-Airbus

46

Blue Ice

Flugzeugtoiletten funktionieren ohne Wasserspülung. Dieses Spülwasser mitzuführen und aufzufangen würde Tonnen an zusätzlichem Gewicht bedeuten, für die man wieder mehr Treibstoff brauchen würde. Stattdessen hilft man sich mit einem Vacuumsystem. Per Unterdruck wird die fäkale Hinterlassenschaft in einen Behälter gesaugt, der nach der Landung entleert wird. Gleichwohl passiert es, dass sich der Urin an einer undichten Stelle eines Ventils sammelt und zu einem Klumpen an der Außenhaut des Flugzeugs festfriert. Und irgendwann fällt er ab und stürzt zur Erde. Wegen der blauen Farbe der enthaltenen Chemikalien nennt man das „Blue Ice". Es passiert ja selten genug, aber es passiert, dass bisweilen schon mal ein Dach von einem solchen Blue-Ice-Klumpen durchschlagen wurde. Wird das nicht sofort bemerkt, findet der Bewohner ein Loch in seinem Dach vor, das Corpus Delicti ist dann längst geschmolzen und womöglich getrocknet. Einen Verursacher aufzuspüren und Schadenersatz einzufordern wird nahezu unmöglich sein. Somit scheint das blaue Eis vom Himmel zu den allgemeinen Lebensrisiken zu gehören.

47

Drohnenabwehr

Adler jagt Drohne.

Drohnen stellen in Zeiten des Terrors ein immer größeres Problem dar. Längst hat das Polizei, Armee und private Spezialfirmen auf den Plan gerufen. Passive Maßnahmen der Drohnenabwehr wie Netze, Zeltdächer als Sichtschutz, Absuchen und Überwachen von umliegendem Gelände sind begrenzt wirksam und lästig, weil sie in unser Leben eingreifen. Außerdem werden die Fluggeräte dadurch nicht gestoppt. Versuche mit autonomen Jagddrohnen, die gegnerische Flugkörper mit Netzen einfangen, stecken noch in den Kinderschuhen. Sie müssen sich auf das Ziel selbständig aufschalten, ihm folgen und es schließlich mit einem Netz einfangen können. Daran erahnt man schon, welche Aufrüstung uns hier bevorsteht. Plötzlich ist die elektronische Kampfführung EloKa aus dem Kalten Krieg zurück. Bei den verschiedenen Gegenmaßnahmen ist immer das Absturzrisiko zu bewerten, sollten diese Abwehrtechniken über den Köpfen von Menschenansammlungen stattfinden. Ein niederländisches Unternehmen richtet im Auftrag der Polizei Adler und andere Raubvögel aufs Fangen dieser Hi-Tech-Beute ab. Bei einem der letzten NATO-Gipfel in Brüssel wachten tatsächlich Adler über die Integrität des Luftraums.

48

Dubai Airtaxi

Unbemanntes Lufttaxi Airport und City

Dubai steht kurz vor einer Revolution. In China hat man Air-Taxis eingekauft, die schon ab 2017 zwischen dem Flughafen Dubai und der Stadt eingesetzt werden sollen. Die Taxi-Drohnen sind führerlos, bieten Platz für eine Person bis zu 100 kg und ein kleines Gepäckstück. Vier Propellerausleger mit den acht batteriegetriebenen Luftschrauben tragen die eiförmige Kabine mit einer Höchstgeschwindigkeit von 160 km/h. Mit einer Batterieladung fliegt das Gerät samt Last bis zu 30 Minuten und hat eine Reichweite von 50 km. Der Passagier bezahlt mit seiner Kreditkarte, gibt eine von fünf möglichen Destinationen ein und wird an sein Ziel gebracht. Allerdings gab es 2016 schon einige nicht näher bezeichnete Probleme mit den Taxidrohnen. Wie die Flüge geordnet und kontrolliert werden, war noch nicht zu erfahren. Nervenkitzel ist sicher dabei.

Sicherheitskontrollen

Röntgen, scannen, schnüffeln, kontrollieren, Metall- und Bodycheck

Das Bild ist bekannt: Reihenweise müssen Passagiere bei der Airport Security ihre Wasserflasschen in die Tonne werfen. Es könnte ja Sprengstoff drinnen sein. Doch wie wird dieser potentielle Sprengstoff unschädlich gemacht? Als Sondermüll? Durch ein Sprengkommando mit hohem Aufwand? In einer Kiesgrube? Auf Nachfrage bei der Verwaltung erfährt man, „alles geht zur Müllverbrennung“!

Das Nagel-Necessaire wird abgenommen. Fein. Man könnte ja eine Geisel nehmen und sie mit der Nagelschere bedrohen. Doch dann reibt man sich die Augen: 20 Meter hinter der Kontrolle kann man beim Reisebedarf ein neues Set kaufen. Geht man allerdings weiter zu dem Gate, an dem heute die Flüge nach UK, USA oder Mexiko abgehen, hat man wieder eine rote Karte gezogen, denn in der vorgelagerten zweiten Sperre wird alles nochmal geröntgt und dann ist die Neuerwerbung auch schon wieder weg. Laut EU-Verordnung sind Messer oder Nagelfeilen mit einer Klingenlänge von 6 cm oder Scheren mit einer Klingenlänge über 6 cm ab dem Scharnier gemessen verboten. Trotzdem ist das keine Garantie, dass man damit durchkommt. Im Zweifelsfall hat der Mann an der Kontrolle das letzte Wort und kassiert es ein. Bisweilen kann man einen Umschlag erwerben, den man an seine Adresse schicken kann. Alternativ landet das Ding im Müll.

50 Evakuierung

Evakuierungstest am Airbus A380

Die Luftfahrt hat den Herstellern ganz klare Regeln diktiert, in welcher Zeit ein Flugzeug unter welchen Bedingungen evakuiert werden muss. Die Zulassung ist letztlich auf die Anzahl der Personen begrenzt, die in maximal 90 Sekunden evakuiert werden können. Das wird unter möglichst realen Bedingungen überprüft. Es muss sich bei dem Test um eine repräsentative Passagier-Zusammensetzung bei normaler Gesundheit handeln, 40% weiblich, 35% über 50, von den über 50-Jährigen müssen 15% weiblich sein. Außerdem drei lebensgroße Babypuppen. Im Flugzeug muss es bis auf die Notbeleuchtung dunkel, die Fenster von außen verklebt sein. Gänge werden mit Kissen, Decken und Handgepäck verstellt. Die Passagiere dürfen die Testbedingungen nicht kennen, nur die Hälfte der Türen dürfen benutzt werden, die Evakuierungsseite wird kurzfristig festgelegt. Die Passagiere müssen angeschnallt sein. Zuvor müssen die Flugbegleiter eine normale Notfalldemo machen. Die Cabin Crew muss außerdem von einer aktiven Fluglinie sein, mit durchschnittlicher Zusammensetzung in Bezug auf Geschlecht, Alter, Größe und Erfahrung. Sie darf in den letzten sechs Monaten nicht an einer solchen Übung teilgenommen haben. Man kann sicher sein, dass beim Evakuierungstest des Airbus A380 die internationale Konkurrenz mit Argusaugen gewacht hat, wie der Hersteller dabei abschnitt.

Geburt im Flugzeug

Welche Staatsbürgerschaft erhält ein Kind, das unterwegs im Flugzeug geboren wird? Zuerst einmal die Staatsbürgerschaft der Mutter (Blutsrecht). In den USA wie in einigen anderen Ländern herrscht das Bodenrecht: Im amerikanischen Luftraum einschließlich der 18-Meilen-Zone erhält es automatisch (auch) die amerikanische Staatsbürgerschaft. Befindet sich das Flugzeug nicht über amerikanischem Territorium, erhält es laut Chicagoer Abkommen die Staatsbürgerschaft von dem Land, in dem das Flugzeug registriert ist. Manchmal sind das typische Steueroasen wie Bermuda, Bahamas, Kaimaninseln oder Aruba. Befindet sich ein in den USA registriertes Flugzeug unterwegs in die Vereinigten Staaten, ist aber noch über dem Hoheitsgebiet eines Drittlandes, ist das Neugeborene nach amerikanischem Recht US-Bürger. Allerdings könnten in dem betreffenden Drittland konkurrierende Gesetze gelten. Eine hochschwangere Mutter von den Philippinen befand sich 2011 mit ihren drei Kindern auf dem Weg von Manila in die USA. Sie wollte ihr Baby bei ihrer Tante in Massachusetts zur Welt bringen. Über die amerikanische Staatsbürgerschaft des kleinen Sprösslings erhoffte sich die ganze Familie die komplikationslose Einbürgerung in die USA. Doch das Baby wollte nicht warten und erblickte das Licht der Welt bereits vier Stunden vor der Landung in San Francisco. Staatsbürgerschaft und Einbürgerung scheiterten am Codeshareflug, der von Philippine Airlines durchgeführt wurde, und das Baby kam über internationalen Gewässern zur Welt!

AirAsia setzt einen neuen Standard nach einer Geburt an Bord.

52 Raumgleiter

Wie landet man einen Orbiter wie die Columbia oder die Enterprise, der mit 1.500 Sachen in die Erdatmosphäre eintaucht, auf einem Flughafen? Eine Stunde vor der Landung zündet der Commander die Steuerdüsen, um den Orbit zu verlassen. Danach ist der Gleiter antriebslos und rast als Hi-Tech-Segelflieger auf die Landepiste zu. 30 Minuten vor der Landung beginnt die Atmosphäre zu wirken. Die Steuerklappen können erst jetzt zu Korrekturen benutzt werden. Der Shuttle ist jetzt noch 128 km hoch und 8.000 km von der Piste entfernt. Mehrere steile S-Kurven reduzieren die Geschwindigkeit. Bis fünf Minuten vor dem Aufsetzen ist der Orbiter im Überschallbereich. Erst 40 km vor der Schwelle fällt die Geschwindigkeit unter 1.000 km/h. Jetzt wird der Shuttle von Hand geflogen. Der Endanflug ist mit 19 Grad sechsmal so steil wie bei einem normalen Passagierjet und zwanzigmal so schnell. 650 Meter über Grund nimmt der Commander die Nase steil nach oben und bremst den Gleiter mit seiner ganzen Rumpffläche ab. 15 Sekunden vor dem Touchdown wird das Fahrwerk ausgefahren. Mit 350 km/h setzen die Räder auf dem Boden auf, Bremsschirme bringen den Gleiter zum Stehen. Was früher einmal ein höchstschwieriges Unterfangen war, hat sich in den letzten Jahrzehnten zur Routine entwickelt.

Anflugverfahren für einen Raumgleiter

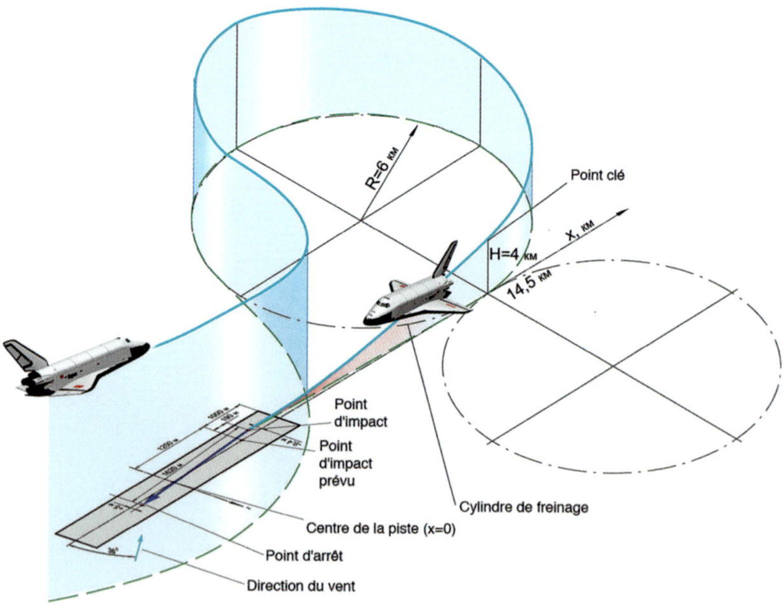

Fünftausend Taler!

Hurrikan Irma verwüstete große Teile der Karibik.

Als Hurrikan Irma auf Miami zuraste, plante die Schweizer Fluggesellschaft Swiss, mit der letzten Maschine neben den Passagieren auch ihr in Florida stationiertes Personal zurückzuholen. Allerdings hatte sie dafür sechs Plätze zu wenig. Am Gate wurden unter den eingecheckten Passagieren sechs Freiwillige gesucht, die für 5.000 Dollar von dem Flug zurücktreten würden. Außerdem garantierte die Airline die Unterbringung in einem sturmsicheren Hotel für die kritische Zeit, sowie alle Transportkosten. Tatsächlich fanden sich sechs mutige Leute. Was das mit Albert Lortzing zu tun hat? Zum einen leitet sich das Wort „Dollar" vom europäischen „Taler" ab. Und vor etwa 50 Jahren soll ein Bariton, der im „Wildschütz" den Baculus spielte, seine Arie ganz im Sinne der Kunst etwas improvisiert haben: „Fünftausend Taler! Fünftausend Taler! Träum' oder wach' ich? Zittre und zag' ich? Wein' oder lach' ich? Götter, was mach' ich?" Dann trat er an den Bühnenrand und sang ins begeisterte Publikum: „Schmeiß' ich das Geld zum Fenster raus, oder baue ich Bremen ein neues Opernhaus?" Gut möglich, dass Miami demnächst ein Vielfaches dieser Summe benötigen wird, um die Flutschäden an der Florida Grand Opera zu beseitigen. Der Komplex liegt nämlich gerade mal einen Meter über dem Meeresspiegel, dicht am Ufer des Atlantik. Der Wildschütz im nächsten Spielplan und ein aufgeweckter Bariton könnten da sicher etwas bewirken.

Fliegen ist die sicherste Art zu reisen. Viel sicherer als Autofahren. Trotzdem leiden manche Menschen einerseits an Flugangst, würden aber andererseits bedenkenlos in ein Auto steigen.

54 Aviophobie

Aviophobie ist das Fremdwort für Flugangst. Dass Fliegen die sicherste Art der Fortbewegung ist, weiß mittlerweile jeder. Die Wahrscheinlichkeit bei einem Flugzeugabsturz zu sterben, liegt bei 1:5,3 Millionen. Es gibt eine iPhone-App, die errechnet, wie wahrscheinlich ein tödlicher Crash für einen bestimmten Flug ist. Die gibt dann Ergebnisse aus wie „Um abzustürzen, müssten Sie 14.716 Jahre jeden Tag in dieses Flugzeug steigen.“ Verglichen mit 5.800 Verkehrstoten oder etwa 20.000 Grippetoten in Deutschland (2015) ist Fliegen sicher. 2015 gab es im zivilen weltweiten Luftverkehr 15 tödliche Flugunfälle mit 374 Opfern. Die Zahlen beinhalten den Bombenanschlag auf Metrojet und den Pilotenselbstmord bei Germanwings. Vor solchen Unglücken ist man nirgendwo geschützt, wie uns immer wieder vor Augen geführt wird, nicht auf der Straße, nicht im Bus, nicht im Zug und nicht in der U-Bahn. Im gleichen Zeitraum kamen weltweit etwa 1,24 Millionen Menschen bei Verkehrsunfällen ums Leben. Das heißt, 2015 war das sicherste Jahr seit Beginn der Passagierfliegerei. Das könnte auch der Grund sein, warum jedes Flugzeugunglück von einem gewaltigen Medienrummel begleitet wird. Zu jeder Sekunde sterben Menschen vor Armut, Hunger, Durst, Krankheit, Krieg, Verbrechen und pseudoreligiösem Terror. Darüber sollten wir nachdenken!

Die Kalotte

55

In der Flugzeugkabine sollen sich Passagiere wohlfühlen. Sie wird beheizt oder gekühlt, und auch in Höhen über 3.000 Metern sollen die Reisenden ohne Sauerstoffgerät überleben können. Da aber nach dem Start und dem Aufstieg zur Reiseflughöhe der Außendruck abfällt, muss dieser Lebensraum künstlich hergestellt werden. Das heißt, in der Kabine simuliert man eine Druckhöhe von 2.000 bis 3.000 Metern. Im Verlauf der Landung gleicht ein Ventil diesen Überdruck wieder aus. Ermöglicht wird das durch die Kalotte, ein Druckschott, das große Kräfte aushalten muss. Die Kalotte einer A380 hat einen Durchmesser von sechs Metern. Da sie aus Kohlefaser hergestellt ist, wiegt sie nur 250 kg.

Druckschott aus Faserverbundwerkstoff für einen A380

Die „unglückliche" 13

56

Viele europäische Airlines, die durchaus bodenständige Lufthansa eingeschlossen, verzichten auf die Sitzreihen 13 und 17. Die 13 gilt in vielen westlichen Ländern als Unglückszahl, in asiatischen Ländern ist es die 17. Also ich hätte in Reihe 13 keine Schwierigkeiten. Wenn die Reihen 12 und 14 am gebuchten Ziel ankommen, wird es die Reihe 13 auch. Und sollte Reihe 13 nicht ankommen, dann wollte ich auch auf keiner anderen Reihe gebucht sein. Die Airlines geben hier einfach dem Aberglauben mancher Menschen nach, genauso wie man im Hotelaufzug merken wird, dass die Knöpfe Nummer 13 und 17 fehlen. Manche Flughäfen verzichten auch auf ein Gate 13. Angeblich sind sonst manche Passagiere bereits negativ konditioniert, bevor sie überhaupt das Flugzeug besteigen. Gibt es dann unterwegs Turbulenzen, neigen diese Passagiere zur Panik.

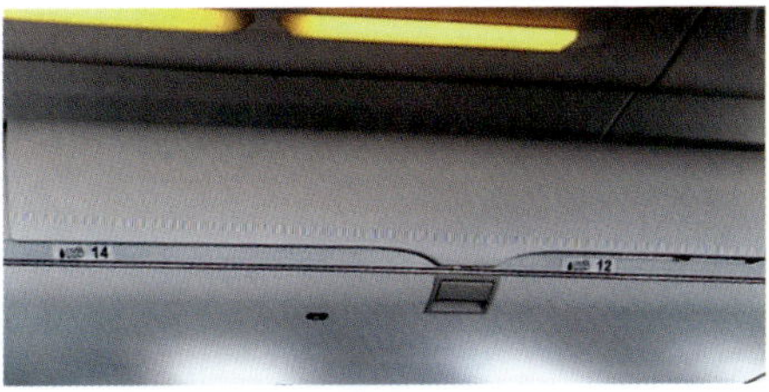

Zugeständnis an Aberglauben, die Reihe 13 fehlt bei dieser Airline

57 Befugnisse eines Käpten an Bord

Der Käpten trägt die Verantwortung für Mensch, Maschine und alles was an Bord geschieht.

Der Käpten ist Vorgesetzter aller Besatzungsmitglieder. Er hat für die Sicherheit der Besatzung, der Passagiere und des Flugzeugs und den sicheren, den Vorschriften entsprechenden Transport zu sorgen. Seinen Anordnungen gegenüber allen Personen an Bord ist Folge zu leisten. Zur Gefahrenabwehr kann er Anordnungen auch mit Zwangsmitteln durchsetzen, das geht bis zur vorläufigen Festnahme. Solange er die Kommandogewalt im Flugzeug hat, entscheidet er in letzter Instanz über den Verlauf des Fluges. Das gilt auch gegenüber der Flugsicherung oder seinem Arbeitgeber. Er muss allerdings hinterher für seine Entscheidungen und Handlungen Verantwortung übernehmen. Geburten oder Todesfälle von Personen an Bord sind mit Koordinaten, Uhrzeit und Personalien festzuhalten und weiterzumelden, aber das ist schon alles. Entgegen einem häufig geäußerten Wunsch darf der Käpten eines Flugzeugs keine Trauungen vornehmen. Weder auf einem Schiff auf hoher See noch über den Wolken und zwischen den Kontinenten. Trauungen dürfen nach deutschem Recht nur von Standesbeamten vollzogen werden. Das gleiche gilt für fast alle Länder der Welt, mit ganz wenigen Ausnahmen: Japan, Malta und Bermuda. Und selbst in diesen Ländern darf eine Trauung an Bord nur im Angesicht des Todes vollzogen werden. Im Verlauf einer gefährlichen Luftnotlage hat ein Käpten allerdings anderes zu tun.

58 Catering

Das Cateringunternehmen LSG schwelgt in Superlativen. Die Gesellschaft umfasst 148 Unternehmen und besteht aus 194 Betrieben in 52 Ländern. 2011 produzierten sie 492 Millionen Flugmahlzeiten für mehr als 300 Airlines weltweit. Die Konzernmuttergesellschaft, LSG Lufthansa Service Holding AG, hat ihren Sitz in Neu-Isenburg bei Frankfurt/Main. Für einen Interkontinentalflug einer A380 werden 50.000 Artikel eingeladen! Gläser, Geschirre, Besteck, Servietten, Feuchttücher, Kulis, Einreiseformulare, Spielkarten, Bordunterhaltung, Filme, Duty-free. Je 500 Mittagessen, Abendessen, Frühstücke auf Airline-eigenem Geschirr müssen vorbereitet, die Hausmarken an Weinen und Bieren, Spirituosen und Säften, eine Auswahl unter 30 verschiedenen Wassersorten werden bereitgestellt, denn jede Airline hat ihr eigenes Wasser. An der Destination muss dasselbe Sortiment bereitstehen, das zuvor per Schiff hingeschafft wurde. Die Speisekarten müssen stimmen. Bisweilen muss kurzfristig reagiert werden, wenn etwa die Maschine nach Chicago heute keine 777-200, sondern eine 777-300 ist, deren Galleys sich unterscheiden. Oder wenn noch 40 Passagiere hinzukommen. Wenn dann allerdings die Maschine aus irgendwelchen Gründen kurz vor dem Nachtflugverbot nicht abdocken kann, deshalb das letzte Startfenster nicht schafft und am Boden bleiben muss, werden alle Speisen wieder entladen, entsorgt und vernichtet.

Im Catering Center der LSG in Frankfurt werden die Flugzeug-Trolleys gewaschen und neu beladen.

59

Hurrikan-Flieger

Keesler Air Force Base in Biloxi, Mississippi ist die Home Base der amerikanischen Hurricane Hunters. Zehn Lockheed WC-130J Weatherbirds der Wetteraufklärungsstaffel der U.S. Air Force sind dort stationiert, um die Zyklone in der Karibik und im Golf von Mexiko zu erforschen und die Wassermassen und die Windgeschwindigkeiten im Inneren zu vermessen. Sie sind mit Mikrowellen-Sensoren ausgerüstet, die auf den Schaum von Wellen ansprechen. Sie durchfliegen die gewaltigen Zyklone, die Windgeschwindigkeiten von über 250 km/h erzeugen, in Höhen von 150 und 3.000 Metern bis durch das Auge des Wirbelsturms. Sie unterscheiden sich von den NOAA Hurricane Hunters, die der National Oceanic and Atmospheric Administration in Tampa, Florida unterstellt sind. Diese fliegen mit Orion P-3 und Gulfstream IV überwiegend mit Forschungsaufgaben an den Küsten entlang und beobachten die Erosion und die Folgen der Wirbelstürme und die verursachten Überschwemmungen. Sie unterstützen die Meeresforscher und Meteorologen. Gemeinsam haben sie stabile Magennerven und Freude am Achterbahnfahren. Lt. Col. Hitterman steuerte 2017 seine WC-130J Herkules entspannt in das Auge von Hurrikan Irma, dem stärksten Wirbelsturm der letzten hundert Jahre. „Das ist als ob du mit deinem Auto durch die Waschanlage fährst“, sagt er, und meint das auch noch Ernst. „Es gibt allerdings einen Unterschied: Wenn man in diese Waschanlage fliegt, scheint eine Horde Gorillas auf dein Flugzeug zu springen. Manchmal werden wir so durchgeschüttelt, dass wir die Instrumente nicht mehr ablesen können.“

Herkules WC-130J der Hurricane Hunters in Biloxi

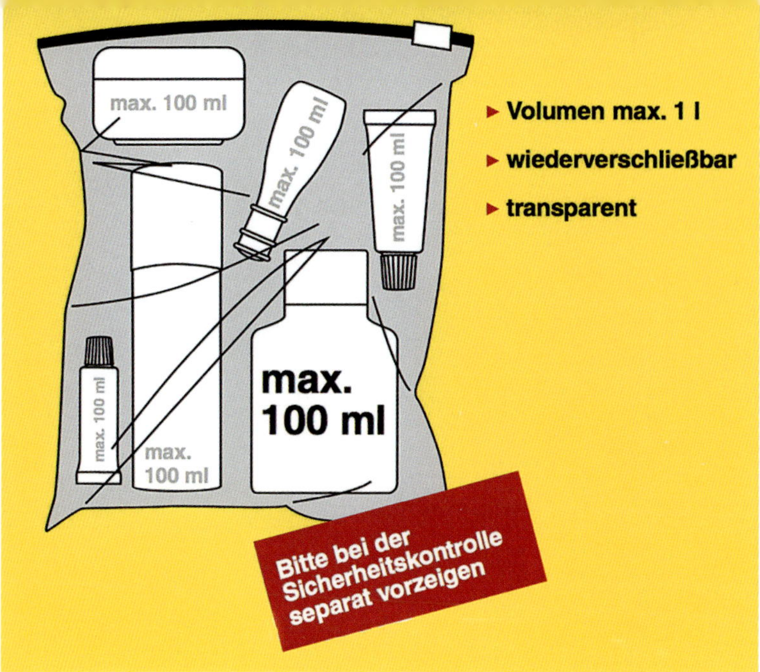

60

Nicht mehr als 100 ml

Terroristische Verbrecher ersinnen immer neue Methoden, ihre menschenverachtenden Pläne in die Tat umzusetzen. Dass keine Schusswaffen an Bord mitgenommen werden dürfen, ist schon lange klar. Als der Bann dann aber auch Taschenmesser mit immer kürzeren Klingen, Nagelfeilen, Nagelscheren und Nähzeug traf, wurde es langsam ärgerlich. Derzeit stehen Laptops und Notebooks auf dem Prüfstand, weil Akkus und CD-Fach als Bombenbehälter umgebaut werden können. Der Schuhbomber führte dazu, dass nun Millionen von Passagieren auf Strümpfen über kalte Marmorböden durch die Security watscheln, der Unterhosenbomber führte zum Nacktscanner, das Zusammenschütten an Bord gebrachter, an sich harmloser chemischer Flüssigkeiten in der Bordtoilette führte zur Begrenzung auf kleine Behälter nicht größer als 100 ml in einem durchsichtigen Plastikbeutel. All die Mitbringsel und Erinnerungen, die leckere Marmelade von Großmutter, die man vor der Rückreise noch schnell zugesteckt bekam, den Ananassaft aus dem Flughafenshop in Hawaii, das Massageöl aus Tahiti werden Opfer des Katz-und-Maus-Spiels zwischen den perversen Gehirnen fanatischer Terroristen und Erkenntnissen von Geheimdiensten. Und alles landet in der Tonne.

Eine rechte Tragfläche für den Airbus A380 ist gerade aus England gekommen und wird in die Montagehalle in Toulouse gefahren.

61 Tragflächen

Für die alten Pioniere waren die Flügel ihrer Gleiter die Herzstücke ihrer experimentellen Forschung. Ihre Wölbung, ihre Versteifung, ihre Bespannung entschied über Erfolg oder Misserfolg, bisweilen auch über „Hals- und Beinbruch". Heute stecken im Flügel eines A380 mehr als 25.000 Einzelteile. Längst ist man vom starren Tragwerk zu einem hochkomplizierten Innenleben übergegangen. Darin steckt die Technik für die Kippnasen (Flaps), die Landeklappen (einfach, doppelt oder dreifach), die Krügerklappen, die Luftbremsen, die Dämpfer. Sie enthalten die Motoren und Servos und Gestänge für all diese Klappen, einen Teil der Treibstofftanks für bis zu 118 Tonnen Sprit, die Hydraulik, die Tankstutzen, Pumpen, Enteisungsmechanismen, die Triebwerksanschlüsse und gegebenenfalls sogar Motoren für die variable Geometrie der Tragflächen, die Kontroll- und Rückkopplungseinrichtungen und Backup-Anlagen für diese Systeme. All diese Technik muss über die Wingbox, dem Herzstück im Rumpf, mit der Gegenseite und dem Rest des Flugzeugs verbunden werden, steuerbar aus dem Cockpit und dem Zentralcomputer. Vor der Zulassung werden mit den Tragflächen Ermüdungs- und Bruchversuche gemacht. In riesigen Folterkammern werden sie gerüttelt, geschüttelt und nach oben und nach unten gebogen. In Zeitraffer werden 120.000 simulierte Flüge durchgeführt, mehr als die Lebenserwartung eines Flugzeugs. Die Flügelspitzen müssen einen Zehn-Meter-Ausschlag aushalten, acht Meter nach oben und zwei nach unten.

Bionik

Um Flugzeuge zu verbessern, nutzt man die Bionik oder Biomimetik. Diese junge, interdisziplinäre Wissenschaft holt sich Ideen aus der Natur. Das Kunstwort setzt sich aus Biologie, Mimesis (Nachahmung) und Technik zusammen. Zu fast allen Erfindungen des Menschen gibt es bereits Vorbilder in der Natur. Das geht schon mal bei den Schwingen der Vögel und Tragflächen von Fledermäusen los. Sogar eine Art Radar war bei letzteren schon vorhanden. Die Samen des Löwenzahns mit ihrem Tragesystem sind dem Kappenfallschirm überlegen. Die Haifischhaut ist strömungsgünstig, 8% reibungsärmer als eine glatte Haut und verursacht keine Verwirbelungen. Das Frauenhofer-Institut im bayerischen Holzkirchen hat sie sich zum Vorbild genommen und eine Ribletfolie für Flugzeuge entwickelt, sie mit Nanopartikeln zum Blitzschutz versetzt. Sie ist UV-resistent, verklebbar, widersteht Temperaturschwankungen von minus 55 bis plus 70 Grad Celsius und hohen Geschwindigkeiten. Die Forscher haben einen um 60 bis 200 Tonnen Kerosin pro Flugzeug und Jahr reduzierten Treibstoffverbrauch errechnet, was sich auch auf die CO_2-Emissionen niederschlagen wird. Beobachtungen und Erkenntnisse aus der Tierwelt ist eine Tradition, die schon Otto Lilienthal gepflegt hat. Sein Buch „Der Vogelflug als Grundlage der Fliegekunst“ wurde zum Standardwerk der Luftfahrtpioniere.

Die Tierwelt liefert Beispiele für ökonomische Fliegerei.

63 Virgin Atlantic

Sir Richard Branson, Chef der Virgin Atlantic Airlines erhielt 2006 einen Anruf von MGM. Man bräuchte für die Dreharbeiten zu „Casino Royale“ kurzfristig eine Boeing 747 am Flughafen von Prag. Der Airport diente als Kulisse für den Flughafen von Miami. British Airways hatte abgelehnt, weil sie einen Image-Schaden befürchtete. Branson sagte sofort zu und brachte die 747 persönlich nach Prag. Dort erhielt er auch gleich noch eine Statistenrolle, wie er an der Security durchleuchtet wurde. Es war nicht der erste Publicity-Coup von Branson. Als BA 1997 den Union Jack von ihren Flugzeugen entfernte, versah Branson den Bug seiner Maschinen mit dem Union Jack und der Aufschrift „British Flagg Carrier“. Nach einem anderen gewonnenen Rechtsstreit mit dem Rivalen wurde BA dazu verurteilt, 611.000 Pfund an Branson und seine Airline zu bezahlen. Der Milliardär verteilte dieses Geld an seine Angestellten als „BA Bonus“. In der Inflight-Version von „Casino Royale“ schnitt BA deshalb alle Szenen fein säuberlich heraus, wo Branson oder ein Virgin-Flugzeug zu sehen waren. Und wo das wegen der Handlung nicht möglich war, wurde der markante Tail farblich neutralisiert. Auch wenn die große britische Traditions-Airline es immer wieder versucht, gegen den vermeintlichen Emporkömmling zu punkten, so ist es doch Richard Branson, der beim Publikum die Sympathiepunkte macht.

Virgin Atlantic Airways wurde 1984 als British Atlantic Airways gegründet und bald darauf von Richard Branson und seiner Virgin Group übernommen und umbenannt.

64 Arzt an Bord

Gelegentlich hört man an Bord eines Flugzeugs die Durchsage: „Ist ein Arzt an Bord?“ Da hat dann jemand einen Herzinfarkt oder eine Frühgeburt. Die Chance (oder das Risiko), an Bord eines Verkehrsflugzeuges zu einer medizinischen Hilfeleistung aufgefordert zu werden, ist immer gegeben! Wichtig ist auch zu wissen, dass die Haftpflichtversicherungen der Ärzte grundsätzlich nicht für Einsätze an Bord von Flugzeugen gelten. Andererseits kann sich ein Arzt der unterlassenen Hilfeleistung schuldig machen. Unterläuft einem Arzt bei einer solchen Behandlung ein Fehler, haftet er dafür persönlich. Konsequenterweise hat zumindest die deutsche Lufthansa dafür eine Versicherung abgeschlossen, die Ärzte bei einem freiwilligen Einsatz in der Luft vor finanziellem Risiko schützt.

65 Bombing Range

Bruneau Canyon ist eine wenig bekannte Sehenswürdigkeit im Süden von Idaho. Der Bruneau River hat sich hier 250 Meter tief durch den Basalt gegraben. Mindestens genauso sehenswert ist aber ein Warnschild am Straßenrand auf der Schotterstraße zu einem Aussichtspunkt am Rand des Canyons: „Warnung. Diese Straße durchquert ein Bombenabwurfgebiet der U.S. Air Force. Auf den nächsten 12 Meilen können gefährliche Objekte von Flugzeugen fallen.“ Es handelt sich dabei um die Saylor Creek Bombing Range, die zur Mountain Home AFB 25 Meilen nördlich davon gehört. In diesem fast 500 km² großen Übungsgebiet wird vor allem die Bekämpfung von ferngesteuerten oder an Ketten gezogenen beweglichen Zielen aus der Luft mit Bordkanonen, Raketen und Bomben geübt. Ein ausgesprochen beruhigendes Gefühl, wenn man seinen Mietwagen 20 km durch dieses Gebiet steuert. Aber … es zwingt einen ja niemand dazu und man kann nicht sagen, es hätte einen keiner gewarnt.

Benutzung der Straße auf eigene Gefahr. Hier wird gebombt und geschossen.

66 Erste kommerzielle Airline

Landung des ersten Passagiers auf der anderen Seite der Tampa Bay

Die erste kommerzielle Airline, die Passagiere mit Flugzeugen beförderte, war die St. Petersburg–Tampa Airboat Line mit einem Benoist Flying Boat, geflogen von Tony Jannus. Bei einer Versteigerung des ersten Flugtickets erhielt der frühere Bürgermeister vom amerikanischen St. Petersburg in Florida, Abe C. Pheil für 400 Dollar den Zuschlag. Der Start wurde von 3.000 begeisterten Schaulustigen beobachtet. Der Flug führte in zehn Metern Höhe über die Tampa Bay. Das Flugzeug brauchte 23 Minuten für die 36 Kilometer lange Strecke. Der Motor verbrauchte auf der kurzen Strecke zehn Gallonen Sprit und eine Gallone Öl. Im Anschluss daran begann der Routine-Flugverkehr. Das Ticket kostete fünf Dollar. Die Airline flog über vier Monate zweimal pro Tag, sechs Tage die Woche. Da sie sich aber auf Dauer nicht rentierte, wurde die Verbindung wieder eingestellt. 1995 ehrten Mr. Pheils Nachkommen den zehnmilliardsten Passagier einer amerikanischen Fluggesellschaft. Pheils Enkelin Betsy kann es noch immer nicht fassen, dass ihr Großvater der Erste war.

67 DIE MEISTEN FLUGZEUGE

Rang	Airline	Staat	Flugzeuge
1	American Airlines	USA	1.789
2	Delta Air Lines	USA	1.330
3	United Airlines	USA	1.229
4	Southwest Airlines	USA	720
5	FedEx Express	USA	688
6	China Southern Airlines	China	515
7	China Eastern Airlines	China	453
8	Air Canada	Kanada	404
9	Ryanair	Irland	398
10	Air China	China	393

Qantas

Eigentlich wollten die beiden ehemaligen Flugoffiziere Wilmot Hudson Fysh und Paul J. McGinness am liebsten selbst am längsten internationalen Luftrennen der Welt vom englischen Mildenhall bis ins australische Melbourne teilnehmen, doch es war ihnen nicht gelungen, einen Sponsor zu finden. Die australische Regierung beauftragte sie deshalb 1920, wenigstens die letzte Etappe des Rennens vorzubereiten und Landeplätze zu erkunden und unterwegs Treibstoffdepots anzulegen. Wie groß das Land tatsächlich war, stellten die beiden fest, als sie mit ihrem Ford versuchten, das weitgehend unbekannte Gelände zu befahren. 51 Tage dauerte die Fahrt über 2.179 Kilometer, bis die beiden ihr Ziel erreicht hatten. Das beschwerliche Fortkommen am Boden bestärkte die beiden, dass Australien Flugzeuge brauchte. Und zwar schnell. Was konnte natürlicher sein, als zu fliegen? Also fassten die beiden Flugpioniere den Entschluss, nach dem Rennen die Fluglinie Queensland and Northern Territory Aerial Services Ltd. zu gründen. Die Bevölkerung vernahm es mit Freuden, während die Menschen im Rest der Welt der Fliegerei noch skeptisch gegenüberstanden. Heute ist Qantas nicht mehr von den Flughäfen der Welt wegzudenken. Die Airline sorgt dafür, dass Down-Under nicht aus dem Bewusstsein der Weltgemeinschaft verschwindet.

Eine A380 der Qantas über der Harbour Bridge von Sydney. London ist die einzige Stadt in Europa, die von Qantas angeflogen wird.

69

KLM

Die älteste noch heute tätige Luftverkehrsgesellschaft der Welt ist die niederländische Koninklijke Luchtvaart Maatschappij (KLM). Sie fliegt seit dem 7. Oktober 1919 unter diesem Namen. Albert Plesman gründete die Airline mit einem Startkapital von 600.000 Gulden. Der erste regelmäßige Liniendienst wurde zwischen Amsterdam und London aufgenommen. Die De Havilland DH-16 fassten nicht mehr als zwei Passagiere und einen Packen Zeitungen. Dienste nach Hamburg und Bremen folgten. Bis 1934 flog die Airline ausschließlich die De Havilland und holländische Flugzeuge von Fokker. Dann folgten amerikanische Muster. KLM flog dreimal die Woche nach Batavia (dem heutigen Djakarta). Zu diesem Zweck wurde 1928 die KLM East Indies mit Sitz in Batavia gegründet. 1938 schloss man einen Dienst nach Sydney an. 1945 wurde daraus die Koninklijke Nederlandsch-Indische Luchtvaart Maatschappij (KNILM), aus der wiederum die KLM Interinsulair Bedrijf entstand. KLM hielt auch die Verbindung zu den niederländischen Kolonien in der Karibik und Paramaribo (Surinam). Ein Meilenstein in der Geschichte der KLM war der erste transpolare Flug 1958 nach Japan. 2004 wurde die Air France-KLM als Holdinggesellschaft mit Sitz in Paris gegründet. Beide Airlines wurden in die Holding eingebracht, bleiben aber als rechtlich eigenständige Unternehmen erhalten. Die gemeinsame Flotte umfasst 534 Flugzeuge.

KLM ist die älteste kontinuierlich existierende Airline der Welt. Sie wurde 1919 gegründet.

Imperial Airways

Weltmachtanspruch. Die Imperial Airways sicherte der Weltmacht Großbritannien ihre Überseegebiete zwischen Kanada, Hongkong, Südafrika und Australien. Aus ihr entstand die BOAC und später die British Airways.

Im Jahr 1924 schlossen sich Englands vier wichtigste Luftfahrtunternehmer Instone, Handley Page, Daimler Airways und British Air Marine Navigation Company Limited zusammen und gründeten in einem zweiten Anlauf die Imperial Airways Limited. Diesmal mit mehr Erfolg. 1925 flog Imperial Airways nach Paris, Brüssel, Basel, Köln/Bonn und Zürich. Weitere Strecken führten nach Ägypten, zum Arabischen Golf, nach Indien, Südafrika, Singapur und Westafrika. In Zusammenarbeit mit Qantas Empire Airways Limited, die zwischen Singapur und Australien pendelte, wurde 1935 ein Dienst von England nach Australien eingerichtet. Man kann es ohne Übertreibung sagen: Ohne die Imperial Airways wäre es seinerzeit nicht möglich gewesen, dem britischen Commonwealth zu seiner Blüte zu verhelfen.

Mittlerweile waren im englischen Königreich mehrere kleine Gesellschaften entstanden, die 1935 in der Imperial Airways aufgingen. Nach weiteren Umstrukturierungen wurde aus Imperial und British Airways 1939 die British Overseas Airways Corporation (BOAC). Nach dem Krieg flog die BOAC ausschließlich Langstrecke, verleibte sich 1949 noch die British South American Airways (BSAA) ein, während sie die europäischen und Inlandsstrecken einer neuen Airline namens British European Airways (BEA) überließ.

1974 schlossen sich BOAC und BEA zu den British Airways zusammen.

Delta Air Lines

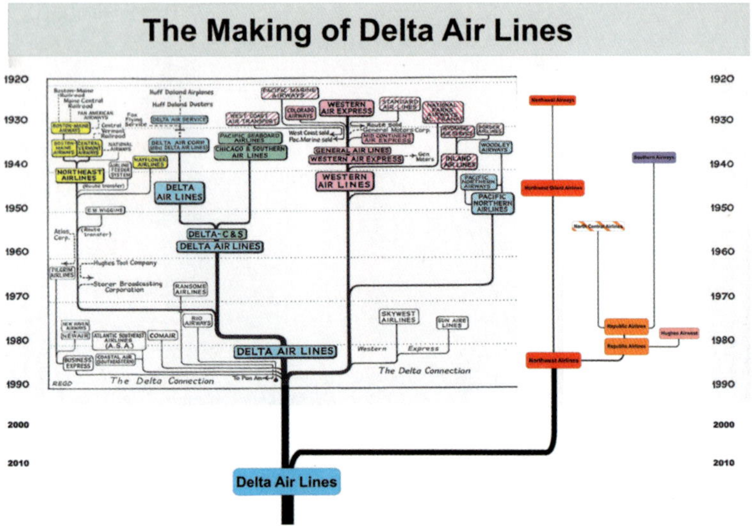

Stammbaum einer großen Airline durch ein bewegtes Jahrhundert

Ohne den Baumwollkapselkäfer, der in den frühen 1890er-Jahren aus Mexiko in die Südstaaten der USA einwanderte und die Baumwollfelder schädigte, hätte es Delta Air Lines möglicherweise gar nicht gegeben. 1924 gründeten Thomas Huff und Elliott Daland in Macon, Georgia, eine „landwirtschaftliche Fluggesellschaft zur Kulturenbestäubung", die „Huff-Daland Dusters". Ein Militärpilot und ein Insektenforscher betrieben das Geschäft. Nach Ende der Schädlingskrise hatten sie die Gelegenheit, bei Peruvian Airways einzusteigen. Sie verlegten sich auf die Beförderung von Passagieren. 1928 tauften sie die Huff-Daland Dusters in Delta Air Service um. Die Agrarfliegerei wurde zum Nebengeschäft. Nach dem Krieg konzentrierte sich Delta Air auf die Region um den Mississippi, nach dessen Mündungs-Delta sie sich den Namen gegeben hatte. Nach Fusionen mit Chicago, Northeast, Southern und Western Airlines hatte sie ein Streckennetz, das fast ganz Nordamerika abdeckte, Alaska und Hawaii eingeschlossen. Damit war Delta Air Lines zu einer der größten Fluggesellschaften der USA geworden. 1991 kaufte sie die Transatlantikstrecken der Pan Am. Wie bei allen amerikanischen Airlines gab es nach den Terroranschlägen von 2001 einen gewaltigen wirtschaftlichen Einbruch. 20.000 Mitarbeiter wurden entlassen. Auch die steigenden Treibstoffpreise verhagelten das Geschäft. 2005 hatte die Airline Schulden in Höhe von 20 Milliarden Dollar. 2010 schloss sie sich mit Northwest Airlines zusammen. Heute ist Delta die zweitgrößte Airline der Welt.

72

Lufthansa

Am 6. Januar 1926 entstand durch den Zusammenschluss des Deutschen Aero Lloyd (DAL) mit Junkers Luftverkehr die „Deutsche Luft Hansa Aktiengesellschaft“ (ab 1933 „Lufthansa“ in einem Wort). Zunächst standen 162 Flugzeuge in 18 verschiedenen Bauarten zur Verfügung. Als erste Luftverkehrsgesellschaft der Welt richtete Lufthansa über den Südatlantik einen nur auf den Luftweg abgestellten Transozean-Postflugdienst ein. 1939 umfasste das Streckennetz Bangkok und Santiago de Chile. 1945 erfolgte die Liquidation der Lufthansa als Folge des Zweiten Weltkriegs. 1953 wurde sie neugegründet. Die Wiedervereinigung Deutschlands ermöglichte der Lufthansa 45 Jahre nach dem Ende des Zweiten Weltkriegs, erstmals wieder Berlin anzufliegen. Das bislang weitgehend im Besitz der öffentlichen Hand befindliche Unternehmen wurde in mehreren Schritten vollprivatisiert. Durch Zukäufe von Brussels Airlines, Air Dolomiti, Swiss und Austrian Airlines ist Lufthansa heute nach klassisch-traditioneller Lesart die erfolgreichste Fluggesellschaft Europas und ein Konzern mit rund 375.000 Aktionären. Auch der Betrieb von Germanwings und Eurowings als Low Coster eröffneten ihr neue Märkte. Dabei ist die Lufthansa mehr als eine Airline, die Passagiere von A nach B befördert. Der Aviation-Konzern überblickt rund 350 Beteiligungsgesellschaften. Diese sind weltweit aufgestellt und erfolgreich in sieben Geschäftsfeldern tätig, einige sind sogar Marktführer in ihrer Branche. Zusätzlich betreibt Lufthansa mit Lufthansa Cargo eine der großen Frachtfluggesellschaften der Welt. 17 Frachtmaschinen verlassen täglich Frankfurt zu ihren internationalen Drehkreuzen Hyderabad, Jemeljanowo und Sharjah.

Grafischer Flugplan der Süddeutschen Luft Hansa von 1928

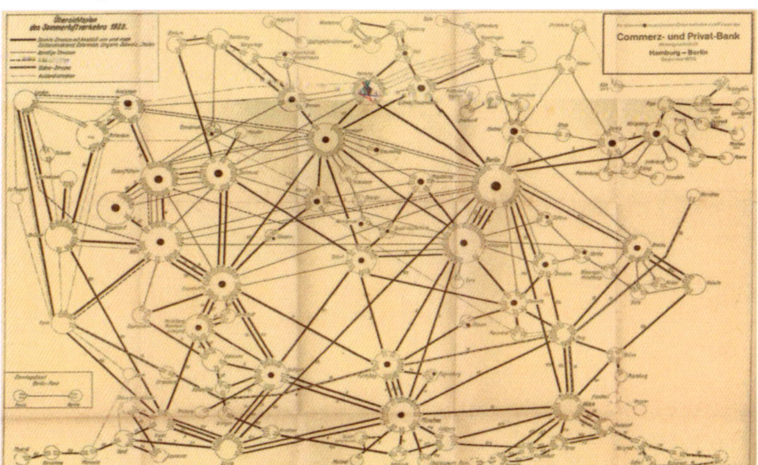

73 Junkers Luftverkehr

William Boeing benutzte die von ihm gebauten Flugzeuge, um die Boeing Transport Company zu gründen und Post zu fliegen. Aus ihr wurde später die United Airlines. In Deutschland war es Hugo Junkers, der seine Flugzeuge bereits 1920 auf der eigenen Airline einsetzte. Die Junkers Luftverkehr AG wurde zum Zweck gegründet, Luftverkehrsgesellschaften aufzustellen und sich an ihnen zu beteiligen. 1927 hatte Junkers selbst ein Streckennetz, das von der Schweiz bis nach Finnland, und von Ungarn bis England reichte. Ein Flug von Berlin nach München kostete 100 Reichsmark, nach heutiger Kaufkraft wären das gut 400 Euro. Außerdem war Junkers bis 1926 an der Transeuropa Union, der Nordeuropa Union, der Osteuropa Union und der Europa Union beteiligt. Weitere Gesellschaften mit Junkersbeteiligung waren Lloyd-Ostflug, Danziger Luftpost, Bayrischer Luft Lloyd, Bodensee Luftfahrtgesellschaft, Aero Lloyd, Rumpler Luftverkehrs AG, Südwestdeutsche Luftverkehrs AG, Westflug, Mitteldeutsche Luftverkehrs AG, Norddeutsche Luftverkehrs GmbH,

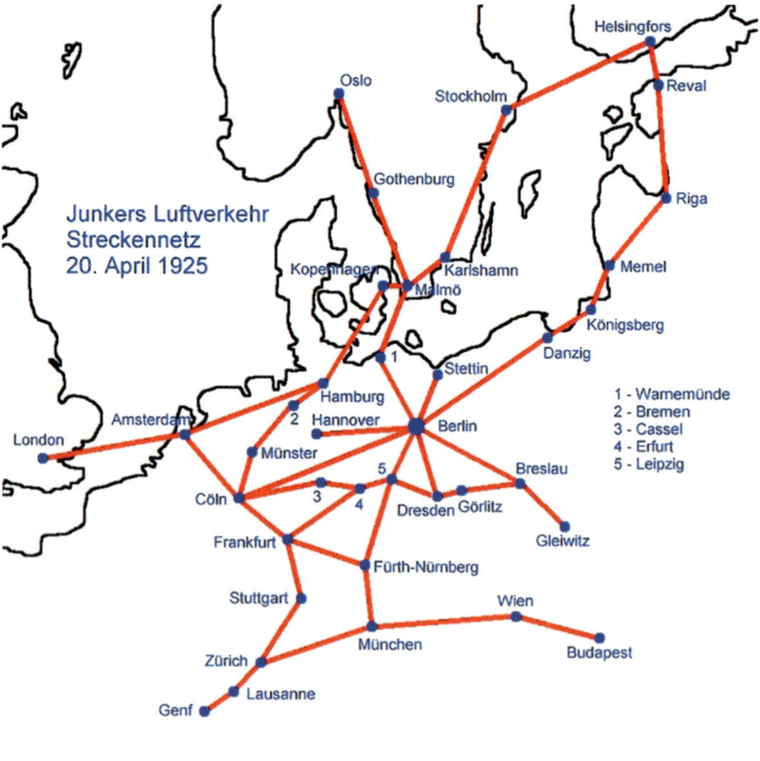

Oberschlesische Luftverkehrs AG, Schlesische Luftverkehrs AG, Badische Luftverkehrs AG, Bayerische Luftverkehrs AG, Luftverkehrsgesellschaft Ruhrgebiet, Luftverkehr AG Oberhessen, Lloyd Junkers Luftverkehrs GmbH, Nordbayerische Verkehrsflug AG und Deutsche Tramp-Luftfahrt GmbH. Ausländische Airlines mit Junkers-Beteiligung waren die Sociedad Colombo Alemana de Transportes Aéreos (SCADTA) in Baranquilla, Ad Astra Aero in Zürich, A.B. Aero Transport in Stockholm, Aero O.Y in Helsingfors, Aeronaut in Reval, Österreichische Luftverkehrs AG und die Lloyd Junkers Luftverkehrs GmbH in Wien, Aero Express in Budapest, Societa Aerea Mediterranea in Rom, Coarico in Buenos Aires, Dansk Lufttransport in Kopenhagen, Lettländische Luftverkehrs AG in Riga, Nederlandsche Wereldverkehr in Amsterdam, Norsk Luftverkehrs A.B. in Oslo, Kärntener Luftverkehrs AG in Klagenfurt, Aero Lloyd Cordobense in Cordoba, Union Aérea Espanola in Madrid, Lloyd Aéreo Boliviano in Cochabamba, Syndicato Condor in Rio de Janeiro, Empresa de Viação Adria Rio Grandense (VARIG), Service Aérien Junkers en Perse, Canadian Junkers in Montreal, Eurasia Aviation in Shanghai, Union Airways in Port Elisabeth, LAN Chile in Santiago de Chile, Irak Transport Company (IRATRA), Serviços Aéreos Portugueses, Erste Bulgarische nationale Luftverkehrs AG in Sofia, South-West African Airways in Windhoek.

Auftanken einer Luft Hansa F13 von Junkers. Daneben steht eine Fokker F III.

74 Die ersten Stewardessen

Nelly Diener, Europas erste Flugbegleiterin. Sie flog bei der Swissair, betreute die Fluggäste mit selbstgebackenen Kuchen und sang unterwegs mit ihnen Lieder.

Am 1. Mai 1927 begann Imperial Airways Flugbegleiter einzusetzen. Bei Boeing war man der Ansicht, dass weibliche Flugbegleiter eine beruhigende Wirkung auf Passagiere hätten, die von Flugangst geplagt waren. Man rekrutierte deshalb Krankenschwestern unter 25 Jahren, leichter als 52 kg, nicht größer als 1,63 m. So flog Ellen Church am 15. Mai 1930 erstmals von Oakland nach Chicago mit 13 Stopps und 14 Passagieren in einer Boeing 80 A der Boeing Air Transport. Europas erste Flugbegleiterin war Nelly Diener. Sie verwöhnte „ihre" Fluggäste anfangs mit selbst belegten Broten, eigenen Suppen, dazu Früchte, Tee und Kaffee. An Bord der Curtiss Condor der Swissair gab es noch keine Bordküche, Verpflegung war nicht im Flugpreis inbegriffen. Ihr Dienst endete aber nicht beim leiblichen Wohl ihrer Passagiere. Sie unterhielt sich mit ihnen, nahm ihnen die Flugangst, spielte mit ihnen Karten, sang mit ihnen Lieder und jodelte sogar für sie. Swissair-Flugbegleiterinnen trugen anfangs an Bord noch keine Uniformen, sondern eine weiße Schürze. Am 27. Juli 1934 starben Nelly Diener und zwei weitere Besatzungsmitglieder bei einem Absturz zusammen mit neun Passagieren bei Tuttlingen in einer 14-sitzigen Curtiss AT-32C Condor.

FedEx – Cargoriese 1

75

Ein Wirtschaftsstudent namens Frederic Smith verfasste 1966 eine Semesterarbeit an der amerikanischen Yale University über die Sinnhaftigkeit von Luftfracht. Er kritisierte darin das Umladen und den Weiterversand zwischen verschiedenen Transporteuren, deren Systeme untereinander nicht kompatibel waren. Smith ersann in dem Papier eine Theorie, wie eine einzelne Company den Warenversand viel straffer und schneller über Nacht realisieren könnte. Sein Professor empfand wenig Begeisterung für die Arbeit, weil er sie für reichlich unrealistisch hielt. Nach seinem Bachelor und einiger Zeit in Vietnam, wo er viel über die logistischen Herausforderungen einer Armee im Einsatz gelernt hatte, setzte er die einst von seinem Professor kritisierte Semesterarbeit um, gründete 1971 in Little Rock, Arkansas, eine Logistikfirma und nannte sie Federal Express. Heute verfügt er über eine Luftflotte von 657 Flugzeugen, die zu über 375 Destinationen fliegen. Seine Hallen in Memphis messen 140.000 Quadratmeter. Eine Flotte von 30.000 eigenen FedEx-Fahrzeugen besorgt den Transport am Boden

76

DIE MEISTEN FRACHTFLUGZEUGE

Rang	Airline	Staat	Flugzeuge
1	FedEx Express	USA	657
2	DHL	USA	250
3	UPS Airlines	USA	234
4	TNT Airways	USA	33
5	Korean Air Cargo	Südkorea	26
6	Cargolux	Luxemburg	25
7	Cathay Pacific Cargo	China/Hongkong	23
8	China Airlines Cargo	China	21
9	Lufthansa Cargo	Deutschland	19
10	China Postal Airlines	China	19

Wenn aus dem Firmennamen ein Verb wird, das weltweit verstanden wird, hat man seine Rente durch. Ein Paket mal schnell über Nacht „fedexen" geht nur, wenn eine weltweite Frachterflotte zur Verfügung steht.

Auch DHL ist ein Riese unter den Kurieren mit einer großen Frachterflotte, wenngleich das Geschäftsprinzip von Anfang an ein ganz anderes war.

77

DHL – Cargoriese 2

Larry Hillblom hatte eine Geschäftsidee. Der mittellose Jurastudent aus Berkeley, Kalifornien, sammelte abends in verschiedenen Anwaltskanzleien von San Francisco eilige Dokumentensendungen nach Los Angeles ein, fuhr zum Flughafen und brachte sie mit dem letzten Flug nach L.A. Von dort flog er am frühen Morgen mit ebenso eiligen Papieren nach San Francisco zurück. Das machte er fünfmal die Woche. Verteilung und Zustellung übernahmen Freunde und Kommilitonen für geringes Geld. Nach seinem Studium beschloss er, in das Kuriergeschäft einzusteigen. Er fand auch gleich eine Marktnische, indem er Schiffsladepapiere zwischen San Francisco und Honolulu hin- und herflog. Bald dehnten die drei Freunde ihr Geschäft bis nach Hongkong, den Philippinen, Australien und Japan aus. Nachfrage und Wachstum schienen keine Grenzen gesetzt. Inzwischen wuchs das Unternehmen zu einem Logistik-Weltkonzern mit eigener Fracht-Airline: DHL Aviation mit etwa 100 Flugzeugen und Anteilen an anderen Cargo-Airlines. 2002 übernahm die Deutsche Post die DHL und ist damit in 220 Ländern vertreten und hat 480.000 Mitarbeiter. Der europäische Hub ist in Leipzig.

78

DIE MEISTE FRACHT

Rang	Airline	Staat	in Mio t
1	FedEx Express	USA	15,799
2	Emirates SkyCargo	UAE	12,157
3	UPS Airlines	USA	10,807
4	Cathay Pacific Cargo	China/Hongkong	9,935
5	Korean Air Cargo	Südkorea	7,761
6	Qatar Airways Cargo	Qatar	7,66
7	Lufthansa Cargo	Deutschland	6,888
8	Cargolux	Luxemburg	6,309
9	Singapore Airlines Cargo	Singapur	6,083
10	Air China Cargo	China	5,718

Riesensegelflieger: Gimli Glider

Am 23. Juli 1983 flog eine Boeing 767 der Air Canada von Montreal über Ottawa nach Edmonton. Eine defekte Tankuhr konnte zwar auf die Schnelle nicht ausgetauscht werden, war aber kein Hinderungsgrund, da sich die Piloten mit einem Messstab von der Spritmenge überzeugten. Früher haben kanadische Crews ihre Spritmenge in Pfund berechnet. Bei der neuen 767 wurde der Spritverbrauch aber bereits in Kilogramm ausgedrückt, da Kanada in Kürze das metrische System einführte. Der Messstab in den Flügeltanks zeigte deshalb nicht Pfund, sondern Liter an. Früher wurde der Sprit allerdings nicht von Piloten berechnet, sondern vom Bordingenieur. Die 767 hatte aber keinen Bordingenieur mehr, der wurde durch den Bordcomputer ersetzt. Und dieser konnte die Spritmenge nicht errechnen, weil eben die Tankuhr kaputt war. Auf halber Strecke nach Edmonton war der Sprit alle. Das elektronische Cockpit, mit den neuesten Bordcomputern der Welt bestückt, versagte seinen Dienst. Winnipeg war zu weit weg. Also landete das Flugzeug nach 20 km Segelflug auf einer stillgelegten Piste eines ehemaligen Militärflugplatzes, den der Kopilot noch aus seiner Militärzeit kannte. Das Unfassbare war, dass auf dieser Betonpiste gerade ein Familienfest mit Go-Karts und BMX-Rädern stattfand. Tische und Grillstände waren aufgestellt. Trotzdem kam kein Mensch zu Schaden.

Notlandung auf einem geschlossenen Flugplatz während eines Go-Kart-Rennens

80 Das Satena-Monopol

Aces Colombia war eine Airline, die ihr Hauptquartier auf dem alten Olaya Herrera Airport hatte, fast in der Stadtmitte von Medellín. Als 1985 der größereJosé María Córdova International Airport eingeweiht wurde, beschränkte man den Flughafen auf 50-Sitzer. Satenas ERJ-145 ist seitdem das größte Linienflugzeug am Platz. Außerdem war die Strecke von Olaya Herrera nach Bogotá Satena vorbehalten. Alle anderen Airlines durften die Hauptstadt nur noch vom neuen Flughafen aus anfliegen. Der aber war 50 Minuten entfernt und lag 600 Meter höher. Die Route nach Bogotá von Olaya Herrera Airport in Medellín erwies sich als Cash-Cow. Aces lief vergeblich Sturm dagegen und musste schließlich wegen finanzieller Schwierigkeiten Insolvenz anmelden. Das Satena-Monopol auf der Olaya-Herrera–Bogota-Route ist bis heute unangetastet. Es muss allerdings auch berücksichtigt werden, dass die Satena dafür geschaffen wurde, um die entfernten, einsamen und unrentablen Regionen des Landes zu versorgen. Destinationen wie zum Beispiel La Chorrera, La Pedrera, Araracura sind defizitär. Die Rennstrecken wie Medellín–Bogotá oder Medellín–Cali sollen die Verluste kompensieren.

Südamerikaner haben ein anderes Sicherheitsverständnis als wir Europäer. Und die Empfindlichkeit gegen Lärm scheint in dem lauten Land auch etwas anders zu sein.

81 Die kreidebleiche Hebamme

Die zuverlässige Twin-Otter spielt zwischen den Schären und Fjorden eine ganz besondere Rolle.

Im norwegischen Honningsvåg gab es 1986 kein Krankenhaus. Die Kinder kamen mit Hilfe einer Hebamme zur Welt, oder die Mütter begaben sich rechtzeitig in das 180 Kilometer entfernte Hammerfest. Als bei Siljes Mutter die Wehen frühzeitig einsetzten, entschloss sich die Hebamme, die Mutter ins Krankenhaus bringen zu lassen. Für ein Auto war es mittlerweile zu spät. Eine Twin Otter der Fluggesellschaft Widerøe war zufällig startklar. Alle Passagiere mussten aussteigen. Nur die Mutter, die Hebamme und die beiden Piloten waren an Bord, als die Maschine nach Hammerfest abhob. Als wäre es nicht schon dramatisch genug, vertrug die Hebamme das Fliegen nicht. Im Endanflug auf Hammerfest, 3.000 Fuß über dem Meer erblickte ein kleines Mädchen das Licht der Welt. Nach der Landung in Hammerfest hielt die glückliche Mutter die kleine Silje im Arm. Der bereitstehende Arzt und die Sanitäter kümmerten sich um Mutter, Kind und die kreidebleiche Hebamme. Widerøe Airlines zeigte Humor: Die Twin Otter trug fortan den Namen „Silje", Silje selbst erhielt lebenslang Freiflüge auf dem gesamten Streckennetz der Widerøe und ein lebenslang unbegrenztes Stellenangebot bei der Airline. Siljes Gene sind von Geburt an auf Reisen programmiert. Sie ist heute Direktorin in einem großen Hotel in Oslo.

82 Sue the bastards!

Sir Richard Branson führte 18 Monate lang über alle schmutzigen Tricks Buch, mit denen British Airways nach seiner Darstellung Virgin Atlantic vom Markt fegen wollte. Darunter seien Verleumdungskampagnen gewesen, Dumping-Tickets für BA-Flüge auf den Virgin-Routen, die kurz vor oder nach seinen Abflügen auf dem Flugplan standen, gehackte Adresslisten von Virgin-Kunden, oder Angstkampagnen, Virgin stünde kurz vor dem Bankrott. Die Presse ließ keine Gelegenheit aus, British Airways hoch- und Virgin Atlantic runterzuschreiben. Branson bat den Chefökonom von British Airways, Lord John Leonard King, Baron King of Wartnaby, diese Kampagne zu beenden und in einen fairen Wettbewerb zu treten. Lord King lehnte ab. Da erinnerte sich Sir Richard an ein Gespräch mit seinem alten Freund Freddie Laker, der ihn vor den schmutzigen Tricks der britischen Luftfahrtindustrie gewarnt hatte. „Sue the bastards!" hatte er ihm eingeschärft, zu deutsch „Verklage die Hunde!" Als King in einem Brief an die Vorstände von British Airways schrieb, Branson wolle nur Publicity, reichte der Beschuldigte Klage ein. Und hatte Erfolg.

83 Der schmollende Co-Pilot

Streit im Cockpit einer Zubringermaschine einer regionalen amerikanischen Airline: Zwei noch recht jugendlich aussehende Piloten schienen sich uneins über das bevorstehende Anflugverfahren zu sein. Da das Cockpit nur durch einen Vorhang von der Passagierkabine getrennt war, wurden die verängstigten Passagiere Zeuge der immer heftiger werdenden Auseinandersetzung zwischen den beiden Piloten. Schließlich gipfelte der Streit darin, dass der links sitzende Käpten dem Kopiloten mehrfach mit dem Zeigefinger auf die Brust stach und ihm laut und für alle vernehmlich sagte, er solle jetzt den Mund halten, die Füße von den Pedalen und die Hände vom Steuer nehmen und nichts mehr anfassen. Nach der Landung würde er ihm noch ein paar Takte erzählen. Der Kopilot verschränkte daraufhin trotzig die Arme und schaute schweigend und grimmig aus dem Seitenfenster. Ob er es kommen sah? Jedenfalls landete der Käpten das Flugzeug alleine. Auf dem Bauch. Er hatte vergessen, das Fahrwerk auszufahren!

84 Die kleinste deutsche IATA-Airline

Hahn Air ist die wohl kleinste IATA Airline Deutschlands. Gleichwohl kann man über Hahn Air Flüge zwischen 4.000 Flughäfen in 190 Ländern buchen. Dafür verweisen sie stolz auf 300 Partner-Airlines. Sogar Züge und Schiffsverbindungen kann man über Hahn Air buchen. Dank entsprechender Verträge mit Großversicherern bietet Hahn Air die von der IATA geforderte Ausfall- und Rückerstattungsversicherung im Fall von Insolvenz einer gebuchten Airline. Damit aber nicht genug: Hahn Air ist auch als internationales Luftfahrtunternehmen tätig. Cessna Business-Jets sind regelmäßig auf Linien- und Charterflügen mit gehobenem Passagierkomfort im Premiumbereich unterwegs. Hatte die Airline bis 2016 nur eine Cessna für acht Passagiere, so vermeldete sie 2016 den Kauf eines zweiten Flugzeugs. Mit einem Augenzwinkern gab der Geschäftsführer bekannt, dass man die Sitzplatzkapazität innerhalb eines Jahres verdoppelt habe. Das würde nicht einmal der Mega-Carrier Emirates schaffen.

85 DIE MEISTEN PASSAGIERKILOMETER

Rang	Airline	Staat	in Mio
1	American Airlines	USA	320
2	Delta Air Lines	USA	308
3	United Airlines	USA	299
4	Emirates	UAE	270
5	China Southern Airlines	China	205
6	Southwest Airlines	USA	200
7	Lufthansa	Deutschland	149
8	British Airways	UK	144
9	Ryanair	Irland	142
10	China Eastern	China	138

Hahn Air verweist stolz darauf, dass sie ihre Sitzplatzkapazität innerhalb eines Jahres verdoppelt hat. Sie kaufte eine zweite Cessna, ebenfalls mit acht Sitzen.

Airline-Allianzen

Die sechs Gesellschaften Air Canada, United Airlines, Thai Airways, SAS und Lufthansa schlossen sich 1997 zur „Star Alliance“ zusammen. Nach und nach entstanden auch noch die OneWorld, die Skyteam und die Golf Airline Alliance. Die Netzwerke werden innerhalb der Allianz abgestimmt. Das erleichtert das Durchchecken des Gepäcks vom Start bis zum Zielort, auch für Umsteiger. Die Kosten der Mitglieder reduzieren sich durch gemeinsam genutzte Verkaufsbüros, Wartung und Technik, Catering, Reservierungssysteme, Personal, Franchising, Investitionen oder Rabatte dank Großkundenkonditionen. Mindeststandards sind zu erfüllen. Die Kunden haben mehr Abflugzeiten und eine Vielzahl an Flugzielen innerhalb des Netzwerkes zur Auswahl und profitieren von verkürzten Umsteigezeiten. So punktet jetzt die Star Alliance mit 1.300 Zielen und circa 18.000 Flügen täglich, die SkyTeam mit 1.100 Zielen und 16.000 Flügen und die OneWorld mit 1.000 Destinationen und 15.000 Flügen pro Tag. Vielfliegerprogramme sind innerhalb der Allianzen austauschbar, Zugang zu den Partnerlounges wird ermöglicht. Auf der anderen Seite hat man auch schon gesehen, dass sich dadurch der Streckenpreis verteuert, da es keine Konkurrenz mehr gibt. Ein Vorteil ist das gemeinsam genutzte Terminal, das die Wege zwischen den Gates verkürzt. Die Allianzen bieten auch Round-the-World-Tickets mit interessanten Tarifen an. Und je mehr Airlines eine Allianz unter seinem Dach beherbergt, umso flexibler kann diese Weltreise aussehen.

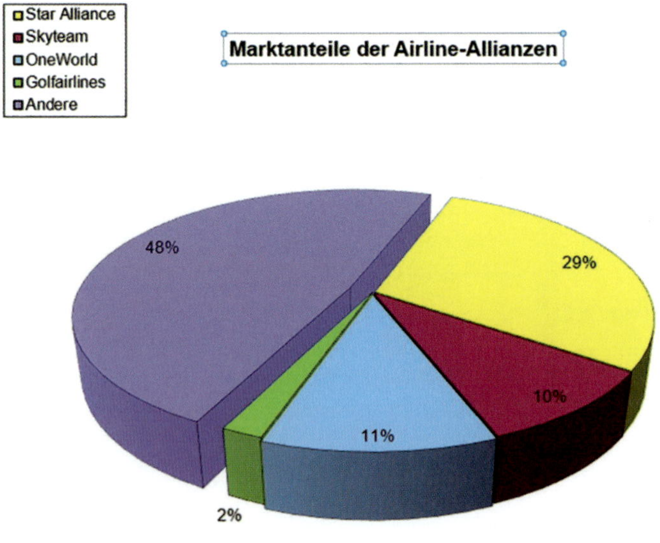

Die heftige Fehde

Polynesian Airlines fliegt nur zwischen Apia auf Samoa und Pago Pago auf American Samoa. Trotzdem wurde die Airline zum Mittelpunkt eines heftigen Streits, der die ganze Bevölkerung berührte.

Am 7. Januar 1997 wich eine Twin Otter der Polynesian Airlines wegen schlechten Wetters am Flughafen Apia zu einem anderen Airport aus. Als der Pilot dort zur Landung ansetzte, griff das Operations Center der Airline ein und befahl dem Käpten doch nach Apia zu fliegen und dort zu landen. Bei diesem Manöver krachte das Flugzeug gegen einen Berg. Die einzige unabhängige Zeitung Samoas, der Samoa Observer mit einer Auflage von 3.000 Exemplaren, berichtete über den Unfall und deckte dabei weitere Hintergründe auf. Die Gesellschaft klagte gegen die Zeitung, die sich mittlerweile in die vermeintlichen Missstände der Airline verbissen hatte und großzügige Pfründe und Gehälter des Vorstandes anprangerte. Während das Ausland die Berichte abdruckte, erschien der Samoa Observer bisweilen mit weißen Flecken auf der Titelseite, nachdem sogar der oberste Gerichtshof mit einstweiligen Verfügungen eingriff. Das wiederum brachte die Fluggesellschaft zur Weißglut. Die Schlacht tobte über Jahre hinweg. Journalisten wurden eingesperrt, der Herausgeber mit einer halben Million USD Strafe belegt, das Zeitungsgebäude brannte nieder. Die amerikanische Samoa Post rief daraufhin alle amerikanischen Samoaner dazu auf, Polynesian Airlines zu boykottieren. Die Airline wird jetzt als Joint Venture mit Polynesian Blue betrieben, einem Ableger von Virgin Pacific. Gleichwohl ist sie unter genauer Beobachtung des Samoa Observer, den man als Gewinner der Fehde betrachten kann.

Manche Airlines nutzen die Flächen ihrer Flugzeuge zu Werbezwecken. Hier wirbt Air New Zealand um Tourismus nach Neuseeland mit Motiven aus dem Film „Herr der Ringe".

88 Siegerflieger

Es gibt Ereignisse, da reagieren Airline-Werbestrategen sofort. So rückte zum Beispiel mit der Filmreihe „Herr der Ringe" Neuseeland unvermittelt in den Mittelpunkt des Weltinteresses. Air New Zealand erkannte das Potenzial und bemalte seine Langstreckenflugzeuge mit Motiven aus dem Film. Aber auch die Wiener Philharmoniker zieren die sonst weißen Flugzeugflächen der Austrian Airlines. Die amerikanische Frontier Airlines gibt sich naturverbunden und bemalt ihre Seitenruder mit der Tierwelt der USA. Alaska Airlines fliegt einen 60 Meter langen Lachs durch die Gegend und Southwest Airlines einen Orca-Wal. Qantas hat einen Jumbo mit Maori-Motiven und Air Asia bildet die Mitarbeiterinnen des Monats freundlich lächelnd auf dem Seitenruder ab. Die chinesische Hainan Airlines fliegt Motive aus der Kornkammer, dem Meer, dem Urwald, von Früchten und Blüten, und Lufthansa lässt sich nicht lumpen und beklebte eine Boeing 747-8 nach dem Titelgewinn unserer Nationalmannschaft mit Fußballmotiven und schreibt „Siegerflieger" darauf. Da war ihnen allerdings Ryanair zuvorgekommen und beklebte eine ihrer Maschinen mit den Worten „Auf Wiedersehen Lufthansa". Eine andere Ryanair-Maschine flog den Gruß „Arrivederci Alitalia" durch Europa. Zumindest damit schien der Ire Recht zu behalten. Mit moderner Farb- oder Klebetechnik sind dem Marketing keine Grenzen gesetzt. Frontier Airlines beklebt die Tails seiner Airbusse mit Tierbildern und erinnert so an die Naturparks der USA in ihrem Streckennetz.

Tiefschlaf

Am Steuer eingeschlafen, so lautet eine häufige Unfallursache. Mal trifft es einen Fernfahrer von Hamburg nach Rimini, mal einen Familienvater von Barcelona nach Freiburg. Und fast immer endet es mit einem schweren Unfall und einer Autobahnsperrung. Aber auch Piloten sind nicht immun gegen Erschöpfung im Cockpit. Schwache Cockpitbeleuchtung, draußen ist Nacht, die Maschine hält Kurs und Höhe, der Autopilot fliegt zuverlässig, die beiden Piloten sind unterbeschäftigt. Da fallen schon mal die Augen zu, wie bei dem Airbus A320 von Northwest Airlines, der auf dem Flug von San Diego nach Minneapolis in 37.000 Fuß 140 Meilen über das Ziel hinausgeschossen war. Auf die Funksprüche der Flugsicherung reagierten die Flugzeugführer nicht. Die Fluglotsen alarmierten die Air National Guard. Eine F-16 setzte sich neben das Cockpit und entdeckte die schlafenden Piloten. Es dauerte eine Stunde und 18 Minuten, bis sich die Piloten wieder meldeten. Sie drehten um und brachten das Flugzeug und die 144 Passagiere in Minneapolis sicher zur Landung. Sie bestritten vehement geschlafen zu haben. Angeblich hätten sie über die Personalpolitik ihrer Airline gestritten. Die bekamen sie prompt zu spüren, als sie entlassen wurden.

Nachts im Cockpit können sich die Augen entspannen. Bei Inaktivität besteht die Gefahr des Einschlafens.

90 Da ist Gottes Segen nötig

Das besondere Problem der Alitalia liegt in fünf verschiedenen Gewerkschaften für das Bodenpersonal, vier für die Cabin Crews. Seit Jahrzehnten kaum ein Jahr, in dem die Airline nicht mehrfach gelähmt wurde. Ausstände bis zu 40 Tagen! Wer termingenau fliegen wollte, durfte sich nicht auf die Alitalia verlassen. Zum Schluss interessierte es schon fast niemand mehr, ob die Flugzeuge fliegen oder nicht. Hohe Gehälter, kurze Arbeitszeiten, Pünktlichkeitszulagen, Privilegien und Frühverrentung wurden erstreikt. Parlamentsmitglieder fliegen umsonst, Verwandte von Airline-Angehörigen, Familienmitglieder und Pensionäre zu stark reduzierten Preisen. Ein Teil der Belegschaft arbeitet am Hub in Rom, wohnt aber in Mailand, ein anderer Teil wohnt in Rom, arbeitet aber in Mailand. So erhält man Trennungsgeld und Mietzuschuss für die Zweitwohnung. Jeder Versuch, Missstände zu beheben, wird sofort mit Streiks erstickt. Die Airline wurde selbst dann noch systematisch gemolken, als sie jeden Tag 3,5 Millionen Euro Verluste machte. Insolvenzverwalter Fantozzi bat einst Papst Benedikt XVI. um seinen Segen. Schließlich nutzten die Päpste seit Jahrzehnten die Alitalia für ihre Dienstreisen.

Wer immer also für die Alitalia bietet, sollte wissen, dass er eine Mentalität und ein Selbstverständnis mit einkauft, das einer profitablen Airline entgegensteht.

Boeing 777 der Alitalia in Mailand. Seit Jahren steht die Airline zum Verkauf. Vergeblich.

Cayman Airways

Tourismus statt Privatjets. Seit 1977 gehört die Airline zu 100% dem Staat Cayman Islands. Der Staat unterstützt die Airline jährlich mit einigen Millionen und hofft auf normalen Tourismus.

Nicht nur Öltanker und Containerschiffe werden ausgeflaggt. Auf Bermuda sind es derzeit 575, die weltweit entweder privat oder im regulären Passagierdienst fliegen. 173 Maschinen verkehren unter der Flagge der Kaimaninseln. Darunter sind auch elf Firmenjets des Volkswagen Air Service (!). Wichtigste Voraussetzung für eine Registrierung in den karibischen Steuerparadiesen ist eine Person mit Pass aus dem britischen Commonwealth oder eine Anwaltskanzlei auf den Kaimaninseln. Die Vorteile für die Betreiber liegen auf der Hand: „flexible" Bürokratie, geringe Kosten, weltweit gültige Lizenzen und Zulassungen, Steuerbefreiung, keine Auflagen, dass das Flugzeug vornehmlich im Land der Registrierung betrieben werden muss. Arbeitszeiten, Tarifverträge und Overheadkosten sind in den meisten Fällen günstiger. Jeder der Staaten hat mehr Briefkästen als Einwohner. Und fast jeder Inselstaat unterhält eine eigene Airline, obwohl das touristische Passagieraufkommen den Bedarf nicht wirklich rechtfertigt. Übrigens, das Logo auf dem Leitwerk der Cayman Airways erinnert selbstbewusst und trotzig an die Piraten der Karibik rings um die Kaimaninseln: Sir Turtle, ein Pirat, stilecht mit Haudegen und Holzbein.

92

Luv Affair

Im Begriff „Luv Affair" oder „Love Affair" steckt ein Wortspiel, das sich im Unterbewusstsein verknüpfen soll: Die „Low Fare" Airline, soviel wie Niedrigpreisgesellschaft. Liebe prägt sich ein.

Dallas hat zwei Flughäfen: Dallas-Fort Worth und Dallas Love Field. Southwest Airlines fliegt seit jeher von Love Field. Die Fluggesellschaft betont im Alltag, sie habe eine „Love Affair mit dem amerikanischen Volk". An der Börse firmiert die Gesellschaft mit dem Kürzel „LUV", die Gesellschaft bezeichnet sich als „Love Airline", die Flugzeuge sind „Love Jets", die Stewardessen servieren kleine Snacks als „Love Bites", die Ticket-Automaten heißen „Love Machines". In ihren Anzeigenkampagnen tauchte das Wort LOVE bis zu 20-mal auf, statt Bonusmeilen gibt es „Love Stamps", die man gegen „Love Potions" eintauschen kann. Natürlich spielt auch Elvis eine wichtige Rolle, „LUV me tender" wird bei vielen Southwest-Veranstaltungen gespielt, der Unterschied zur richtigen Schreibweise „Love me tender" ist gewollt. Zum Valentinstag gibt es stets etwas Besonderes, ein von Southwest veranstaltetes Golfturnier läuft unter „LUV Classic". Regelmäßige Spenden zu Benefizveranstaltungen halten Southwest im Gespräch.

93

DIE MEISTEN FLUGZIELE

Rang	Airline	Staat	Flugziele
1	United Airlines	USA	373
2	Delta Air Lines	USA	330
3	Turkish Airlines	Türkei	292
4	American Airlines	USA	277
5	Lufthansa	Deutschland	235
6	China Eastern Airlines	China	211
7	Air France	Frankreich	194
8	US Airways	USA	193
	China Southern Airlines	China	193
10	British Airways	UK	191

94

Zankapfel Fokker 50

Bei der Erstellung eines Sammelwerkes mit Airline-Porträts bat der Autor eine italienische Fluggesellschaft um Pressefotos. Vor der Veröffentlichung erhielt die Presseabteilung wie abgesprochen das Porträt zur Durchsicht auf sachliche Fehler. Da das Porträt eine Flottenliste enthielt, die auch ehemalige Flugzeugmuster aufwies, wurde die Zusammenstellung beanstandet. Eine Fokker 50 wäre nie Bestandteil der Flotte gewesen, hieß es. Der Autor bestand aber auf der Richtigkeit der Angaben, worauf die Airline die Druckfreigabe verweigern wollte. Neben dem Hinweis auf den journalistischen Charakter der Arbeit schickte der Autor der Presseabteilung ein Foto einer Bruchlandung. Darauf war deutlich die Fokker 50 in den Farben der Airline zu erkennen. Dazu schrieb er: „Würde der Flugzeugtyp aus der Liste gestrichen, riskiere der Verlag den Protest der Leserschaft und die Airline eine nachteilige Publicity, sollte nämlich jemand ein solches Bild in Umlauf bringen."

95

Der Koffer denkt mit

Ein Fünf-Kilo-Koffer mit vier geräuschlosen Rollen, der ohne Kraftaufwand zu bewegen ist, stabil, geräumig und formschön? Es gibt sie reihenweise. Nicht jeder hat dieselbe Qualität, und mal sind die Rollen zu klein. Der Besitzer kann schon mal über ihn stolpern, wenn die Rollen plötzlich blockieren. Hier lohnt es sich, nicht zu sparen. Nun gibt es auch eine Version, die den Baggage Tag der Airline anzeigt, nachdem man ihm seinen Boarding Pass gesendet hat. An einem eigenen Schalter kann man ihn dann auf das Gepäckband stellen und ohne Warten einchecken. Bedingung ist allerdings, dass eine Kooperation zwischen der Airline und dem Kofferhersteller geschlossen wurde. Der Koffer ist auch abschließbar, die amerikanische TSA kann ihn trotzdem öffnen. Denn das ist Bedingung, dass man in den USA abgeschlossene Koffer überhaupt aufgeben darf. Sonst wird das Schloss geknackt.

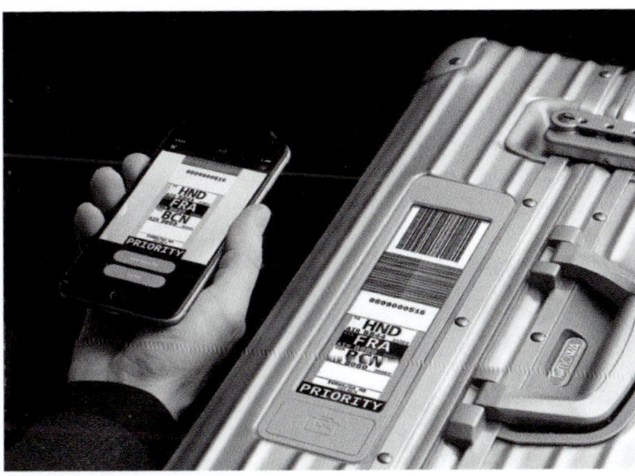

Bisher nur bei einer Handvoll Airlines nutzbar: Der Koffer mit dem elektronischen Anhänger

Känguru-Route

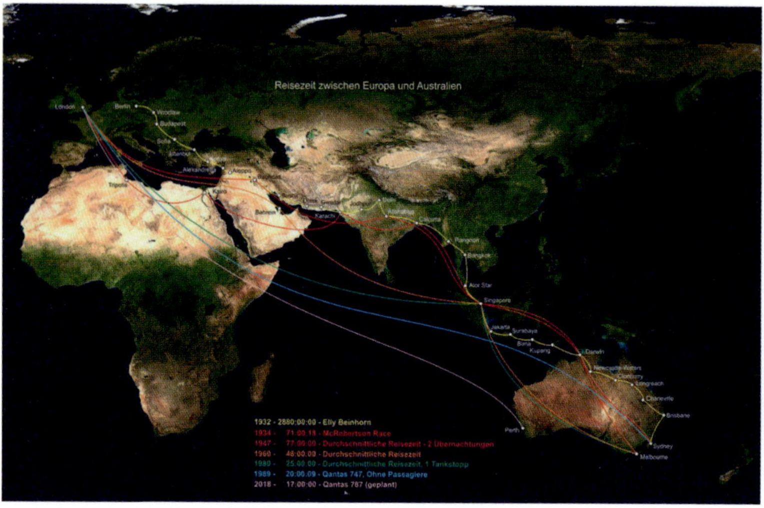

Vom Känguru zum Dauerflug, vom Airport-Hopping zum Nonstopflug

QANTAS Airlines wurde 1920 gegründet und ergänzte ab 1934 mit Flügen von Brisbane nach Singapur die Verbindungen der britischen Imperial Airways nach London. Ab 1. Dezember 1947 flog Qantas erstmals die gesamte Strecke von Sydney nach London mit 29 Passagieren und elf Mann Besatzung in einer Lockheed Constellation. Wegen den vielen Zwischenlandungen in Darwin, Singapur, Kalkutta, Karatschi, Kairo und Tripolis nannte man die Strecke die Känguru-Route. Die Reise dauerte drei Tage mit Übernachtungen in Singapur und Kairo. Wie sich die Reichweiten der Flugzeuge verbesserten, änderten sich auch die Känguru-Route und die Reisezeit. 1950 wurden auch Colombo, Bombay, Teheran, Beirut, Rom, Belgrad, Athen, Zürich und Frankfurt eingebunden. 1959 dauerten manche Flüge nur noch 63 Stunden und 45 Minuten, 1960 gab es einen vorläufigen Rekord mit 34 ½ Stunden, trotz acht Zwischenlandungen. 1980 war man schon bei einer Zwischenlandung in Singapur und einer Gesamtdauer von 25 Stunden. 2018 plant Qantas die Gesamtstrecke in 17 Stunden nonstop zurückzulegen.

Wenn es aber richtig ist, dass Reisen an sich, dass internationale geschäftliche und gesellschaftliche Kontakte weltverbindend sind und den Frieden fördern, dann ist es eigentlich schade, dass die Strecke durch eine Nonstop-Verbindung ersetzt werden soll. Einen besonderen Meilenstein setzte unsere Flugpionierin Elly Beinhorn, die 1932 mit 30 Zwischenlandungen, unter anderen in Aleppo, Bagdad oder Bushir von Berlin nach Sydney flog und dort für diese Leistung einen Staatsempfang erhielt.

97 Hefte der Sehnsucht

Die schlanken Flugplanheftchen sind aus der Mode gekommen. Heute hat man alle Verbindungen zu Lande, zu Wasser und in der Luft weltweit auf seinem Smartphone. Man gibt ein Städtepaar ein, wählt ein Datum dazu und erhält alle verfügbaren Verkehrsverbindungen nach Reisezeit, Ticketpreis oder Umsteigehäufigkeit gestaffelt. Die Flugplanheftchen hingegen sind Zeugen einer vergangenen Zeit. Sie erzählen Geschichten von verschwundenen Airlines, von Airlines, die mehrfach ihren Namen änderten, nachdem sie von der Konkurrenz gekauft wurden. Unvergessen, die Braniff mit den bunten Jets, die Northwest Orient mit Verbindungen zwischen Tokio und Rom, die Canadian Pacific, deren Netzwerk von Hongkong bis Buenos Aires und von Whitehorse bis Athen reichte. Die isländische Loftleidir beförderte eine ganze Jugendbewegung für unter tausend Mark von Luxemburg über Reykjavik nach New York. Die Flugpläne geben auch Aufschluss über die Preisentwicklung und über die wachsenden Reichweiten der Flugzeuge. Die Abbildung der Streckennetze weckten das Fernweh einer ganzen Generation. Wehmut entsteht allerdings auch, setzt man die vielen Destinationen, die früher einmal für Freiheit, Urlaub, Völkerkunde, Romantik, ethnisches Brauchtum und Freundschaft zwischen den Kulturen standen mit den Nachrichten der vergangenen Jahre in Beziehung: Kriege, Katastrophen, islamistische Terroranschläge und Hungersnöte.

Greifbar und dauerhaft: Papierflugpläne. Der Stoff aus dem Träume sind.

98 Das United PR-Desaster

Airlines nutzen den Umstand, dass auf jedem Flug rund 10 % der Kunden ihre gebuchten Flüge nicht antreten. Also überbuchen sie das Flugzeug und hoffen, dass der Erfahrungswert zutrifft. Kommen aber tatsächlich alle Passagiere, wird gefragt, wer gegen eine Entschädigung freiwillig seinen Platz zur Verfügung stellt. Nicht nur, dass er mit dem nächsten möglichen Flug oder mit einer anderen Airline an sein Ziel geflogen wird, er bekommt auch Geld auf die Hand bis maximal 1.350 USD, vielleicht noch ein Upgrade und bei notwendiger Übernachtung ein Hotelzimmer spendiert. Am 9. April 2017 musste eine vierköpfige United-Flight-Crew nach Louisville gebracht werden, wo sie ein Flugzeug übernehmen sollte. Doch der Flug dorthin war ausgebucht und es fanden sich keine vier Passagiere bereit, ihren Platz freiwillig gegen eine Zahlung von je 800 Dollar zu räumen. Der Gate Agent forderte vier Passagiere auf, das Flugzeug zu verlassen. Drei fügten sich in ihr Schicksal, der vierte weigerte sich. Die Polizei kam und schleifte den Fluggast rabiat aus dem Flugzeug. Davon landeten Videos samt Boykottaufrufen im Netz. Binnen Tagen sank der Börsenwert des Unternehmens um eine Milliarde Dollar. Die Anwälte von Dr. Dao erreichten eine Übereinkunft mit der Airline, über dessen Höhe wie immer in solchen Fällen striktes Stillschweigen vereinbart wurde. Sicher ist, dass der Arzt jetzt mehrfacher Millionär ist, und auch die Anwälte dürften eine erkleckliche Summe auf ihren Konten haben.

Absturz ins Bodenlose. Aber Börsen sind für ihre Sprunghaftigkeit bekannt.

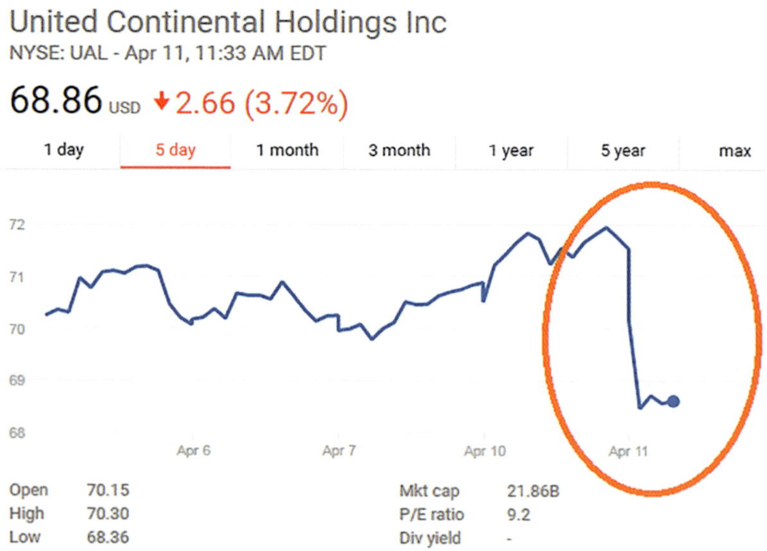

Trickreiche Preisfindung

Der Flughafen Zaventem in Brüssel. Hier geben sich Europas Diplomaten und Bürokraten die Klinke in die Hand.

Wie kommen die Ticketpreise der Airlines zustande? Da ist zuerst einmal Angebot und Nachfrage. Rennstrecken können teurer sein, müssen aber nicht. Der Flug von Berlin nach Brüssel nonstop an einem Wochentag ist zwischen 400 und 650 Euro zu haben, wenn man am gleichen Tag wieder zurück will. Typisches Reiseverhalten eines Geschäftsmannes oder eines Politikers eben, der übrigens höchstwahrscheinlich sein Ticket nicht selbst bezahlt. Die gleiche Strecke zu ungünstigeren Zeiten, mit einem Rückflug ein paar Tage später gibt es um die Hälfte. Berlin–Brüssel ist eine Strecke von 635 km Länge. Den Flug ins 2.300 km entfernte Lissabon gibt es für 660 Euro, wenn man am selben Tag abends zurück will, und für 415 Euro, sollte man ein paar Tage bleiben. Also, Selbstzahler kommen hier besser weg als Reisekostenberechtigte. Neben Reisetag und Uhrzeit gibt es aber auch noch das Such- und Buchungsverhalten des Kunden, Dynamic Pricing genannt. Die Cookies teilen dem Buchungssystem mit, wie oft nach einer bestimmten Reise gesucht wird, ob man auf eine bestimmte Tageszeit angewiesen ist, ob man verschiedene Portale nutzt und passen den Preis an. Das Angebot kann morgen bereits teurer sein. Daher bietet sich an, von verschiedenen Platformen zu suchen.

Aber auch die Kostencontroller der großen Firmen beeinflussen die Preisgestaltung. Billig statt Business ist dort die Devise, ein Grund mehr für die klassischen Airlines, alle Tricks auszunutzen um den Markt gegenüber den Billigairlines zu behaupten. Für wie lange die Kunden diese würdelose Behandlung noch mitmachen werden, ist schwer zu sagen. So mancher Gatebereich ähnelt inzwischen mehr einer Ausnüchterungszelle als einem Flughafen.

Robust und zuverlässig, die alte DC-3. Bewährte Schmiedearbeit statt „elektrischem Schnickschnack“

100 Der Kälte trotzen

Airlines in entlegenen Regionen operieren unter besonderen Bedingungen. Buffalo Airways fliegt auch im Winter bei Temperaturen, bei denen normale Piloten keinen Schritt vor den Hangar setzen würden. Mit einer Flotte von einem Dutzend DC-3 und einem weiteren Dutzend DC-4 versorgt „Buffalo Joe“ die Northwest Territories rund um den Great Slave Lake. Sie verbindet Hay River mit dem 190 Kilometer Luftlinie entfernten Yellowknife am gegenüberliegenden Seeufer. Die Alternative auf dem Landweg misst 500 Kilometer! Buffalo versorgt so ziemlich jede arktische Gemeinde mit Gütern, Treib- und Brennstoffen. Keine der Maschinen, die dafür eingesetzt werden, ist jünger als 60 Jahre. Einige haben 70.000 Flugstunden auf dem Buckel und flogen sogar schon 1948 während der Berliner Luftbrücke. Die Flugzeuge strahlen Vertrauen aus, das zum lebensfeindlichen Winterwetter im Kontrast steht. In den beheizten Hangars wird ständig an den Maschinen gearbeitet. Wenn dann wieder ein Flugzeug landet, werden die gewaltigen Hallentore geöffnet, bis der ankommende Propliner hineinrollen kann. Bei einer Außentemperatur von minus 40 Grad Celsius entweicht in 60 Sekunden jegliche Wärme aus der Halle, bevor die Tore wieder zugeschoben werden. Der eisige 20-Tonnen-Koloss verstrahlt Kälte wie ein Eisberg. Jedes Öffnen der Tore kostet die Airline etwa 1.000 Dollar an zusätzlichen Heizkosten. Piloten und Mechaniker sind in dicke Polarkleidung gehüllt. Bevor die Flugzeuge am frühen Morgen starten, umwickelt man die Triebwerke mit Heizdecken und bläst Heißluft aus Wärmegeneratoren in die Motoren. Auch Cockpit und Kabine werden mit dicken Heißluftschläuchen vorgewärmt. Und doch bleibt die Gefahr, dass schon beim Rollen zum Start Öle und Hydraulikflüssigkeiten gefrieren.

101 Die Promille-Flieger

Alkohol im Cockpit geht gar nicht. In Europa gelten 0,2 Promille als Höchstgrenze. Außerdem gilt: Kein Alkohol acht Stunden vor und während des Fluges. Entsprechendes gilt für Medikamente, die die Sicherheit gefährden könnten. Gelegentlich machen Einzelfälle Schlagzeilen. Im Jahr 1977 startete eine DC-8 der JAL Cargo in Anchorage. Sie hatte nach dem Start in 50 Metern Höhe einen Strömungsabriss und krachte auf den Boden. Fünf Mann Besatzung und 65 Rinder fanden den Tod. Der Käpten war zuvor gesehen worden, wie er schwankend zum Flugzeug stolperte. Er hatte dreimal so viel Alkohol intus wie die Menge, die ihn im Straßenverkehr hinter Schloss und Riegel gebracht hätte. Der Rest der Crew erhielt posthum eine Mitschuld für den Absturz, weil sie den Vorgesetzten nicht am Besteigen des Flugzeugs gehindert hatten. 2002 flogen zwei Piloten einer amerikanischen Billigairline auf, die sich in einer Bar zusammen 14 Flaschen Bier in den Kopf geschüttet hatten. Ihre Zeche belief sich auf 144 Dollar! Als sie fünf Stunden später ihren Flugdienst antraten, wartete schon die Polizei. Sie erhielten zwei und fünf Jahre Gefängnis. Der Käpten war bereits vorbestraft. Wegen Trunkenheit am Steuer.

Noch ein paar Absacker vor dem Flug am nächsten Morgen? Die Absinthe Bar in New Orleans lädt dazu ein.

102

Genau berechnet

Das Gehalt von fliegendem Personal setzt sich – je nach Airline – aus verschiedenen Faktoren zusammen: Grundgehalt, Flugzulage, Stick-Time, Erschwerniszulage, Auslandszulage etc. Offenbar bezahlen die Arbeitgeber diese Zulagen nur widerstrebend, denn sie sind das erste, was gestrichen wird, wenn dann mal was passiert! Sully Sullenberger wurde von der Unfalluntersuchungsbehörde für viele Monate in Beschlag genommen und hatte keine Zeit mehr zu fliegen. Gehalt gekürzt. Die Lufthansa hat ja auch ein paar Flugzeuge kaputt gemacht, mehr als gemeinhin bekannt. Einer der ersten Brüche oder gar der erste Crash war mit einer viermotorigen Propellermaschine nahe bei Rio (Nicht zu verwechseln mit dem B707-Frachter, der 1979 etwas weiter entfernt von Rio gegen einen Berg rauschte). Einziger Überlebender war der Flugingenieur. Der hatte ewig lange auf seine Spesenabrechnung gewartet, weil niemand die On-Block-Zeit festlegen wollte. Als über Bosnien eine Bundeswehr-Transall beschossen und der Lademeister verletzt wurde, hat ihm ein Kostencontroller in Bonn rückwirkend zum darauffolgenden Tag die Fliegerzulage gestrichen!!! Er war ja nicht mehr flugtauglich! Witwen von verunglückten Piloten erhalten irgendwann nach der Beerdigung ihres Mannes Ausgleichsberechnungen, wo Zulagen manchmal sogar stundengenau abgezogen werden!

Flug- und Auslandszulagen sind Teil des Gehalts. Werden diese gestrichen, ist das schnell zu spüren.

Flugtickets einst und heute

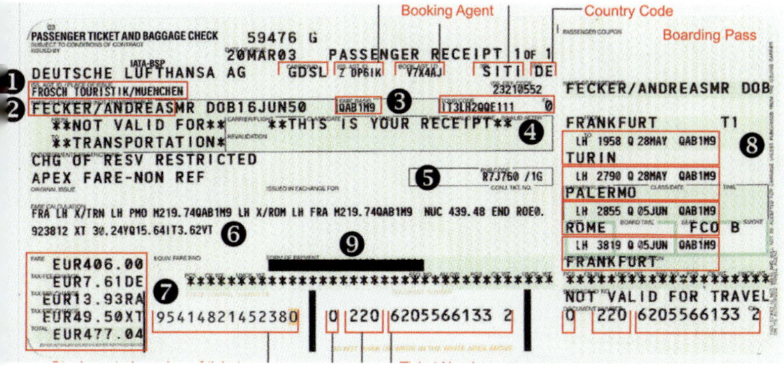

Noch vor 15 Jahren sah ein Flugticket so aus. Heute kommt es nach der Buchung auf das Smartphone (unten).

Wir befinden uns in einer Übergangsperiode vom Papierticket zum elektronischen Smartphoneticket mit einem maschinenlesbaren QR-Code, und das nicht nur im öffentlichen Nahverkehr und bei der Bahn, sondern auch im sicherheitsempfindlichen internationalen Luftverkehr. Das hat den Vorteil der rationellen, papierlosen Ausstellung, der automatischen Abfertigung, die Daten können gleich statistisch verarbeitet werden. Zoll, Polizei und Einwanderungsbehörde werden informiert, Marketing erkennt Vorlieben und Reiseverhalten des Kunden. Das Papierticket hat jedoch auch einen unschlagbaren Vorteil: Es ist ausfallsicher. Man konnte damit bei einem Flugausfall an einen Schalter der Airline gehen, die in genügendem Umfang zur Verfügung standen, erhielt ein „Endorsement“ für eine andere Airline und flog dann statt British Airways eben mit Air France. Mit dem elektronischen Buchungssystem und der Bordkarte auf dem Smartphone ist eine solche einfache Lösung nicht mehr möglich, wenn das hauseigene Betriebssystem eine sogenannte Kernschmelze hatte. Von dem Chaos und den Kosten abgesehen, müssen schon mal zehntausende von Passagieren rund um den gesamten Globus untergebracht, umgebucht und entschädigt werden.

104 Gipsbomber

Do 328 als Charter- und Ambulanzflieger bei Welcome Air

Welcome Air ist in Innsbruck beheimatet. Sie wurde 1995 gegründet, machte sich aber erst ab dem Jahr 2000 als Airline mit einer Strecke Innsbruck–Graz bemerkbar. Die wahren Anfänge sind in der Tyrolean Air Ambulance TAA zu suchen, die sie auch heute noch betreibt. Wenn nämlich holländische Skifahrer während der Wintermonate in den Innsbrucker Alpen die Hänge in Schussfahrt nehmen, sind die Ambulanzen im Dauereinsatz und die Krankenhäuser voll. Danach bringen die „Gipsbomber“ der Welcome Air unsere niederländischen Nachbarn liegend in ihre Heimat zurück. Der Service nach Rotterdam und Antwerpen wurde so regelmäßig, dass man bereits einen Liniendienst einrichten konnte. Hannover und Göteborg kamen noch dazu. Die Airline erfreute sich über lange Zeit wachsender Beliebtheit. Zwischendurch flog sie jahrelang für Austrian zwischen Klagenfurt, Linz und Wien, bis die AUA eine Kooperation mit der ÖBB einging.

Die Flugzeuge mit dem aufmunternden Anstrich sind allerdings immer öfter im Charterbetrieb zu sehen. Mittlerweile ging der „Nischencarrier“ mit seiner Dornier 328 in britisches Eigentum über, was im Rahmen des Brexit eine interessante Zukunft verspricht. Auch Easyjet streckt seine Fühler nach Niederlassungen in Europa aus.

Alitalia reloaded

Die Alitalia zu sanieren ist offenbar ein hoffnungsloses Unterfangen. Als sie 1996 einen Verlust von 625 Millionen Euro einflog, suchte der Staat nach Investoren und Käufern. Es war allerdings eine Frage der nationalen Ehre, dass das Unternehmen in italienischer Hand bliebe. Das Interesse war mehr als verhalten. 2004 setzte Premier Berlusconi Giancarlo Cimoli mit einem Monatsgehalt von 2,8 Millionen Euro ein. Drei Jahre später wurde dieser von Berlusconis Nachfolger Romano Prodi geschasst, weil die Verluste weiter davongaloppierten. Cimoli erhielt als Abfindung weitere drei Millionen Euro. Mit Etihad schien ein Ausweg gefunden zu sein. Doch wieder belaufen sich die Verluste auf 600 Millionen Euro. Etihad zieht sich zurück. Die Gewerkschaften schlugen einen Sanierungsplan vor, der aber von den Angestellten abgelehnt wurde. Mehrere staatliche Rettungsaktionen haben den Steuerzahler schon acht Milliarden Euro gekostet. Schon lange hoffen die Italiener auf die Lufthansa. Der würden dann allerdings Streiks ins Haus stehen, die die vergangenen Arbeitskämpfe mit den Piloten klein aussehen ließen. Am ehesten scheint ein Verkauf der Flugzeuge zu sein. Am Flugzeugpark gibt es weltweit Interesse. Das allerdings läuft dem italienischen Stolz zuwider. So dümpelt die Airline weiter vor sich hin und verursacht Kosten.

Was macht man mit einer Airline, die sich aus dem Bewusstsein der Kunden gestreikt hat?

106 Flugzeugdiät

Gegenüber den „Uhrenläden" früherer Cockpits ist dieser Arbeitsplatz einer A380 übersichtlich.

Gewicht zum Fliegen zu bringen kostet Kerosin. Kerosin ist teuer, zumal das Kerosin für die Flugstrecke plus Reserven mitgenommen wird. Flugzeughersteller und Airlines sparen daher, wo sie nur können. Aus dem Vier-Mann-Cockpit der alten Constellations flog als erstes der Navigator raus. Seine Aufgaben übernahm der Bordingenieur. Aber auch er wurde in der nächsten Flugzeug-Generation geopfert. 100 kg Mensch mit Gepäck, 50 kg für den Sitz, 50 kg für den Koffer mit Handbüchern, dazu Getränke, Mahlzeiten und Wasserverbrauch. Macht 300 kg auf jedem Flug. Die analogen Arbeitsplätze wurden durch multifunktionale Glasinstrumente ersetzt. Das schaffte Übersicht und Platz. In einer Boeing 747 liegen etwa 200 km Kupferdraht mit einem Gewicht von rund 2.000 kg. Kupferdraht kann korrodieren, oxidieren, knicken, durchscheuern, vibrieren, überhitzen. Also ersetzt man ihn soweit wie möglich durch Glasfaser. Qantas lässt für Überlandflüge die Rettungsinseln am Boden. Sitzlehnen werden verdünnt, Trolleys und Abfallkörbe durch leichtere ersetzt. Der Frischwasservorrat wird reduziert. Man wählt leichteres Geschirr und limitiert den Passagieren die Freigepäckgrenze. Manche Airlines waschen die Farbe von der Außenhaut ab. Das erleichtert eine Boeing 747-400 um etwa 600 kg. Eine voll beladene 744 würde damit tonnenweise Sprit sparen. Allerdings muss die Airline einen größeren Aufwand in den Korrosionsschutz betreiben. Ob dann unter dem Strich noch etwas gespart ist, mag an der Sorgfalt der Airline liegen.

Hub & Spoke

Die meisten Reisenden würden gerne an ihrem Wohnort in ein Verkehrsmittel einsteigen und möglichst unverzüglich, ohne umzusteigen, an ihren Zielort gelangen. So etwas nennt man eine Point-to-Point-Verbindung. Klar ist aber auch, dass dies nicht geht, weder auf der Schiene, noch in der Luft. Wollte man beispielsweise 100 Städte direkt und nonstop miteinander verbinden, bräuchte man 4.950 Direktverbindungen. Hin- und zurück sind das 9.900 Einzelflüge! Für die Anwohner der Flughäfen bedeutete das knapp 10.000 Starts und Landungen pro Tag. Der Luftraum würde zum Bersten gefüllt, es gäbe Staus auf den Flughäfen, der Verkehrsinfarkt wäre imminent. Außerdem wären die meisten Flugzeuge nicht einmal annährend ausgelastet. Verbindet man hingegen dieselben 100 Städte über ein Drehkreuz, das einem Wagenrad mit Nabe und Speichen ähnelt, sind das 100 Strecken, oder 200 Einzelflüge. Auch wenn man die Umsteigezeit hinzurechnet, ist Zeit gespart, weil der gesamte Flugbetrieb am Boden und in der Luft geordnet abläuft. Gleichwohl stehen besonders die fluglärmempfindlichen Anwohner der Hub-Funktion ihres Flughafens kritisch gegenüber. Das oft genannte Argument, dass Flughäfen ja auch Umsätze generieren, Übernachtungen, Verzehr, Steuern, primäre und sekundäre Arbeitsplätze etc. käme bei Umsteigern nicht zu tragen, die nichts am Ort ließen außer ihr Pipi. Dem Lärm aber seien die Anwohner ausgesetzt. Ohne die Umsteiger könne man kleinere und leisere Flugzeuge einsetzen, die nicht so oft starten und landen würden. Da aber die Städteverbindungen ohnehin bestehen, ist es nur vernünftig die Flugzeuge auch zu füllen. „Umsteigen verboten" macht keinen Sinn.

STÄDTEVERBINDUNGEN – ANZAHL DER FLÜGE MIT UND OHNE HUB

	ohne Hub		mit Hub	
Städte	Strecken	Einzelflüge	Strecken	Einzelflüge
2	1	2	2	4
3	3	6	3	6
4	6	12	4	8
5	10	20	5	10
6	15	30	6	12
7	21	42	7	14
8	28	56	8	16
9	36	72	9	18
10	45	90	10	20
20	190	380	20	40
30	435	870	30	60
40	780	1.560	40	80
50	1.225	2.450	50	100
100	4.950	9.900	100	200
264	34.716	69.432	264	528

108 Stinkt hier was?

Mit Ausnahme der Boeing 787 wird bei Passagierflugzeugen die Atemluft für Kabine und Cockpit aus dem Innern der Triebwerke gezapft. Triebwerke arbeiten mit hohen Drehzahlen, herkömmliche Schmierstoffe taugen bei den atmosphärischen Extrembedingungen zwischen plus 1.000 Grad und minus 100 Grad nicht. Die synthetischen Öle enthalten aber auch giftige Bestandteile, zum Beispiel Trikresylphosphat, ein Mittel gegen Lagerverschleiß. Dieses Organophosphat hat neurotoxische Eigenschaften. Die Luft, die im heißen Teil des Triebwerks abgezapft wird, bildet die Grundlage für ein erträgliches Klima in der Kabine. Im Kompressorbereich hat die Luft eine Temperatur von etwa 300 Grad Celsius. Dort sitzen aber auch die beweglichen Teile des Triebwerks, und es kann offenbar nicht ausgeschlossen werden, dass größere Mengen verwirbelter Dämpfe dieser synthetischen Öle in die Zapfluft gelangen. Zwar gibt es verschiedene Dichtungen am Triebwerk, die genau das verhindern sollen, aber die hohe Beanspruchung könnte zu Undichtigkeiten führen. Luftfilter für die Zapfluft gibt es derzeit (2017) noch keine. Die Boeing 787 gewinnt ihre Atemluft fernab der Triebwerke. Bei anderen Flugzeugen werden wir über kurz oder lang den Einbau von Filtern erleben.

Die temperierte Atemluft in der Kabine wird am Triebwerk abgegriffen. Ein möglicher Schwachpunkt.

Die niedrigsten Flughäfen 109

Amsterdam ist mit drei Metern unter MSL der niedrigst gelegene Verkehrsflughafen der Welt.

Amsterdam ist mit drei Metern unter dem Meeresspiegel der tiefst gelegene Verkehrsflughafen der Welt. Er wurde vor hundert Jahren als Militärbasis gebaut und hat sich heute zu einem der ganz großen Airports Europas mit sechs asphaltierten Pisten ausgewachsen. 2016 nutzten ihn 63 Millionen Passagiere. 2009 gab es an Bord einer Boeing 737-800 einen Mix-Up zwischen den verschiedenen Radiohöhenmessern, dem Autopiloten und der Crew. Der Autopilot reagierte auf die falsche Messung von -8 Fuß und regulierte den Schub zurück. Die Piloten gaben Vollgas, der Autopilot nahm das Gas wieder heraus. Das Flugzeug schlug auf und zerbrach in drei Teile.

1992 ereignete sich die bisher größte Katastrophe des Flughafens: Eine Frachtmaschine vom Typ Boeing 747-F verlor zwei Triebwerke, Teile des Flügels rissen mit ab. Die Piloten versuchten, das schwer beladene und vollgetankte Flugzeug zum Flughafen zurückzusteuern. Nach Strömungsabriss stürzte es in einen zehnstöckigen Wohnblock. Über 50 Wohnungen gerieten in Brand. Es gab 43 Tote und 22 Verletzte.

Der am niedrigsten gelegene Flughafen der Welt liegt 64 Meter unter dem Meeresspiegel im kalifornischen Death Valley. Er wurde 1942 von der U.S. Army als Notlandeplatz angelegt und 1953 ausgebaut. Der Airport wird meist von Privatmaschinen angeflogen, deren Passagiere dann doch überrascht sind, wie heiß sich 48° Celsius im Schatten anfühlen. Schatten ist dort allerdings kaum zu finden.

110 Berliner Luftbrücke

Rosinenbomber, ein Euphemismus für 322 Tage harte Knochenarbeit und Logistik erster Güte.

Deutschland war nach dem Krieg in je einen britischen, französischen, amerikanischen und sowjetischen Sektor geteilt. West-Berlin lag als Insel inmitten der sowjetisch besetzten Zone. Die drei westlichen Zonen und Westberlin vollzogen am 20. Juni 1948 die Währungsreform. Daraufhin sperrten sowjetische Truppen alle Wege nach West-Berlin, einschließlich Gas und Strom, um die Gründung eines Weststaates zu verhindern. US-General Lucius Clay errechnete einen Tagesbedarf von 4.000 bis 5.000 Tonnen für die Versorgung der West-Berliner. Alle Transportflugzeuge der Westmächte wurden für die Versorgung Berlins bereitgestellt. Von acht Flughäfen starteten die Transporter nach West-Berlin. In Gatow, Tegel und Tempelhof landeten sie in Abständen von ein oder zwei Minuten. Im Februar 1949 wurde eine durchschnittliche Leistung von 8.000 Tonnen pro Tag transportiert. Kohle, Milchpulver, Kartoffeln, Konserven, Post, Kleider und Decken, 2.326.406 Tonnen Güter aller Art wurden eingeflogen. 278.228 Flüge in 322 Tagen. Am Ostersonntag 1949 wurden 1.440 Hin- und Rückflüge an einem einzigen Tag durchgeführt: Jede Minute ein Flug. 31 Amerikaner und 39 Briten starben bei verschiedenen Flugzeugunglücken. Es war diese gefühlte Verantwortung für die geteilte Stadt, die einen J. F. Kennedy 1963 sagen ließen „Ich bin ein Berliner".

Die Dauerflüge

Die Brüder Freddy und Algene Key stellten 1935 einen Ausdauerrekord auf. Sie hatten für ihren Flug ein Luftbetankungssystem entwickelt, das später vom U.S. Army Air Corps übernommen wurde. Sie landeten erst nach 27 Tagen, 84.000 Kilometern und 22.700 Litern Sprit. 653 Stunden und 34 Minuten waren sie in der Luft. Es war aber kein Rekord für die Ewigkeit: Im März 1949 starteten Bill Barris und Dick Reidel mit einer langsam fliegenden Aeronca Chief „Sunkist Lady“ zu einem längeren Unternehmen. Nach 1.008 Stunden und einer Minute landeten sie wieder. Das ist eine Minute länger als sechs Wochen! Der Sprit wurde täglich in Kanistern von einem Jeep aufgenommen, der unter dem Flugzeug her raste. Auf dieselbe Art wurde auch Verpflegung an Bord geholt. Wie die Bordtoilette entleert wurde, ist nicht überliefert. Sechs Wochen in der Luft, sechs Wochen in einem kleinen unbequemen Cockpit! Was tut der Mensch nicht alles, um einen Rekord aufzustellen, der nicht so leicht zu übertreffen ist!

Die Anfänge der Luftbetankung

112 Die SR-71

Eigentlich sollte sie ein Kampfbomber mit der Arbeitsbezeichnung B-71 werden. Doch noch am Reißbrett wurde klar, dieses Flugzeug kann mehr. So wurde ein schneller strategischer Höhenaufklärer daraus, als Ergänzung zu der U-2-Flotte. Erstflug war im Dezember 1964, 30 Maschinen dieses Typs wurden ausgeliefert. Sie flog bis 1998. Während dieser Zeit war die SR-71 das schnellste und am höchsten fliegende Flugzeug ihrer Klasse. Man konnte mit ihr aus 24 Kilometern Höhe gestochen scharfe Fotos von 250.000 km² Erdoberfläche pro Stunde machen. Am 28. Juli 1976 erflog sie den absoluten Geschwindigkeitsweltrekord in ihrer Flugzeugklasse: 3.530 km/h. Gleichzeitig erreichte sie mit 26 Kilometern den absoluten Höhenweltrekord. Die Piloten erinnern sich gerne an Geschichten, wie sie über feindlichem Gebiet zwar geortet und mit Raketen beschossen, aber niemals getroffen wurden.

Die NASA sicherte sich zwei Maschinen dieses Typs zum Testen von Laserwaffen, Hitzeentwicklung im Überschallbereich, Zellstruktur und Aerodynamik sowie zur Untersuchung des Überschallknalls. Von den 30 Maschinen waren drei mit zwei hintereinander angeordneten Cockpits als Trainer-Versionen gebaut worden. 1999 flog diese Maschine zum letzten Mal.

Flugzeug von einem anderen Stern, die SR-71

Jumbo-Fakten

Eine Frachtversion der Boeing 747 rollt in Anchorage, Alaska, zum Start.

Man zitiert gerne einen Größenvergleich, wenn es um die Boeing 747 geht: „Der erste Flug der Wright Brothers dauerte 12 Sekunden, verlief etwas wellenförmig über eine Strecke von 36,50 Metern. Er hätte auch in der Economy Klasse eines Jumbos stattfinden können, der immerhin eine Gesamtlänge von 76 Metern hat.“ Leider ist die Jumbokabine aber nur sechs Meter breit, und der Wright Flyer hatte eine Spannweite von 13,20 Metern. 3,5 Milliarden Menschen sind mit der 747 bereits geflogen. Zum Lackieren eines Jumbos benötigt man 340 Liter Farbe. Allein das Oberdeck der 747-8 hat in etwa die gleichen Maße wie die Boeing 737-300/700. Von den 1.500 gebauten 747 wurden 15 Stück für besondere Zwecke modifiziert: Air Force Ones, E-5 Military Command Centers, Space Shuttle Carriers. Die Reifen der Fahrwerke sind mit Nitrogen-Gas gefüllt. In der frühen Version gab es 971 Schalter im Cockpit. Heute sind es noch 365. Im Leitwerk steckt ein zusätzlicher Tank mit 12.500 Liter Fassungsvermögen. Jedes der vier General-Electric-Triebwerke GEnx-2B hat einen Durchmesser von 2,64 Metern und wiegt 8,5 Tonnen. Der Wendekreis einer 747 misst 97 Meter. Die PanAm war der größte 747-Kunde. Der Listenpreis einer 747 lag 2008 im Durchschnitt bei 275 Millionen Dollar. 108 Maschinen dieses Typs hatte sie in der Flotte. Flogen um die Jahrtausendwende noch 1.000 Boeing 747 bei den verschiedenen Airlines der Welt, ist der Markt für das Flugzeug geschrumpft. 2017 sind nur noch 685 Stück bei den Luftfahrtbehörden als aktiv gemeldet.

114 Die höchsten Flughäfen

Das Flughafenterminal von Bangda im Hochland von Tibet

La Paz in Bolivien galt lange Zeit mit 4.060 Metern als der höchstgelegene Flughafen der Welt. Das galt, bis der Flughafen Qamdo-Bamda auf 4.334 Metern Höhe eröffnet wurde. Mit einer Startbahnlänge von 5.500 Metern hat er auch die längste Piste der Welt auf einem kommerziellen Airport. 2013 eröffneten die Chinesen nach zweijähriger Bauzeit einen noch höher gelegenen Airport: Daocheng Yading auf 4.411 Metern. Die Piste ist 4.200 Meter lang. Der Flughafen reduziert die Anreisezeit von der Provinzhauptstadt Chengdu und dem Yading Nationalpark von zwei Tagen auf 65 Minuten. Mit besonders ausgerüsteten Boeing 757 und Airbus A319 fliegen Air China und China South West Airlines zwischen Guangzhou, Shanghai, Xi'an und Chengdu. Hier fliegt man allerdings nicht einfach hin und steigt aus. In diesen Höhen tritt in kürzester Zeit eine Lungen- und Gehirnembolie auf, wenn man das nicht gewohnt ist, oder sich entsprechend akklimatisiert hat.

115 DIE MEISTEN LÄNDER

Rang	Airline	Staat	Länder
1	Turkish Airlines	Turkei	106
2	Lufthansa	Deutschland	83
3	Air France	Frankreich	78
	British Airways	UK	78
5	Qatar Airways	Katar	73
6	Delta Air Lines	USA	71
7	Emirates	Ver. Arabische Emirate	70
8	KLM	Niederlande	66
	Egyptair	Ägypten	66
10	United Airlines	USA	60

Antonov An-225

Auch die Sowjetunion hatte Pläne für einen eigenen Raumgleiter. Für den Transport zum Weltraumbahnhof Baikonur brauchten sie ein Trägerflugzeug, ähnlich dem amerikanischen Spezial-Jumbo. Also wurde aus der vierstrahligen An-124 eine sechsstrahlige An-225. Der Rumpf wurde um 15 Meter verlängert, die Spannweite vergrößert, das Fahrwerk verstärkt: 32 Räder, davon 20 steuerbar. Es gibt aber kaum einen Flughafen in der Welt, den die Antonov-Piloten nicht schon gesehen haben. Ohne sie könnten viele globale Projekte nicht so preisgünstig und schnell realisiert werden. Transporte müssten wieder per Schiff durchgeführt und zeitraubend mit Tiefladern an den Ort ihres Einsatzes gebracht werden. Entwicklungsprojekte wären wieder auf Jahreszeiten angewiesen, da in vielen Ländern die Straßen wegen der halbjährigen Regenzeit für Schwertransporte unpassierbar sind. Bauteile könnten nicht mehr zu Hause fertig gestellt und in einem Stück transportiert, sondern müssten in kleineren Größen verbracht und erst vor Ort zusammengebaut werden. Die gesamte Wirtschaft, so sie auf Schwertransporte angewiesen ist, würde darunter leiden. Weltweit sind die Maschinen der Antonov Airlines von Volga-Dnepr im Einsatz. Sie fliegen für NATO, Bundeswehr, für zivile Firmen weltweit. Die Piloten sind Russen und Ukrainer. Die Zusammenarbeit funktioniert bestens. Trotz Krim. Trotz Boykott. Trotz Sanktionen.

Die An-225 ist noch ein Unikat. 2016 verkaufte Antonov Airlines die Lizenz an eine chinesische Firma in Hongkong, die sich vorbehält, das Riesenflugzeug zu bauen.

117 Niedrigste Flughöhe

Der Wasserspiegel des Toten Meeres wird derzeit mit 430 Metern unter MSL angegeben.

Wagemutige Piloten versuchen sich gerne mal gegenseitig zu übertreffen, beziehungsweise in dieser Disziplin zu unterbieten: Tiefflug. Wer fliegt mit eingezogenem Fahrwerk tiefer, als er vor dem Start rollen kann? Ich habe es erlebt, wie ein Kampfjet unter Korkeichen auf seine am Boden liegenden Techniker zugerast ist. Mit eingezogenem Fahrwerk, um dann Inch für Inch die Maschine hochzuziehen. Aber selbst wenn es jemand schaffen würde, über dem Wasser zentimetertief über Höhe Null zu fliegen, und allen Segelbooten, Ruderbooten und Kajaks rechtzeitig ausweichen würde, den folgenden Rekord schafft er nicht: Das Tote Meer liegt 430 Meter unterhalb des mittleren Meeresspiegels (MSL). Ein pensionierter Offizier der israelischen Luftwaffe flog im November 2014 in acht Metern Höhe über das Tote Meer. Das bedeutet -422 m MSL!

118 Kürzester internationaler Linienflug

Eine Geschäftsidee, die viel Aufsehen erregte.

Da gibt es diesen kleinen Flughafen St. Gallen-Altenrhein, IATA-Code ACH, ICAO-Code LSZR auf Schweizer Boden. Die Piste ist immerhin 1.500 Meter lang und asphaltiert, ein Instrumentenlandesystem ist ebenfalls vorhanden. Gute Voraussetzungen also, das Dreiländereck Schweiz–Österreich–Deutschland mit dem Rest der Welt zu verbinden, immerhin liegen Liechtenstein, Davos, St. Moritz, St. Anton und – mit etwas gutem Willen – auch Zürich vor der Haustüre. Es gibt vier tägliche Verbindungen nach Wien und Charterflüge im Sommer nach Sardinien. Und es gab den kürzesten internationalen Flug ins benachbarte Friedrichshafen – Dauer acht Minuten. Die People's Viennaline (PE) versprach sich davon ein Nischengeschäft mit angestrebten 100.000 Passagieren pro Jahr. Nach wenigen Monaten wurde die Sache wegen Unrentabilität eingestellt. Effektiv waren es eben nur 2.300 Passagiere in einem Monat. 20 km Luftlinie gegen 65 km Straße. Man muss eben nicht alles machen, was geht!

Kürzester Inlands-Linienflug 119

In 60 Sekunden von einem Flughafen zum anderen? Der Flug erspart 40 Minuten Fahrt mit der Fähre.

Wenn Geoffrey McBanister in WRY ins Flugzeug nach PPW steigt, reicht die Zeit höchstens für einen Whiskey, dann setzt die Maschine schon wieder zur Landung an. Denn der Trip von Westray nach Papa Westray auf den Orkney-Inseln ist der kürzeste Linienflug der Welt. Ganze zwei (2) Minuten dauert der Flug nach Flugplan. Bei günstigen Windverhältnissen geht es auch schon mal in 60 Sekunden. Die Flugplätze liegen 2,8 Kilometer voneinander entfernt. Der Flug erspart eine 40-minütige Überfahrt mit der Fähre. Da man die dreieinhalb Quadratkilometer kleine Insel Papa Westray jedoch gemütlich zu Fuß erkunden kann, wird man als Globetrotter mit einem Hang zum Besonderen die Vorteile einer Autofähre vorerst kaum zu schätzen wissen. Für 35 Pfund pro Nacht kann man in einem der drei Selbstverpflegungs-Hostels übernachten. Der Dorfladen bietet neben Lebensmitteln ein reichhaltiges Angebot an Wein, Bier und erlesenen Whiskeys. Spätestens jetzt erklärt sich auch die Einbindung der kleinen Insel in das schottische Fährensystem. Die 47 Quadratkilometer große Mutterinsel Westray mit ihren schroffen Klippen bietet Stoff für einen längeren Aufenthalt.

120 DIE MEISTEN PASSAGIERE

Rang	Airline	Staat	Pax in Mio 2016
1	American Airlines	USA	202
2	Delta Air Lines	USA	184
3	Southwest Airlines	USA	152
4	United Airlines	USA	143
7	Ryanair	Irland	117
5	China Southern Airlines	China	110
6	China Eastern Airlines	China	109
	Easyjet	UK	109
9	Turkish	Türkei	90
10	Lufthansa	Deutschland	80

121 Längster Linienflug

Nichts für hippelige Menschen oder hyperaktive Tanzbären! Superlangstreckenflüge sind etwas für Menschen mit Sitzfleisch, die sich selbst beschäftigen können, die mal eben ein tausendseitiges Buch von James Clavell verschlingen können und dabei womöglich unwirsch aufblicken, wenn sie schon wieder durch die nächste Bordmahlzeit, einen Kaffee, ein Dessert oder einen Drink gestört werden. Denn das ist die Strategie der Airlines wie Qantas, Singapore Airlines oder Air New Zealand: Keep your Passengers entertained. Qatar Airways bietet jetzt den längsten Linienflug der Welt an: Von Doha nach Auckland (Neuseeland), 14.535 km nonstop. 16,5 Stunden ist man in der Boeing 777-200 unterwegs! Für Kettenraucher ist das sicherlich abschreckend. Wenige Jahre zuvor hielt Singapore Airlines noch den Rekord auf der Strecke Newark–Singapur. Damals war man 18 Stunden und 50 Minuten Nonstop unterwegs. Da aber statt auf halber Strecke zwischenzulanden und wieder vollzutanken, der Sprit für die zweite Hälfte des Fluges gleich vom Start weg mitgeführt werden muss, benötigt man für die erste Hälfte mehr Sprit. Das verringert die Nutzlast, man kann weniger zahlende Passagiere mitnehmen. Man muss außerdem vom Start weg mehr Verpflegung und ganz besonders Getränke mitführen. Für die Airline ist der Zeitgewinn also teurer, was den Verdacht hegt, dass es sich hier um einen reinen Werbegag handelt.

Sitzfleisch statt Wanderlust! Thrombose statt Yoga. Der gesundheitliche Aspekt eines 16-Stundenflugs sollte am besten im Voraus bedacht werden.

Nach dem Taifun. Evakuierung aus Tacloban mit einer C-17 Globemaster der USAF

122 Operation Solomon

Als König Salman von Saudi-Arabien im März 2017 auf Staatsbesuch in sieben südostasiatische Länder aufbrach, reiste er mit einer Entourage von 1.500 Personen in sechs Jumbos und einer Herkules C-130 für die 450 Tonnen Gepäck. Unsereins muss mit einem Bordgepäck auskommen, das in immer kleiner werdende Schablonen hineinpasst.

Nach der Taifun-Katastrophe im philippinischen Tacloban evakuierte die U.S. Air Force in einer C-17 Globemaster 650 Menschen. Sie reisten allerdings nicht ganz so komfortabel wie die saudische Königsfamilie.

Das ist jedoch immer noch eine Kleinigkeit gegen die Operation Solomon der Israelis.

Am 24. Mai 1991 wurden 14.400 äthiopische Juden aus Addis Abeba innerhalb von 24 Stunden mit Herkules, Boeing 707 und 747 ausgeflogen. Der Staat befand sich in Auflösung, Rebellen eroberten das Land. Mit vollgestopften Bussen wurden die fliehenden Menschen von der israelischen Botschaft in der Stadt zum Flughafen gebracht und fast im Minutentakt nach Tel Aviv geflogen. Aus den Passagiermaschinen hatte man alle Sitze entfernt und den Boden mit Matten ausgelegt. Die Boeing 707 fasste so 500 Menschen, die 747 sogar 1.088! Das bleibt wohl bis auf weiteres der Weltrekord, sollte man nicht eines Tages eine A380 mit Menschen vollstopfen, um sie vor mordlüsternen Islamisten zu retten.

123 Meistgebaut

Frontier Airlines in Denver beklebt die Leitwerke seiner Airbus-Flotte mit Tieren und wird so zum Blickfang.

Zu den meistgebauten Flugzeugtypen gehört die Cessna in ihren verschiedenen Ausführungen. Etwa 100.000 davon wurden zwischen 1952 und heute gebaut. Sie ist das Geschäfts- und Freizeitflugzeug Nummer Eins. Mit 82.000 folgt die Piper in verschiedenen Ausführungen. Die meistgebauten militärischen Flugzeuge waren die Ilyushin Il-2 mit sagenhaften 36.183 Stück, gefolgt von der Messerschmitt Bf 109 mit 34.852. Die englische Spitfire lief 22.685-mal vom Band, die Focke-Wulf 22.051-mal. Von der sowjetischen Polikarpov Po-2 gab es 20.000. Die USA schickten 18.482 schwere B-24-Bomber in den Krieg. Das meistgebaute zivile Passagierflugzeug ist die Boeing 737 mit fast 10.000 Exemplaren, gefolgt von der Airbus A320-Familie mit 7.500. Seit 1930 wurden laut Aero Transport Data Bank etwa 5.000 zivile Flugzeugtypen mit mehr als 30 Sitzen gebaut, Das sind etwa 200.000 zivile Flugzeuge, die von 11.000 Airlines weltweit geflogen werden oder wurden. Da Hersteller wie Airlines sich im Laufe der Geschichte zusammenschlossen und den Namen wechselten, sind diese Zahlen jedoch mit Vorsicht zu genießen. Für Boeing ist jedenfalls die 737 und für Airbus die A318/319/320/321 der große Hit. Und es sieht nicht so aus, als müssten die Bestellbücher bald geschlossen werden.

Wie lange reicht der Treibstoff? 124

Täglich starten weltweit tausende von Flugzeugen, die grob gerechnet sechs Millionen Barrel Kerosin verbrauchen, fast eine Milliarde Liter. Dabei macht der Luftverkehr gerade einmal 2% des globalen Ölverbrauchs aus! Da liegt die Frage auf der Hand, wie lange reicht der Sprit noch? Das Ende des Öls wurde schon oft vorhergesagt, aber immer wieder hat man entweder neue Felder gefunden oder man war überrascht, wie ergiebig die vorhandenen Ölvorräte sind, die noch in der Erde schlummern. Eine BP-Studie sagt, das Öl reiche noch für 46 Jahre. Der Geschäftsführer der größten Erdölfördergesellschaft der Welt behauptet, wir hätten überhaupt erst zehn Prozent der Erdölvorräte gefördert und das Öl würde noch für hundert Jahre reichen. Es ist alles eine Frage des Ölpreises, denn die Förderung bestimmter Vorräte ist nur mit viel Aufwand zu realisieren. Die Wahrheit liegt so zwischen 46 und 100 Jahren. Ölkonzerne arbeiten mit Hochdruck an alternativen Brennstoffen aus Kartoffeln, Getreide, Raps, Zuckerrohr, Algen oder Fäkalien. In Deutschland wurde 1925 das Fischer-Tropsch-Verfahren zur Kohleverflüssigung erfunden. Shell baute in Katar die größte Gasverflüssigungsanlage der Welt. Das hindert die Hersteller nicht daran, Flugzeuge mit Solarenergie, Elektroantrieb, Wasserstoff oder einer Mischung von allem zu entwickeln. Immer wieder gibt es Meldungen über Durchbrüche, die zwar logisch klingen, aber dann recht kleinlaut wieder in einer Schublade verschwinden.

Gas zu Kerosin. Den Ölländern ist keine Investition zu hoch, um ihre Energiereserven zu strecken.

Antonov An-124

Die heutige Welt ist kaum noch ohne Flugzeuge wie die Antonov An-124 vorstellbar. Sie fliegt Rettungsgerät in Katastrophengebiete, Raupenschlepper und Panzer, Sattelschlepper und Fahrzeugkräne, Wasserturbinen und Flugzeugtriebwerke, Transformatoren und Lokomotiven, Flugzeugrümpfe und Hubschrauber, Satelliten und Raketen, Baumaschinen und Rettungstauchboote, ganze Zirkusse mit Zelt und Elefanten, aber auch UNO-Truppen mitsamt Gerät zu Friedenseinsätzen. Die schwerste Last, die jemals auf dem Luftweg transportiert wurde, war ein 135 Tonnen schwerer Stator von Siemens. Die weltgrößten Betonpumpen 70Z von Putzmeister reisten mit der An-124 nach Fukushima.

20 Räder bilden das steuerbare Hauptfahrwerk mit Kniemechanismus zum Absenken beim Be- und Entladen. Zwei eingebaute Laufkräne mit je 40 Tonnen Tragkraft ermöglichen die bodenunabhängige Verladung, zwei On-Board Power Units liefern dazu den nötigen Strom. So kann auch auf miserabel ausgerüsteten Flugplätzen schnell und effizient Fracht umgeschlagen werden. 55 Maschinen dieses Typs wurden bisher gebaut, 24 davon gehören der russischen Armee, 20 fliegen bei spezialisierten Luftfrachtunternehmen wie Antonov Airlines oder Volga-Dnjepr.

Die Antonov An-124 besitzt zwei eigene Bordkräne zum Bewegen von Lasten.

Koreanische Raketen

Koreanische Startlafette für Raketenpfeile aus dem 14. Jahrhundert

Krieg hat schon immer erfinderisch gemacht. So entwickelten die Koreaner schon um 1400 eine Distanzwaffe, die an die berüchtigte Stalinorgel erinnert, das Singijeon. Raketen scheinen in Korea eine gewisse Tradition bis heute zu haben. Obwohl die Chinesen das Schießpulver als Staatsgeheimnis hüteten, gelang es den Koreanern durch Bestechung eines Kaufmannes Ende des 13. Jahrhunderts an die Rezeptur zu kommen. Sie bestückten damit Feuerpfeile, um die Reichweite zu erhöhen und größeren Schaden anzurichten. Die Startlafette hatte 100 Rohre, deren Pfeile mit einer verbundenen Zündschnur abgefeuert werden konnten. Der Singijeon kam zuerst im koreanisch-japanischen Krieg gegen die Samurai zum Einsatz, die in engen Formationen kämpften. Später benutzte man sie entlang der Küsten, um Piraten abzuwehren. Bis zu 90 dieser Startlafetten standen in einem Einsatz nebeneinander. Die Geräte wurden sogar noch vergrößert, sodass jede Rampe bis zu 200 dieser Pfeilraketen mit einer Reichweite von bis zu zwei Kilometern aufnehmen konnte. Fast wünscht man sich angesichts der nordkoreanischen Raketenbedrohung mit verheerenden Gefechtsköpfen und immer größeren Reichweiten diese mittelalterlichen Zeiten zurück. Die Raketenpfeile waren zwar auch grausam, aber sie haben nicht gleich die ganze Welt verändert.

127

Der Flug des Wan Hu

Der chinesische Mandarin Wan Hu wollte hoch hinaus. Feuerwerkskörper hatten im Reich der Mitte schon lange Tradition, da lag es nahe, dass man diese unter einem Stuhl befestigen und damit in den Himmel fliegen könnte. Der Mandarin Wan Hu (Ming-Dynastie) wollte es wissen. 47 Raketen ließ er unter einem Stuhl befestigen. Festlich gekleidet nahm der darauf Platz. 47 Diener entzündeten die Schnüre. Der Stuhl explodierte, von Herrn Hu war nichts mehr zu sehen. Gemäß einiger chinesischer Quellen soll er sich nur um ein paar Meter vom Boden erhoben haben. Wie auch immer, die chinesische Propaganda zählte ihn zu den ersten Raumfahrtpionieren.

Ein Versuch des amerikanischen Discovery Channels mit einem Crashtest-Dummy kam zu einem ähnlichen Ergebnis: Der Stuhl explodierte, das Dummy hatte schwere Verbrennungen. Eine typische Erfahrung von Sylvester-Bastlern.

Der Raketenstuhl des Wan Hu, wie ihn sich die chinesische Legende vorstellt.

128

Leonardo da Vinci

Heute würde man ihn als Multitalent, Universalgelehrten, Allroundgenie bezeichnen, Leonardo da Vinci. Er war Maler, Bildhauer, Philosoph, Naturwissenschaftler, Anatom, Baumeister, Ingenieur und Erfinder. Von der Mona Lisa bis zum Flugapparat, vom letzten Abendmal bis zu Kriegsmaschinen reichte seine geistige und künstlerische Spannweite. Er baute Verteidigungsanlagen und legte Sümpfe trocken, er entdeckte die Arteriosklerose und baute Hohlspiegel, um Wasser mit Sonnenenergie zu erhitzen. Er studierte die Anatomie der Vögel und entwarf um 1500 eine Maschine, die es ihnen gleichtat und durch Muskelkraft bewegt wurde. Visionär war damals schon die

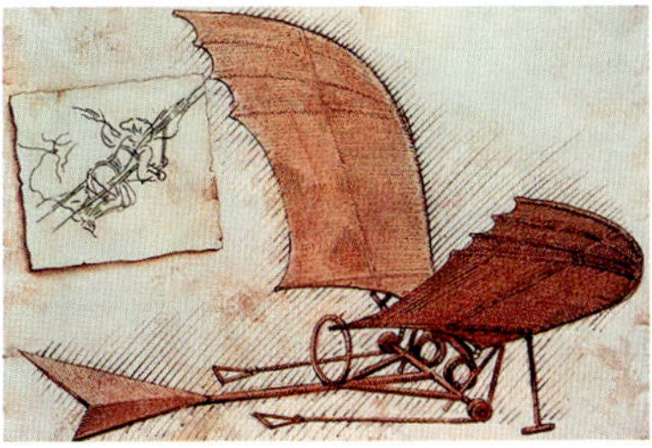

Um 1490 skizzierte da Vinci eine Flugmaschine.

Aerodynamik seiner Entwürfe. Allerdings irrte er sich in Bezug auf die Kraft, die der Mensch in den Armen und Beinen braucht, um sein Eigengewicht und das der Maschine vom Boden zu heben. Selbst ein Spitzensportler würde nur wenige Meter schaffen.

129

Daniel Bernoulli

Der junge Daniel Bernoulli hat das wichtigste Gesetz für den Auftrieb entdeckt. Er war ein Schweizer Mathematik- und Physikgenie um 1700. Er wurde schon mit 13 Jahren zum Universitätsstudium zugelassen. Mit 15 machte er seinen Bachelor, mit 16 sein Masters. Dazwischen studierte er Medizin und promovierte mit 20. Mit 25 war er Professor. Universitäten von Paris bis St. Petersburg rissen sich um ihn und boten ihm den Lehrstuhl für Physik an. Bernoulli entdeckte, dass strömende Luft einen Unterdruck erzeugt. Man nimmt ein Blatt Papier und hält es mit beiden Händen an der schmalen Seite fest, so dass die andere Seite in einem Bogen nach unten, vom Körper weghängt. Bläst man nun über die Wölbung des Papiers, bewegt sich der hängende Teil des Papiers nach oben. Je stärker der Luftstrom, desto größer der Auftrieb. Das passiert, wenn Luft über die gewölbten Tragflächen eines Flugzeugs streicht. Der Motor sorgt für die Horizontalgeschwindigkeit. Damit ist das Prinzip des Fluges erklärt. Soviel zur Theorie. Bis diese in die Praxis umgesetzt war, sollte viel Zeit ins Land gehen und es würde noch einige Menschenleben kosten.

130 Der Schneider von Ulm

Zeitgenössischer Kupferstich zum Flugversuch von Albrecht Berblinger

Albrecht Berblinger wurde 1770 in Ulm geboren. Die Gebrüder Montgolfier inspirierten ihn dazu, einen Flugapparat zu bauen. Das war sechs Jahre, bevor das erste Fahrrad erfunden wurde, es gab auch noch keine Eisenbahn. Die Menschen spotteten über den Schneider, die Innung wollte ihn sogar aus der Zunft werfen. Heimlich unternahm er Flugversuche in den Weinbergen über Ulm, 80 Jahre vor Lilienthal.

Für den 30. Mai 1811 kündigte er einen Flug über die Donau an. Auch König Friedrich I. von Württemberg wollte sich diese Sensation nicht entgehen lassen. Aber als er auf dem Holzpodest 20 Meter über dem Wasser stand, verließ ihn das Vertrauen in seine Konstruktion. Der König reiste daraufhin ab. Am folgenden Tag strömte die Menschenmenge wieder zusammen, Mit seinem auf den Rücken geschnallten Flugapparat tänzelte Berblinger fast eine Stunde lang auf der Plattform hin und her und wartete auf günstigen Wind. Man sagt, jemand habe ihm schließlich einen Tritt gegeben, jedenfalls fehlte der Anlauf, den er gebraucht hätte, und der tapfere Schneider stürzte fast senkrecht ins Wasser. Fortan war er grenzenlosem Spott ausgesetzt. Man schimpfte ihn einen Betrüger, er verlor alle Kunden in seiner Schneiderei und verstarb 1829 als armer Mann. Man verscharrte ihn in einem namenlosen Grab. Die Stadt rehabilitierte Berblinger 175 Jahre später mit einem Flugwettbewerb an dieser „historischen Stätte des Scheiterns“. Gestartet wurde mit bewährten Gleitern aus den modernsten Materialien. Trotzdem fielen von 30 mutigen Sportlern 29 ins Wasser. Berblinger hatte einfach den falschen Ort gewählt. Die senkrechte Mauer begünstigte Fallwinde.

Otto Lilienthal

Otto Lilienthal (*23. Mai 1848 in Anklam, † 10. August 1896 in Berlin bei einem Absturz) gilt in der Geschichte der Fliegerei als Luftfahrtpionier, der sachlich und systematisch forschte. Er brachte die Fliegerei auf den Punkt: „Alles Fliegen ist Erzeugung von Luftwiderstand, alle Flugarbeit ist Überwinden von Luftwiderstand." Lilienthals Überzeugung war, erst einmal mit Gleitern fliegen zu lernen, das Gefühl für das Flugzeug zu bekommen, die Aerodynamik zu optimieren, bevor man einen Motor in den Apparat einbaut. Er veröffentlichte in seinem Grundlagenwerk „Der Vogelflug als Grundlage der Fliegekunst" seine Beobachtungen beim Flug der Störche und pirschte sich so an das Problem des „Menschenflugs" heran. Zwischen 1891 und 1896 unternahm er 2.000 Flugversuche von einem Hügel mit immer besseren Apparaten. Dabei erzielte er Reichweiten bis zu 500 Meter. Am 9. August 1896 schließlich stürzte er dabei tödlich ab.

Lilienthal hat in seinem Leben 24 Patente eingereicht. Davon bezogen sich nur vier auf das Fliegen. Sein erstes war eine Schrämmaschine zur Kohleförderung im Bergbau. Seine Ankerbausteine zur Stabilisierung aufgeschütteten Erdreichs werden bis heute benutzt. Alle Ingenieure, Flugpioniere und Konstrukteure von Flugapparaten gründeten ihre Arbeit auf Lilienthals Erkenntnissen und Aufzeichnungen.

Studie Lilienthals zum Flugapparat der Vögel

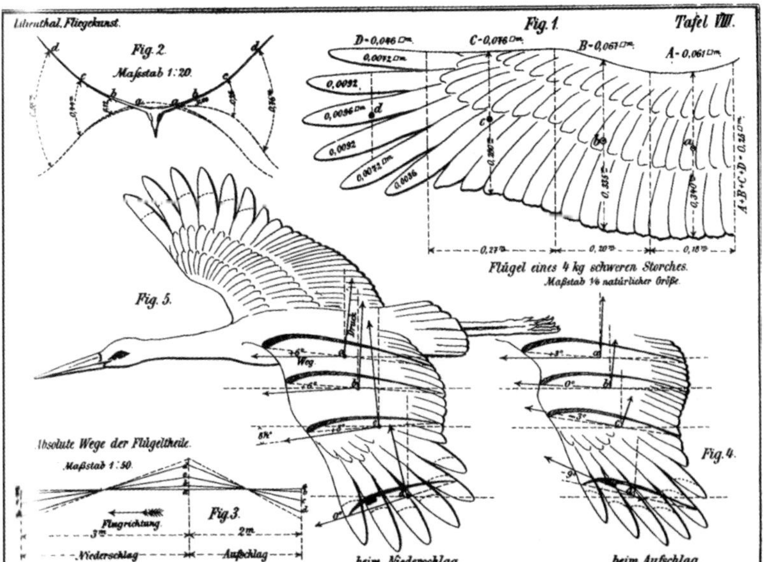

132 Gustav Albin Weißkopf

Gustav Albin Weißkopf war 1895 in die USA ausgewandert und beschäftigte sich fortan mit der Entwicklung von Flugzeugen, unter anderem auch mit Motorflugapparaten. Dort schienen die Tüftler und Bastler geradezu besessen zu sein, den Himmel zu erobern. Bereits 1899 wird von einem Versuch Weißkopfs mit einer Dampfmaschine als Motor berichtet, der allerdings jäh an einer Hauswand endete. Er nummerierte seine verschiedenen höchst abenteuerlichen Konstruktionen durch. Die Nr. 21 bestand aus Bambus und Seide und ähnelte einer Kreuzung aus Vogel und Fledermaus mit einer Badewanne als Kommandostand. Ein 20-PS-Motor trieb zwei Propeller an. Sogar das Fahrwerk erhielt einen eigenen Motor, um die Startgeschwindigkeit zu erhöhen. Der Bridgeport Herald berichtete in seiner Ausgabe vom 18. August 1901 über einen erfolgreichen Motorflug, den Weißkopf (Whitehead) am 14. August 1901 über eine Strecke von einer halben Meile unternommen haben will. Es gibt zwar einen Augenzeugen, aber kein Foto von dem Flug. Außerdem war Weißkopf gebürtiger Deutscher. Und schließlich hatten die Gebrüder Wright ihr Fluggerät damals dem Smithsonian Institute sicherheitshalber unter der Auflage gestiftet, dass das Institut kein früheres Flugzeug anerkenne. Eines ist sicher: Die USA würden in kollektiven Selbstzweifel fallen, könnte jemand beweisen, dass die Wright Brothers eben doch nicht die ersten waren. Also lassen wir ihnen den Ruhm.

Albin Weißkopfs Flugapparat Nr. 21

133 Die Gebrüder Wright

Der Wright Flyer auf seinem ersten Motorflug in Kitty Hawk

Am 14. Dezember 1903 versuchte Wilbur Wright (vergeblich) einen ersten Flug mit dem „Flyer". Das Flugzeug wurde dabei beschädigt. Doch dann kam der Durchbruch: Am 17. Dezember 1903 flog Orville Wright in Kitty Hawk, North Carolina, den Wright Flyer auf dem ersten offiziellen Flug über 36 Meter. Der Flug dauerte 12 Sekunden. Da dieser Versuch angemeldet war und vor Zeugen stattfand, gilt er als erster bemannter, dauerhafter und kontrollierter Flug mit einem Gerät, das schwerer ist als Luft. Es folgten noch drei weitere Flüge, deren längster fast eine Minute dauerte.

Im Verlauf des folgenden Jahres wurde die Technik verfeinert. Die Gebrüder Wright führten hunderte von Flügen durch. Im September 1904 gelang Wilbur erstmals eine Schleife mit einem Flugzeug. Einen Monat später flog Wilbur Wright bei einer Airshow in Dayton, Ohio, eine Entfernung von 4,43 Kilometern. Dies war der erste bekannte Flug von mehr als fünf Minuten Dauer. Im folgenden Jahr begann die Vermarktung des Patents. Die US-Regierung war der erste Kunde. Was die Gebrüder Wright anders machten als all die anderen Flugpioniere, sie zeichneten auf, fotografierten und dokumentierten jeden einzelnen Schritt. Alle Flugversuche wurden vor Zeugen unternommen, die über Zweifel erhaben waren. Sie gingen wissenschaftlich an das Problem heran. Außerdem gelang ihnen die kontrollierte Steuerung um die drei Achsen.

134 Octave Chanute

Chanutes Zwölfflügler

Der amerikanische Eisenbahningenieur Octave Chanute, Sohn französischer Einwanderer, sammelte alle Literatur über die Flugversuche, und obwohl sozusagen „Off-topic“ publizierte er zwischen 1891 und 1893 im Magazin „The Railroad and Engineering Journal“ ganze Serien über seine Theorien von Flugmaschinen. Er studierte die Gleiter von Lilienthal und entwarf eigene auf dieser Basis. Da er selbst schon zu alt war, arbeitete er mit Augustus Herring und William Avery zusammen. Er trug Beobachtungen, Erfahrungen und Ergebnisse von Lilienthal, Blériot, Ferber, Hargrave und Santos Dumont zusammen und stellte sie den Wright Brothers zur Verfügung, die er auch finanziell unterstützte. Seinen Verdiensten um die Fliegerei widmete man die Chanute Air Force Base in Illinois und die Stadt Chanute in Kansas.

135 Dädalus und Ikarus

Der römische Dichter Ovid (*43 v.Chr.) erzählte die Geschichte des

Daedalus arbeitet an den Schwingen.

König Minos, auf dessen Insel Kreta der griechische Erfinder Dädalus verbannt wurde. Nach dem Bau des berühmten Labyrinths wollte Minos seinen Baumeister und dessen Sohn Ikarus nicht mehr von der Insel lassen. Dädalus ersann einen Weg, für Ikarus und sich selbst Schwingen aus Adlerfedern zu konstruieren, die er mit Wachs befestigte. Erste Versuche glückten. Er schärfte seinem Sohn ein, nicht zu dicht am Meer zu fliegen, damit die Feuchtigkeit nicht die Federn zu schwer machte, und nicht zu hoch, damit die Sonne nicht das Wachs schmelzen würde.

Aber auf halbem Weg wurde der Sohn übermütig und schwang sich höher hinauf zum Himmel. Das Wachs schmolz, die Federn lösten sich, und Ikarus stürzte ins Meer.

136

Karl Jatho

Eher behutsam wird man einen anderen Flugpionier behandeln müssen, Karl Jatho. Der Verwaltungsbeamte der Stadt Hannover experimentierte ähnlich wie Lilienthal mit Gleitern. Er baute verschiedene drachenähnliche Gleiter mit einem Sitz und Fahrgestell. Einen von ihnen versah er mit einem 12-PS-Einkolbenmotor. Das Leergewicht der ganzen Konstruktion war 272 kg. In einem Notizheft schrieb er: „Am 18. August 1903 der erste Luftsprung bei ganz windstillem Wetter 18 Meter in dreiviertel Meter Höhe." Vier Wochen später, am 17. Dezember 1903 fand dann der erste Motorflug der Gebrüder Wright statt, und zwar vor Zeugen. Dass man so wenig von Jathos Flugversuchen hörte, erklärt man sich damit, dass ihm als Beamten jegliche außerdienstliche Tätigkeit verboten war. Die NS-Propaganda erinnerte sich 30 Jahre später an Karl Jatho. Und plötzlich sind auch vier Zeugen da, die damals dabei gewesen sein wollen. Die Legende hielt sich bis in die Nachkriegszeit. Um Licht ins Dunkel zu bringen baute der Arbeitskreis Technik- und Industrie-Geschichte (AKTIG) im Jahr 2006 den Jatho-Drachen nach. Der Flugversuch scheiterte jedoch, das Gefährt blieb am Boden.

Jatho Drachenflieger Nr. 4

137

Glenn Curtiss

Der Flugzeugkonstrukteur Glenn Curtiss erkannte frühzeitig das Potential, das in der Fliegerei steckte. Mit seinen beiden Werken in Buffalo und Hammondsport, NY wurde er zum größten Flugzeugproduzenten der Welt. Während des Ersten Weltkriegs ließ er dort 10.000 Flugzeuge bauen, 100 Maschinen pro Woche. Er nutzte jede Chance, seine Produkte zu verkaufen. So setzte er den Wunsch eines Navy-Offiziers um, Flugzeuge auf Kriegsschiffen starten und landen zu lassen, um bessere Aufklärungsmöglichkeiten zu haben. Er konnte nicht ahnen, dass mit dieser Technik eines Tages Kriege gewonnen würden.

Erster Start von einem Kriegsschiff 1910

138 Vuia 1

Der Vuia 1 steht am Flughafen von Timisoara in Rumänien.

Am Flughafen von Timisoara steht der Nachbau einer Flugmaschine, die der rumänische Luftfahrtpionier Traian Vuia entworfen hatte. Er nannte es Flug-Automobil und ging auf die Suche nach Geldgebern. Verschiedene Sponsoren waren anfangs begeistert, glaubten aber nicht an einen Erfolg und zogen sich zurück. Sogar die Französische Akademie der Wissenschaften in Paris, wies ihn noch 1903 mit der Begründung ab, dass Maschinen, die schwerer seien als Luft, niemals fliegen könnten. Doch er fand ein Testgebiet bei Paris und setzte seinen Traum 1905 in die Tat um. Dabei ging er so systematisch vor, wie man auch heute noch Flugzeuge baut: Zuerst musste das Fahrwerk funktionieren. Er baute einen vierräderigen Karren auf einem stabilen Rohrgestell. Dann erst widmete er sich dem Tragwerk mit Verspannung und dem Antrieb. Am 18. März 1906 erfolgte der erste Testflug. Nach einem Startlauf von 50 Metern hob das Gefährt tatsächlich ab, flog in einem Meter Höhe zwölf Meter weit und landete wieder auf den Rädern. Timisoara, zweitgrößter Flughafen Rumäniens, wurde nach Traian Vuia benannt. Mit der Idee der Flug-Automobile experimentieren noch heute verschiedene Firmen, wenn auch ohne durchschlagenden Erfolg. Der größte Flughafen Rumäniens in Bukarest ist nach Henri Coanda benannt. Auch er war Physiker und Aerodynamiker, Entdecker des Coanda-Effekts.

Ferdinand Graf von Zeppelin

Als Leutnant wurde Graf Zeppelin 1859 zum Ingenieurkorps einberufen. 1863 schickte man ihn als Beobachter in den amerikanischen Bürgerkrieg. Drei Jahre später diente er als Generalstabsoffizier im Deutschen Krieg von 1866, und im Deutsch-Französischen Krieg 1870/1871. Danach wurde Graf Zeppelin Regimentskommandeur in Ulm. Er war sogar württembergischer Gesandter in Berlin. Als Generalleutnant nahm er seinen Abschied. Zeppelins erstes Luftschiff am Bodensee war ein Weltwunder. Des Kaisers Untertanen waren begeistert. Das bescherte dem Grafen Zeppelin die notwendigen Spenden und Sponsoren. Sogar eine Lotterie wurde veranstaltet, um Geld in die Kasse zu bekommen. 1908 verunglückte er mit dem vierten Zeppelin, dem LZ4 bei Stuttgart, was eine Welle der Hilfsbereitschaft auslöste. Mit den gespendeten sechs Millionen Mark gründete der Graf die Luftschiffbau Zeppelin GmbH. Ab 1909 wurden Zeppeline auch in der zivilen Luftfahrt verwendet. So beförderte die DELAG auf über 1.500 Fahrten etwa 35.000 Personen. Im Krieg erlangten die Zeppeline eine besondere Bedeutung als Bomber und Aufklärer. Doch bald wurden Flugzeuge den Ungetümen wegen ihrer größeren Wendigkeit zur Konkurrenz. Außerdem waren die monströsen Luftschiffe bei Stürmen der Zerstörung ausgesetzt, selbst wenn sie am Mast verankert waren.

Zeppelins zweites Luftschiff LZ2 auf dem Bodensee vor Friedrichshafen

Die Junkers-Werke in Dessau

140

Hugo Junkers

Hugo Junkers wurde vor allem durch seine Flugzeuge berühmt, besonders natürlich durch die Ju 52, von der fast 5.000 gebaut, und die von mindestens 27 Fluggesellschaften auf allen Kontinenten geflogen wurden. Doch man würde dem Lebenswerk dieses innovativen Genies nicht gerecht, würde man nur die etwa 50 Flugzeugtypen mit ihm in Verbindung bringen, die er entwickelt hat, von der J1 bis zur Ju 160. Nach seinem Maschinenbaustudium machte er ein Lokomotivführerpatent. Für eine Motorenfabrik entwickelte er die erste Doppelkolbengasmaschine. Ein Nebenprodukt seiner Arbeit in der Motorenfabrik waren die Junkers Gasbadeöfen, die Durchlauferhitzer, Raumheizungen und Warmluftgebläse für Werkhallen. 1897 wurde er Professor für Thermodynamik an der TH Aachen. Er entwickelte Schiffs- und Flugzeugmotoren, er baute das erste Ganzmetallflugzeug der Welt, die F 13, und flog damit auf Weltrekordhöhe von 6.750 Metern. Mit seinen erfolgreichen Verkehrsflugzeugen betrieb er selbst ab 1925 auch eine Fluggesellschaft, die Junkers Luftverkehr AG. Da seine Flugzeuge auch Hallen brauchten, eröffnete er den Junkers Stahlbau. Er entwarf Aluminiummöbel, Messehäuser und Wohnhäuser. Er war einer unserer ganz großen Forscher und Unternehmer.

141

Der erste Passagier

Der erste Passagier in einem Flugzeug war Charles W. Furnas aus Dayton, Ohio am 14. Mai 1908, ein Mechaniker, der den Wright Brothers beim Bau ihrer Flugapparate half. Als Dank für seine Arbeit wurde er von Wilbur Wright auf einigen seiner kurzen Flüge mitgenommen. Vor allem dienten diese Flüge um der U.S. Army zu beweisen, dass man mit Flugzeugen auch Passagiere befördern konnte. Nachdem Orville bei einer anderen Gelegenheit seinen Flugapparat zerlegte und sein Passagier dabei ums Leben kam, verlor Charly Furnas schlagartig sein Interesse an der Fliegerei.

142

Hermann Köhl

Am 12. April 1928 starteten Hermann Köhl, Baron von Hünefeld und Käpten James Fitzmaurice zur ersten erfolgreichen Ost-West-Atlantiküberquerung von Irland nach Labrador in einer Junkers W 33. Da er von seinem Arbeitgeber Luft Hansa keine Unterstützung erhielt, fand das Unternehmen heimlich statt. Als die Luft Hansa davon hörte, wurde Köhl fristlos entlassen. Für gefährliche Rekordflüge habe man kein Verständnis, hieß es zur Begründung. Nach 37 Stunden Flugzeit landete die Maschine auf Grund eines Schneesturmes jedoch nicht in New York sondern auf dem zugefrorenen Tümpel von Greenly Island, dicht vor der Küste Neufundlands. Beim Ausrollen brach das Eis und die Maschine kippte kopfüber ins Wasser. Die Rettung zog sich längere Zeit hin. Einer der Rettungsflieger kam dabei

ums Leben. Die Dramatik des Fluges und der Rettung fand ihren Abschluss mit einer großen Konfettiparade in New York. Hermann Köhl erhielt die höchste amerikanische Pilotenauszeichnung, das „Flying Cross". Chicago und St. Louis ernannten ihn zum Ehrenbürger.

143

Elly Beinhorn

Elly Beinhorn (*30. Mai 1907) stellte in den 1930er-Jahren etliche Langstreckenflugrekorde auf. 1931 arbeitete sie in Afrika, um Luftaufnahmen zu machen. Auf dem Rückflug nach Deutschland musste sie wegen einer gerissenen Benzinleitung zwischen Bamako und Timbuktu im Sumpfgebiet des Niger notlanden. Der Kriegerstamm der Songhai nahm sie freundlich auf. Schließlich fand sie jemanden, der französisch sprach und sie nach Timbuktu führte. Nach viertägigem Fußmarsch kam sie erschöpft und mit Fieber dort an. Zu ihrem Erstaunen erfuhr sie, dass ihr Verschwinden ganz Deutschland in Aufregung versetzt hatte. Nach ein paar Tagen der Erholung heuerte sie Hilfskräfte an und ging mit ihnen zurück zur Absturzstelle, um wenigstens den Motor und die Instrumente aus ihrer Maschine zu bergen. Die Nachricht von Elly Beinhorns Rettung ging mittlerweile um die Welt. Aus Deutschland wurde ihr ein Flugzeug nach Afrika geschickt. Die Fliegerheldin reiste mit Zug und Schiff nach Casablanca, wo sie die Maschine übernahm. Nach ihrer triumphalen Rückkehr nach Berlin sagte sie kopfschüttelnd „Meine Notlandung hat mehr Schlagzeilen gebracht als die tollste Flugleistung". Sie starb am 28. November 2007 in München.

144

Amelia Earhart

Amelia Earhart überquerte 1932 als erste Frau den Atlantik, fünf Jahre nach Charles Lindbergh. Wie er setzte auch sie sich für politische und gesellschaftliche Ziele ein, insbesondere für die Rechte von Frauen. 1935 flog sie als erster Mensch allein von Hawaii nach Kalifornien. Im Alter von 40 Jahren startete sie mit einer Lockheed Electra Model 10E zu einer Erdumrundung entlang des Äquators. Von Kalifornien über Florida nach Brasilien, Westafrika, Indien, Birma und Neuguinea war sie mit ihrem Navigator Fred Noonan unterwegs zur Howlandinsel, einem kleinen Atoll zwischen Australien und Hawaii. Ein Schiff wartete dort auf sie, das ihr als Peilhilfe dienen sollte. Während der Schiffsfunker ihre Anrufe empfing, erhielt Amelia die Funksprüche des Schiffes nicht, folglich war auch eine Funkpeilung nicht möglich. Im Pazifik ohne Peilung ein kleines Atoll zu treffen, war damals so gut wie unmöglich. Amelia Earhart suchte offenbar noch nach irgendeinem Korallenriff bevor ihr der Treibstoff ausging und sie irgendwo auf dem Wasser aufsetzte. Man schrieb den 2. Juli 1937.

Charles Lindbergh

Am 20. Mai 1927 startete Charles Lindbergh in Long Island bei New York mit zwei Tonnen Sprit und fünf Sandwiches an Bord. „Für die 5.800 km nach Paris, brauche ich nicht mehr. Und wenn ich nicht ankomme, brauche ich auch nicht mehr“, begründete er damals gegenüber einem Reporter die leichtgewichtige Verpflegung. Die Route führte entlang dem Großkreis über Neufundland, Irland, England, den Kanal nach Paris. Lindbergh benötigte etwas über 33 Stunden. Ganz Paris war auf den Beinen, um seine Ankunft zu feiern. In einem Triumphzug zog man ihn durch die französische Hauptstadt und im Anschluss daran gleich noch durch halb Europa. Nach seiner Ankunft in New York erhielt er eine Konfettiparade, seine Geschichte füllte alle Zeitungen, und er bezahlte den Preis des Ruhms: Sein Privatleben war dahin. 1930 wurde sein erstes Kind geboren. 20 Monate später, seine Frau war gerade mit dem zweiten Kind schwanger, wurde der kleine Charles August entführt. Nach sechs Wochen fand man den Jungen tot auf, obwohl 50.000 Dollar Lösegeld geflossen waren. Bruno Richard Hauptmann wurde als Verdächtiger festgenommen, überführt und auch sofort hingerichtet. Als der Hype um Lindbergh immer größer wurde, und auch seine Familie weiter bedroht wurde, zog er nach England um.

Lindberghs Ankunft auf dem Pariser Flugfeld Le Bourget

146 Hanna Reitsch

Hanna Reitsch wurde 1912 in Schlesien geboren. Am Flugplatz Grunau lernte sie als Kind Wernher von Braun kennen. Nach dem Abitur studierte sie Medizin. Ihre Fliegerkarriere begann auf Segelflugzeugen, auf denen sie Dutzende von Rekorden einflog. Sie avancierte zur Testpilotin, flog in der Berliner Deutschlandhalle den ersten Hubschrauber der Welt, bewährte sich als todesmutige Pilotin in Versuchsobjekten. Sie erhielt als einzige Frau in der deutschen Geschichte die höchsten Auszeichnungen das EK II und das EK I. Hanna Reitsch wird rückblickend nicht als klassische Nationalsozialistin beurteilt, ihr wird eher eine politische Naivität bescheinigt. Furchtlos stellte sie Himmler über Gerüchte von Vernichtungslagern zur Rede, dann ließ sie sich von ihm überzeugen, das sei alles Lüge. Sie war trotz ihres Mutes und ihrer Verdienste Zielscheibe klassischer Vorurteile. Nach dem Krieg verbrachte sie 18 Monate in Umerziehungslagern. 1974 gab sie ihre deutsche Staatsbürgerschaft auf und siedelte nach Österreich um. Mittlerweile war sie Ehrenmitglied in der amerikanischen Society of Test Pilots. Hanna Reitsch war eine mutige Frau, die zwischen technisch-wissenschaftlicher Kompetenz, politischer Schizophrenie und persönlichem Anstand ihren Weg suchte. 1961 wurde sie von J. F. Kennedy alsPilotin des Jahres ausgezeichnet.

Hanna Reitsch fliegt mit der Fw 61 V2.

147

Beate Uhse

Beate Uhse wurde 1919 als Beate Köstlin geboren. 1937 lernte sie auf Heinkel, Klemm und Focke-Wulf fliegen, an ihrem 18. Geburtstag erhielt sie den Flugschein. Sie heuerte beim Bücker Flugzeugbau an, und arbeitete sich durch alle Abteilungen der Firma, schulte auf Gotha Go 145 und Arado Ar 66. Sie erwarb den Kunstflugschein und lernte so ihren späteren Ehemann und Fluglehrer Hans-Jürgen Uhse kennen. In Strausberg überführte sie neue oder reparierte Maschinen für die Luftwaffe. In der Messerschmitt Bf 109, Bf 110 und Focke-Wulf Fw 190 wurde sie beschossen und in Luftkämpfe verwickelt, die sie alle unbeschadet überstand. Ihr Mann kam bei einem Luftzusammenstoß ums Leben. 1944 erhielt sie als Hauptmann die Einweisung auf den Strahljäger Me 262. Am Tag des Einmarschs der Roten Armee fand sie eine flugbereite Maschine und flüchtete mit ihrem Sohn und ihrem Kindermädchen nach Leck und schließlich nach Flensburg. Da die Alliierten den Deutschen jegliche fliegerische Tätigkeit verboten, widmete sie sich einer neuen Berufung: Sie eröffnete den ersten Sexshop der Welt. Der Rest ist bekannt. 1989 erhielt sie das Bundesverdienstkreuz. 2001 starb sie in St. Gallen.

Arado Ar 66

148

Chuck Yeager

Den Flughafen Hahn im Hunsrück verbindet man gemeinhin mit Billigfliegern. Dass er nach dem Krieg eine wichtige amerikanische Air Base war, wissen nicht mehr viele Zeitgenossen. Schon gar nicht, dass einst ein Chuck Yeager dort Kommodore war. Er war der amerikanische Testpilot schlechthin. 1947 durchbrach er mit der Bell X-1 die Schallmauer. Auch nach seinem Ausscheiden aus der Air Force als Brigadegeneral arbeitete er als Testpilot und flog so ziemlich alles, was Flügel und mindestens ein Triebwerk hatte. 17.000 Flugstunden auf 208 Flugzeugtypen stehen in seinem Buch. General Yeager ist einer der höchst dekorierten Piloten in der U.S. Air Force. Der Flughafen von Charleston, West Virginia ist nach ihm benannt.

Chuck Yeager im Alter von 89 Jahren

149

Saint-Exupéry

Antoine de Saint-Exupéry war schon ein erfolgreicher Autor, als er selbst noch im Krieg gegen Deutschland flog. Sein Meisterwerk „Der kleine Prinz" gehört zur Weltliteratur. Mit über 140 Millionen Exemplaren in fast allen Sprachen der Erde ist es eines der erfolgreichsten Bücher aller Zeiten. Er schrieb acht Bücher, sah sich selbst jedoch als Pilot, der nur nebenher ein wenig schreibt. Er baute in Argentinien einen Luftpost- und Luftfrachtdienst auf, flog in Afrika, machte Testflüge mit Wasserflugzeugen, flog nach Vietnam, Guatemala, Feuerland, überlebte zahlreiche Abstürze und Bruchlandungen. In Afrika musste er sich nach einer Notlandung in Ägypten fünf Tage zu Fuß durch die Wüste schlagen, bis er auf Menschen traf. Er hatte einen eisernen Willen, war zäh und gab nie auf. Immer wieder verarbeitete er seine Erlebnisse in seinen Büchern. Für die Rettung von insgesamt 14 Piloten in der afrikanischen Wüste bekam er 1930 den höchsten Orden Frankreichs. Im Zweiten Weltkrieg flog er in einem Aufklärungsgeschwader, bis er am 31. Juli 1944 von einem deutschen Jagdflieger vor Korsika abgeschossen wurde. Ein Fischer fand später an der Absturzstelle ein Armkettchen mit seinem Namen. Der deutsche Jagdflieger arbeitete übrigens später als Sportreporter beim ZDF. Sein Name ist Horst Rippert. In einer ZDF-Sendung arbeitete er einst das Trauma auf. Er ist übrigens der Bruder von Hans Rippert, besser bekannt als Ivan Rebroff aus dem Musical „Anatevka".

Alles was vom großen Autor übrigblieb, ein Armkettchen.

Die Forscherfamilie 150

Die „Solar Impulse" von Bertrand Piccard

Die Geschichte der Schweizer Forscher-Dynastie ist eine Reise von Abenteuer zu Abenteuer. Die Brüder Jules und Paul Piccard wurden in den 1840er-Jahren in Lausanne geboren. Jules wurde Chemieprofessor, Paul Professor für Mechanik. Letzterer gründete eine Firma, in der er eine von ihm entwickelte Turbine baute. Jules' Sohn Auguste (1884–1962) und sein Zwillingsbruder Jean-Felix verschrieben sich der Experimentalphysik, insbesondere der Stratosphärenforschung. Auguste wollte mit Erkenntnissen über die kosmische Höhenstrahlung Beweise für die Theorien seines Freundes Albert Einstein sammeln. Vom Flugplatz Dübendorf bei Zürich stiegen er und ein belgischer Kollege 1932 mit einem Ballon auf die Weltrekordhöhe von 16.940 Metern. Seine Frau Jeanette Piccard hielt 50 Jahre lang den Höhenweltrekord mit 17.700 Metern. Ihr Sohn Donald Piccard belebte 1960 die Ballonfliegerei erneut. 1958 wurde Bertrand Piccard in Lausanne geboren. Er unternahm mehrere Versuche, mit dem Ballon nonstop die Erde zu umrunden. Zweimal scheiterte er kurz vor dem Ziel. Aber er wäre nicht ein Piccard, würde er sich entmutigen lassen. Beim dritten Versuch gelang es ihm, in 20 Tagen die Erde zu umrunden. Er legte dabei 45.755 Kilometer zurück. Das gleiche wiederholte er mit dem solargetriebenen Motorsegler „Solar Impulse", allerdings nicht nonstop, sondern in 13 Etappen. Wenn eines Tages Flugzeuge mit Solarantrieb in Serie gehen sollten, dann hat Bertrand Piccard seinen Verdienst daran.

151

Reinhard Mey

Der Liedermacher Reinhard Mey erwarb 1973 den Pilotenschein. 1974 erschien sein Song „Über den Wolken“, in dem er seine Sehnsucht nach Freiheit ausdrückte. Er erwarb die Instrumentenflugberechtigung, Hubschrauberlizenz, darf Doppeldecker und Jets fliegen. Sogar die Kunstflugberechtigung hat er. Er weiß also, wie sich Fliegen anfühlt und schrieb zahlreiche Lieder über die Fliegerei, unter anderem Hommagen an Ikarus oder den Rettungshubschrauber Christoph 4 und seine Besatzung („Golf November“). Dem Flugpionier Otto Lilienthal widmete er „Lilienthals Traum“, das er mit den Berliner Philharmonikern aufnahm. Als am 19. Juni 2010 die als Rosinenbomber bekannte DC-3 bei der Notlandung in Schönefeld nach einem Triebwerksbrand zu Bruch ging, spendete Mey viel Geld für den Ankauf einer baugleichen Maschine aus England, um die schwer beschädigte Maschine zu restaurieren. Der 1942 in Berlin geborene Reinhard Mey erinnerte sich noch zu gut an die Rolle dieser Flugzeuge im eingeschlossenen Berlin.

152

Take me home …

John Denver, mit bürgerlichem Namen Henry John Deutschendorfer, stürmte die Hitparaden mit „Leaving on a Jet Plane“ oder „Take me home, Country Roads“. Er wurde in New Mexico geboren. Seine Großmutter stammte aus Deutschland, sein Vater war Offizier der USAF. Von ihm hatte er die Liebe zur Fliegerei geerbt. Wegen der vielen Versetzungen wechselte er von einem Jugendchor zum nächsten und entwickelte eine Vorliebe zu melancholischen Liedern. Er unterstützte die zivilen Programme der NASA und bewarb sich als Astronaut. Er bestand alle physischen Tests für den ersten Flug eines zivilen Mitglieds der Gesellschaft. Stattdessen ließ man jedoch die Grundschullehrerin Christa McAuliffe an Bord der Raumfähre Challenger, die jedoch beim Start explodierte. Er hörte nie auf, sich für eine bessere Welt zu engagieren, aber er verfiel auch dem Alkohol. Führerschein und Flugschein waren längst eingezogen. Trotzdem ging der leidenschaftliche Pilot mit 2.700 Flugstunden hin und wieder Fliegen. Am 12 Oktober 1997 stürzte er – stocknüchtern – ab.

Kriegsdrachen

Testflug eines Cody Fledermausdrachen um 1900 beim Royal Flying Corps in Farnborough

Die ältesten Spuren der Luftfahrt findet man in China, 400 bis 200 v. Chr. Ein General aus der Han-Dynastie nutzte geräuschemittierende Drachen im Schutz der Nacht als einschüchternde Taktik und schlug damit die geistergläubigen Feinde in die Flucht. Auch zur Aufklärung nutzte man die Fesseldrachen. Man schnallte einen Beobachter an das Bambusgerüst und zog den War-Kite gegen den Wind. Von der erhöhten Aussicht gewann man einen Überblick über die Anzahl feindlicher Angreifer, ihre Position, ihre Ausrüstung und ihre Befestigungen. Der Tischlermeister Lu Ban führte die Entwicklung fort und baute einen hölzernen Aufklärungs-Drachen, der über der belagerten Stadt Songcheng zum Einsatz kam. Beide Meister stammten übrigens aus Qufu, dem Geburtsort von Konfuzius. Die Koreaner ließen beleuchtete Laternen steigen, um die Kampfmoral der eigenen Truppen zu stärken. Schließlich leuchtete ihnen ihr eigener Stern. Man übermittelte auch Befehle an dislozierte Truppenteile über Signaldrachen, die auch in bewaldetem Gelände gut auszumachen waren. Ein chinesischer Heeresführer nutzte Drachen, um Flugblätter über dem Gefangenenlager gegnerischer Truppen abzuwerfen, und so die eigenen Männer zur Revolte aufzufordern. Der Amerikaner Samuel Cody entwickelte 1903 einen Kastendrachen für die britische Armee, der als Man-Kite patentiert wurde.

Thule Air Base im Nordwesten Grönlands

154

Thule

Thule Air Base, 1200 km nördlich des Polarkreises, ist der nördlichste Stützpunkt der USAF. Die Air Base wurde 1942 errichtet, nachdem Deutschland Dänemark besetzt hatte. Der dänische Botschafter in Washington bat die USA um Beistand und bot an, an der grönländischen Küste gemeinsame militärische Basen zu betreiben. Außer Narsarsuaq, Ikateq, Gronnedal, Scoresbysund und Søndre Strømfjord hatte er auch noch Uummannaq im Angebot. Dessen Einwohner wurden umgesiedelt und später von der dänischen Regierung entschädigt. Die Amerikaner bauten dann Thule ins Eis, mit weitläufigen unterirdischen Waffenlagern, die sie ins Inlandeis frästen. Thule wurde während des Koreakrieges wegen seiner räumlichen Nähe zur Sowjetunion über den Nordpol zu einem wichtigen Stützpunkt, Während des Kalten Krieges gehörte die Air Base zu einer der wichtigsten Basen der amerikanischen Vergeltungsstrategie. 300.000 Tonnen Material wurden mit 120 Schiffsladungen herbeigebracht und verbaut. Der anfangs geheim gehaltene Ausbau bekam bald Ausmaße, die sich mit dem Bau des Panamakanals vergleichen ließen. 12.000 Mann schufteten über und unter dem Eis. Während des Kalten Krieges waren dort bis zu 10.000 Mann stationiert. Mittlerweile leben dort nur noch 600 Amerikaner.

Tempelhof

Der Hauptstadtflughafen Tempelhof wurde 1923 in der Mitte von Berlin eröffnet. Weltweit einzigartig war der 380 Meter lange, überdachte Flugsteig. Maschinen bis zu 8,50 m Rumpfhöhe konnten unter das freitragende Dach rollen, das 40 Meter weit auslädt. Die Überdachung der Hallen und des Vorfeldes sollte gleichzeitig als Zuschauertribüne für Flugtage dienen. Zu diesem Zweck wurden 15 sechsstöckige Treppenhaustürme hinzugefügt. Es gab Flugzeughallen, einen unterirdischen Frachthof, einen Posthof, ein großes Postgebäude, Bürogebäude, einen zweigleisigen Bahnanschluss. Vorgesehen war auch eine unterirdische Fabrik, wo Flugzeugteile per Bahn geliefert und zusammengebaut werden und oben starten konnten. Postmaschinen wurden auch bei Regen trocken unter dem Dach entladen, die Post im Postamt sortiert und noch am selben Tag zugestellt. Schon damals waren Schienen- und Flugverkehr miteinander verbunden. Der Flughafen war Teil des monumentalen Städtebaukonzepts aus der nationalsozialistischen Zeit. Berlin-Tempelhof war 80 Jahre in Betrieb und einst einer der wichtigsten Flughäfen der Welt. Bürgerinitiativen, ein Bürgermeister (Klaus Wowereit) und ein Volksentscheid erzwangen 2010 für Tempelhof und Tegel das Aus im Tausch gegen den projektierten Großflughafen Berlin-Brandenburg, der seit einem Jahrzehnt einfach nicht fertigwerden will. Im September 2017 entschieden sich 56 Prozent der Berliner für die Offenhaltung des Flughafens Tegel, selbst wenn der BER eines Tages fertig werden sollte.

Der überdachte Flugsteig in Tempelhof

156 Dorf mit 20.000 Flugbewegungen

Piste im Hochtal von Samedan

Die 3000 Einwohner des Schweizer Dorfes Samedan dürfen sich über den höchstgelegenen Flughafen Europas freuen. Da fünf Kilometer weiter der Touristenort St. Moritz liegt, kommt der Flughafen mit der 1800 m Piste auf jährlich 34.000 Passagiere und durchschnittlich 20.000 Flugbewegungen. Der Anflug ist anspruchsvoll, da die Piste in einem engen Bergtal liegt. Seit dem letzten Flugunfall besteht die Schweizer Luftfahrtbehörde auf einem Erstanflug mit einem Fluglehrer. Samedan ist außerdem Hochlandbasis der Schweizer Rettungsflugwacht. Samedan reiht sich somit ein in das Dutzend der schwer anzufliegenden Flughäfen, die eine Sonderausbildung verlangen.

157 Militärflugplätze im Kalten Krieg

Zur Zeit des Kalten Kriegs waren Ost- und Westdeutschland der Flugzeugträger Europas. 257 Militärflugplätze in Westdeutschland und 210 in Ostdeutschland bildeten die Basis für einen Luftkrieg, der auf beiden Seiten viel Schaden hätte anrichten können. Dazu zählten Hubschraubergeschwader, Jetgeschwader, Transportgeschwader, alliierte Streitkräfte aus Ost und West. Grob geschätzt waren darauf zeitweise 20.000 Flugzeuge stationiert. In den vergangenen 20 Jahren gaben die deutschen Streitkräfte ca. 20, die alliierten Streitkräfte noch einmal 32 Flugplätze auf. Auch die Russen zogen von ihren etwa drei Dutzend Flugplätzen ab. Gleichzeitig wurden Waffensysteme ausgemustert, die Luftflotten reduziert. Zwischen Stetten am Kalten Markt und Kyritz an der Knatter wurden Dutzende von Übungsgebieten geschlossen. Die meisten Flugplätze wurden zu zivilen Verkehrslandeplätzen umgewidmet oder von Flugsportvereinen übernommen.

158

Landen am Strand

Seit 1967 fliegt die schottische Loganair nach Kirkwall auf den Orkneys, seit 1968 zu den Inneren Hebriden und seit 1969 zu den Shetland-Inseln. 1973 kaufte British European Airways (BEA) das Recht an den Krankentransporten. Im Gegenzug durfte Loganair sieben BEA-Flughäfen zu den 23 eigenen Destinationen hinzufügen, deren Namen sich wie ein Reiseführer über den „Whiskey Trail" lesen. Ein neuer Geschäftszweig tat sich auf: Anschlussflüge für die Helikopterrouten zu den Bohrinseln in der Nordsee. Zu diesem Zweck wurden zuerst eine, später zwei Trislander in Aberdeen stationiert. 1992 übernahm Loganair im Auftrag der schottischen Luftambulanz Kranken- und Rettungsflüge. Zum Streckennetz von Loganair gehört auch Barra Beach. Aus diesem Grund muss täglich eine der Twin Otters in den Hangar, wo sie sorgfältig von Meerwasser gereinigt wird, denn der Barra Beach Airport liegt genau dort, wo es der Name vermuten lässt: am Strand. Zweimal am Tag verschwindet er unter der Flut. Es ist weltweit der einzige Flughafen mit regulärem Linienverkehr, an dem Landflugzeuge im seichten Wasser aufsetzen und auf den Strand rollen. So mancher Tourist und Flugzeugfan kommt einzig und allein deshalb auf die Orkneys. Da gerät der Whiskey Trail schon mal zur Nebensache. Aber wer sagt, dass man nicht zwei Fliegen mit der gleichen Klappe schlagen kann?

Luftfahrtenthusiasten fliegen lieber nach Barre Beach als nach Miami Beach.

159 Die ewigen Jagdgründe von Denver

Als der neue Denver International Airport weit vor den Toren der Stadt gebaut wurde, gab es Bedenken über die Ortswahl, weil das gewählte Areal seit Jahrhunderten der mystische Boden sei, in dem die Indianer die Ewigen Jagdgründe vermuteten. Stämme der Cheyenne bestatteten hier früher ihre Toten. Aus Rücksicht auf die Gefühle der Indianer und vielleicht auch aus Sorge, dass „böse Geister“ eines Tages dem Flughafen doch noch einen bösen Streich spielen könnten, besänftigt man die Geister der Verstorbenen mit indianischer Totenmusik. Diese wird seit der Eröffnung auf der Fußgängerbrücke zwischen Terminal A und Terminal B 24 Stunden am Tag endlos gespielt. Für das Dach des Flughafens wählte man eine Konstruktion, die den Tipis der Indianer nachempfunden sind. Außerdem bat man Medizinmänner der Cheyenne aus Montana am Osterwochenende 1995 eine nächtliche Geisterbeschwörungszeremonie rund um den Flughafen abzuhalten. Obwohl die Stadtväter nicht daran glaubten, segneten sie die Reisekosten von 700 Dollar als gut investierte Ausgabe ab. Man kann ja nie wissen. Aber in Denver ist man sowieso luftfahrtfreundlich. Als die Lufthansa bekanntgab, man würde ja gerne mit dem A340 nach Denver fliegen, bräuchte aber dafür wegen der Höhe eine längere Piste, verlängerte man die 16R/34L von 12.000 Fuß auf 16.000 Fuß.

Die Tipis von Denver

Legende Kai Tak (Honkong) 160

Der Klassiker unter den stadtnahen Flughäfen: Hongkong Kai Tak

Eine Gebirgskette verhinderte einen ILS-geführten geradlinigen Anflug aus Nordwesten. Hauptbetriebsrichtung war aufgrund der meist vorherrschenden Windrichtung RWY 13. Die Anfluggrundlinie des Landekurssenders führte nicht wie üblich in einer geraden Linie auf die Mittelachse der Piste, sondern wies auf einen Hügel am Stadtrand, dem Checkerboard Hill, benannt nach der rot-weißen Schachbrettmarkierung, dem „Checkerboard“. Die Verlängerung der Mittelachse der Landebahn hingegen schnitt kurz vor dem Hügel den durch den Landekurssender vorgegebenen Anflugkurs im Winkel von 48°. Auch der Gleitpfadsender bezog sich nicht unmittelbar auf die Landebahnschwelle, sondern den Checkerboard Hill. Ein Abfliegen des ILS-Anfluges hätte in Kai Tak also nicht zum Aufsetzpunkt der Piste geführt, sondern gegen den Felsen von Checkerboard Hill. Der Pilot musste zuerst dem Gleitpfad und Landekurs in Richtung Checkerboard folgen. Beim Erreichen des Middle marker war unverzüglich eine enge Rechtskurve zu fliegen, ab hier folgte man einer bogenförmig gekrümmten Anflugblitzbefeuerung, um zur Pistenachse zu gelangen. Anflug und Richtungsänderung kurz vor der Landung erfolgten in niedriger Höhe über dicht bebautem Gebiet. Trotz des schwierigen Anflugs gab es in Kai Tak kaum Unfälle. Auch als 1993 eine Boeing 747 der China Airlines über das Pistenende ins Meer rutschte, wurde keiner der 296 Insassen verletzt. Trotzdem wurde der Flughafen 1998 geschlossen.

161 Die Ratten von Kuala Lumpur

Am 08.01.1999 startete eine Boeing 777 der Malaysia Airlines von Kuala Lumpur nach Perth. Eine halbe Stunde darauf wurde in der ersten Klasse (Ticketpreis 2.400 Euro) eine lebende Ratte gesichtet. Der Käpten drehte sofort um und landete wieder in Sepang. Crew, Passagiere und Gepäck wurden in ein anderes Flugzeug verladen und starteten dann später wieder zu ihrem Flug nach Australien. Nun wurde publik, was man zuvor geheim zu halten versuchte: Ratten bevölkerten zu hunderten den neuen Flughafen von Sepang sechs Monate nach seiner Eröffnung! Der Imageschaden betraf das ganze Land. Aber nicht nur Touristen mieden den Flughafen und damit die Stadt und das Land, auch Einheimische schimpften auf den Airport und weigerten sich, ihn anzunehmen. Rattenfallen, Giftköder und Leimfallen wurden im Terminal, in Restaurants und Parkhäusern ausgelegt. Eine Spezialfirma tötete im ersten Monat 1248 Nager. Früher war auf diesem Gelände eine Palmölplantage, die Ratten hatten es als Habitat lange zuvor in Beschlag genommen. Während des Flughafenbaus hat man die Schlangen ausgerottet, natürliche Fressfeinde der Ratten. Es dauerte fast ein Jahr, bis der Airport das Problem im Griff hatte. Dabei ist Kuala Lumpur ein vorbildlicher Flughafen, modern, kundenfreundlich, zukunftsweisend. Ich zumindest habe dort noch keine Ratte gesehen.

Selbstbewusstes Wahrzeichen Kuala Lumpurs, der Kontrollturm

Sturen Bauern zum Opfer gefallen, Tokyo Narita

Tokyo Narita

162

Die unglückliche Planung dieses Flughafens geht in die 1960-er-Jahre zurück. Haneda platzt aus allen Nähten, in der Bucht von Tokyo ist kein Platz, und Landaufschüttung ist zu kostspielig. Der geeignete Ort für einen neuen internationalen Flughafen schien Narita, etwa 60 km von Tokyo entfernt. Die Bauphase klingt wie Bürgerkrieg. Die mit der Enteignung nicht einverstandenen Bauern protestierten, der Streit eskalierte mit fünf Toten und 3800 Verletzten, und Narita konnte 1978 lediglich mit einer Piste (statt drei) eröffnet werden. Die zweite Piste wurde erst 2002 „fertiggestellt“ bzw. vor dem eingezäunten Grundstück des sich hartnäckig weigernden Geflügelzüchters Shoji Shimamura nach 2100 m Länge gestoppt. Zu kurz für vollgetankte Langstreckenmaschinen. Der Flughafen Haneda musste doch erweitert werden und Narita wurde zu einem teuren Airport-Desaster. Noch heute wundern sich Fluggäste über die penibLen Kontrollen schon bevor man das Terminal erreicht und die noch immer stattfindenden Demonstrationen. 1999 erhielten Shimamura und seine Mitstreiter eine schriftliche Entschuldigung des Transportministers. Mittlerweile plant die Regierung einen dritten Großflughafen.

163 Madeira: der Anspruchsvolle

Flughafen auf Stelzen

Der Flughafen von Funchal, der 2017 in Aeroporto di Cristiano Ronaldo umbenannt wurde, gehört zu einem der spektakulärsten Flughafenbauwerke der Welt. Das Besondere an diesem Airport, der einst nur eine 1600 Meter lange Piste hatte, die Landerichtung wurde um zehn Grad geschwenkt und auf 2777 Meter verlängert. Dazu goss man 180 Betonpfeiler von jeweils drei Metern Durchmesser und 120 Metern Länge. Ein Großteil von ihnen ist tief im Meer gegründet. Der Anflug erforderte besondere Qualifikation der Cockpit Crew, da der Flughafen am Hang einer Steilküste liegt, die für ihre gefährlichen Fallwinde berüchtigt war. Außerdem hatte die Piste ein Gefälle, was besonders bei nassem Asphalt zu Aquaplaning Unfällen führen konnte. Auch der Anflug selbst ist anspruchsvoll, landet man doch nach einer steilen Kurve von der Meeresseite zum Berg, während man von 400 m Anflughöhe das Flugzeug auf fast 100 m hinabdrückt.

164 Courchevel, olympisch und steil

Knick in der Piste

Der Altiport Courchevel liegt auf 2000 m Höhe in den französischen Alpen und gilt als einer der gefährlichsten Flughäfen der Welt. Die Piste ist 500 m lang, hat eine Steigung von 18,66% und erlaubt ähnlich wie Sparrevohn kein Durchstartverfahren. Außerdem knickt die Piste kurz vor dem Ende ab. Gelandet wird bergauf, gestartet bergab. Auch hierzu gibt es eine Parallele: Tenzing-Hillary-Airport im nepalesischen Lukla. Courchevel wurde in Vorbereitung der olympischen Winterspiele 1992 in Albertville angelegt. Das Skispringen fand hier statt. In diesem Zusammenhang richtete die österreichische Tyrolean Airways einen Liniendienst zwischen Paris, Innsbruck und dem Altiport ein, der 15 Jahre aufrechterhalten wurde. Geflogen wurde zuerst mit der DHC-7, später mit Fokker 50/100. Manche Piloten lieben den Nervenkitzel und die Herausforderung. Die werden von solchen Flughäfen geradezu angezogen.

165 Lukla: der mit der Felskante

Die Flughäfen in Nepal sind meist schwierig anzufliegen und haben kurze Pisten. Lukla zum Beispiel gilt als einer der anspruchsvollsten Airports der Welt. Die 527 m lange Piste hat eine Steigung von fast 20%. Sie liegt auf 2860 m, beginnt an einem Felsvorsprung und endet an einer Felswand. Und trotzdem ist dieser Flughafen für die Wirtschaft Nepals so lebenswichtig, dass die Regierung ihn nach Sir Edmund Hillary und dem Sherpa Tenzing Norgay benannt hat. Etwa 100.000 Passagiere pro Jahr landen auf Tenzing-Hillary. Von Lukla zum Everest sind es 45 Minuten Flugzeit, oder fünf Tage anstrengender Fußmarsch. Da fällt es manchem Nepal-Fan leicht, sich zu entscheiden. Der Flughafen ist nur vom Tal her anzufliegen, gegen den Felsen. Nicht nur die Höhe und die Kürze der Bahn sind ein Faktor, sondern das Wetter, die Wolken und der Nebel. Beim letzten Crash gab es 18 Tote.

Hoch und gefährlich: Lukla in Nepal

166 Kiribati: der Krabbenflughafen

Kiribati ist eine Inselgruppe mitten im Pazifik, etwa zwei Grad nördlicher Breite, 200 km nördlich des Äquators. Sie werden auch die Weihnachtsinseln genannt. Kiribati ist berühmt-berüchtigt für seinen Krabbenreichtum. Schon die Piste am Flughafen muss nach jeder Landung von zerquetschten Krabbenleichen freigekehrt werden. Vom Cassidy International Airport gibt es eine Straße zum Hauptport Kiritimati. Im Gasthaus des Ortes wird man sich hüten, barfuss aus dem Bett zu steigen, denn auch dort bevölkern rote Krabben mit scharfen Zangen den Boden. Andernorts sind Krabben eine Delikatesse, hier sind sie eine Plage. Air Kiribati weiß ein Lied davon zu singen. 50 Millionen dieser 10 cm großen Krustentiere sind auf Wanderschaft zwischen Dschungel und Meer, um dort Salzwasser zu tanken und sich zu vermehren. Sie bevölkern Häuser, Straßen, Gärten, Felder und die Flughafenpiste.

Massenwanderung während der Regensaison

167 Der Hügel muss weg

Die Landung zu lange, zu schnell plus Rückenwind. Dafür war die Bahn zu kurz und zu nass.

Auch der Aeropuerto Internacional Tincontín in Honduras' Hauptstadt Tegucigalpa gehört zu den zehn anspruchsvollsten Flughäfen der Welt. Entschärft wurde er ein wenig durch Abtragung eines Hügels im Endanflug, sodass man nun etwas flacher anfliegen kann (3,5°). Außerdem wurde die Piste verlängert. Aber er liegt auf 1000 m Höhe und mit 2100 m Pistenlänge ist die Größe der landenden Flugzeuge limitiert. Mehr als die Boeing 757 oder der Airbus A320 geht nicht. 2008 überschoss ein A320 der TACA das Pistenende, rammte einige Autos und kam vor einem Haus zum liegen. Es gab Überlegungen, den Verkehrsflughafen auf eine Airbase 65 km vor der Hauptstadt zu verlagern. Aber die Realisierung ging in politischen Unruhen verloren. Eine weitere Besonderheit des Flughafens in Tegucigalpa ist ein geschlossenes Areal, in dem beschlagnahmte Flugzeuge von Drogenschmugglern geparkt werden. Dieser Flugzeugpark wird zwar bewacht, aber trotzdem passiert es immer wieder, dass eine Maschine des nachts entwendet wird. Und da die Regierung dem Militär den Etat für die Wartung ihres Primärradars gestrichen hat, können sie unentdeckt entkommen. Ein Bösewicht wer Schlechtes dabei denkt.

Incheon – der „Beste"

Seouls Flughafen Gimpo platzte aus allen Nähten. Also wurde 1992 der Plan für den Bau des Großflughafens Incheon genehmigt, der 46 km westlich der Zehn-Millionen-Stadt Seoul auf eine Insel gebaut werden sollte. Die Einweihung erfolgte bereits neun Jahre später. Seitdem ist Incheon neben den Flughäfen von Singapur und Hongkong eines der großen Drehkreuze in Südostasien. Die zwischen den Pisten gelegene Terminalfläche lässt sich nach Atlanta-Vorbild beliebig mit weiteren Satelliten ausbauen. Eine unterirdische Schnellbahn verbindet die einzelnen Terminals miteinander. Der Flughafen ist auf diese Weise zukunftssicher. Die Pistenköpfe liegen nah am Wasser, was den Airport immun gegen Fluglärmproteste macht. Jahr für Jahr rückte er in der Passagiergunst immer weiter vor, bis er 2011 zum besten Airport der Welt gekürt wurde. Dabei hat dieser Flughafen mit seinen weiteren Ausbaustufen noch so viel Potential mit kühnen Erweiterungsprojekten, dass man sich daran berauschen könnte. Man traut sich gar nicht, einen Vergleich mit dem BER anzustellen, der ja auch ein Beispiel unserer Leistungsfähigkeit hätte sein können. Allerdings ist der Trend auch hier zu beobachten: Man baut einen Flughafen weit vor den Toren der Stadt, um den Lärm fernzuhalten. Und schon siedeln dort die Menschen, um sich die langen Wege zu sparen.

Incheon ist einer der beiden Flughäfen von Seoul. Er ist fast beliebig erweiterbar.

169 Kontrolltürme

Der Tower am Flughafen von Kuala Lumpur wurde mit 133 m als höchster in der Welt gefeiert. Zum Vergleich: Das Drehrestaurant des Hamburger Fernsehturmes befindet sich auf 132 m Höhe. Zehn Jahre später erhielt der Airport zwei Kilometer weiter ein Low Cost Terminal, eine dritte Piste und einen zweiten Tower mit 141 m. 827 Millionen Euro ließ sich die malaysische Luftfahrtbehörde diesen Tower kosten. Der Tower am Flughafen Frankfurt ist mit 72 m halb so hoch und zum Komplettpreis von 34 Millionen Euro mit dem letzten Schrei der Technik ausgestattet. Controller sollen ja möglichst hoch oben sitzen, um einen guten Überblick bis in die letzten Winkel des Airports zu haben. In Deutschland macht es aber wenig Sinn, wenn die Controller dann die Hälfte des Jahres mit ihrer Glaskanzel in niedrig hängenden Wolken stecken, während sich tief unter ihnen der landende, startende und rollende Verkehr in seiner kritischsten Phase abspielt. Außerdem sind anfliegende Flugzeuge von oben schwerer gegen den Horizont zu erkennen, als von unten gegen den Himmel. Die Höhe eines Kontrollturmes wird daher stets ein Kompromiss zwischen Übersicht über den Airport, Zweckmäßigkeit und Prestige sein.

Kuala Lumpur bekam einen zweiten Kontrollturm für die dritte Piste.

Singapore Changi

Singapur Changi, der Erlebnisflughafen

Seit der Flughafen 1981 fertiggestellt wurde, hat er 533 Preise gewonnen. Nun ist das in der Luftfahrtwelt nichts ganz Ungewöhnliches, weil jede Zeitschrift, jede Reiseorganisation, jeder Verband seine eigenen Richtlinien hat und seine eigenen Trophäen vergibt. So sammelte Changi 2016 allein 26 Titel als „Bester Flughafen". Trotzdem liegt die Sache in Singapur etwas anders. Der Airport wurde von den drei Millionen Einwohnern regelrecht adoptiert. Familien machen dorthin ihren Sonntagsausflug. Konzerte, Freibäder, Einkaufsmalls, Kinderspielplätze, Restaurants und Ausstellungen gibt es dort zu sehen. Die Anbindung an den öffentlichen Nahverkehr ist vorbildlich. Umsteiger aus aller Welt haben in Singapur besonders gute Verknüpfungen nach Australien, Südostasien oder Fernost. Die Home-Airline wirbt mit Luxus und gutem Service. Vor dem nächtlichen Rückflug nach Hause verbringt man den letzten Tag gerne auf dem Flughafen, schon weil es dort so viel zu sehen gibt, wie Wasserfälle, den hängenden Indoorgarten, den Bambus- und den Palmengarten oder eine riesige Schmetterlingsvoliere. Und jährlich kommt eine Attraktion hinzu. Und wenn man Glück hat, läuft man in einem der Terminals geradewegs in ein kostenloses Konzert einer bekannten Band oder eines klassischen Orchesters.

171 Desert Boneyard

Tausende von Flugzeugen werden hier eingemottet oder abgewrackt.

Wohin mit Flugzeugen, die zwar noch fliegen, die aber derzeit einfach nicht mehr gebraucht werden? Die Frage stellt sich für zivile Maschinen, wenn eine Airline Überkapazitäten hat, deren Wartung trotzdem Geld kostet, wie auch für militärische, weil ganze Flugzeuggeschwader stillgelegt werden. In der Wüste von Arizona ist die Luft so trocken, dass die Flugzeuge nicht unnötiger Korrosion ausgesetzt werden. Derzeit befinden sich 4500 Flugzeuge auf diesem Friedhof. Der Name wird den Aktivitäten allerdings nicht gerecht, denn viele Maschinen sind ja nur eingemottet. Man unterteilt die Flugzeuge in vier Kategorien:

Typ 1000 bedeutet langfristige Einlagerung. Alle Flüssigkeiten werden entfernt, die Oberflächen werden versiegelt. Ansonsten bleiben diese Maschinen intakt.

Typ 2000 bedeutet mittelfristige Einlagerung. Hier wird jedes Teil registriert, verschiedene Komponenten werden ausgebaut und dem aktiven Flugzeugkreislauf zugeführt.

Typ 3000 bedeutet kurzfristige Lagerung. Das Flugzeug wird bald wieder benötigt und wartet auf einen neuen Besitzer. Es wird flugfähig gehalten.

Typ 4000 bedeutet, dass die USA dieses Flugzeug entweder ihren Alliierten verkaufen, an Museen verschenken oder verschrotten.

Flughafenfeuerwehr

Den Brandschutz-Standard eines Flughafens setzt die ICAO. Die Airports werden in Brandschutzkategorien eingeteilt. Die höchste von ihnen ist Kategorie 10. Sie erfordert für Löscheinsätze eine mobile Wassermenge von 32.200 Liter bei einer Auswurfrate von 11.200 Liter pro Minute. Davon muss das erste Fahrzeug 50 Prozent der Auswurfrate erbringen. Erforderliches Zusatzlöschmittel 450 kg. Es müssen mindestens drei Hauptlöschfahrzeuge zur Verfügung stehen. Die Reaktionszeit ist maximal drei Minuten.

Frankfurt hat als weitläufiger Interkontinentalflughafen drei Feuerwachen, in denen insgesamt 55 Einsatzfahrzeuge bereitstehen. Die größten von ihnen sind die vierachsigen Simbas mit 8x8 angetriebenen Rädern. Jeder von ihnen hat 1250 PS. Sie beschleunigen in 25 s von 0 auf 80, obwohl jeder von ihnen 11,5 Tonnen Wasser, 1,2 Tonnen Schaum und 2 Tonnen Löschpulver mitführt. Der Wasserwerfer verspritzt 7 Tonnen Wasser pro Minute über eine Entfernung von 75 Metern. Die Fahrzeuge sind in der Garage stets vorgewärmt, die Batterien hängen am Strom. Im Alarmfall drückt der Fahrer an der Fahrertür einen Panikknopf, dann öffnen sich alle Türen der Feuerwache, die Halogenscheinwerfer leuchten das Vorfeld aus, der Motor startet, die Kameras werden eingeschaltet. Gleichzeitig schaltet sich im Bereitschaftsraum die Kaffeemaschine und in der Küche der Herd aus.

In einer anderen Wache werden die Ambulanzen alarmiert, die sich allerdings zu einem Bereitstellungsraum begeben, damit sie den Löscheinsatz nicht behindern.

Wasser Marsch aus allen Rohren

173 BER und kein Ende

Der BER wird und wird nicht fertig.

BER – Spatenstich war 2006, geplante Eröffnung 2011. Auch wenn große Teile des Terminals noch nicht fertig waren, der Tower war in Betrieb, die Schalter und Check-ins mit EDV ausgerüstet, Windows XP installiert. Dann folgten die Absagen und Verschiebungen im Jahresrhythmus. Brandschutz, zu klein, zu eng, zu wenig. Nichts funktioniert, die Firmen bekommen ihr Geld nicht, Planer werden ausgewechselt. Mittlerweile wird 2020 angepeilt. Wer immer dort herumpfuschen durfte, hat unserem Ruf und unserer Wirtschaft auf Jahrzehnte hinaus geschadet. Das einzige was dort fliegt, sind die Vorstände. Seit 2006 stümpert Berlin an dem Projekt herum. In der gleichen Zeit haben chinesische Baufirmen zuhause über fünfzig komplett neue Airports fertiggestellt. Das lässt einen Schluss zu: Ganz offenbar braucht diesen Flughafen niemand. Dann wäre es eigentlich nur konsequent, wenn man diese Lachnummer abreißen würde, statt weitere Milliarden hineinzustecken.

174 Notlandeplätze

Auf deutschen Autobahnen gibt es 29 designierte Notlandeplätze.

Alle Länder haben sie, die NLPs, die Notlandeplätze für ihre Militärflugzeuge. Denn man musste ja stets damit rechnen, dass eine feindliche Armee die gegnerischen Flugplätze zerstört, damit die Luftwaffen erst gar nicht vom Boden kommen wie im israelischen 6-Tage-Krieg gegen Ägypten. Und die, die schon in der Luft waren, sollten keinen Flugplatz mehr vorfinden, auf dem sie landen und tanken konnten. Daher hat man Straßen, die an einem Flugplatz entlang führten möglichst gerade und breit genug gebaut, damit man auf ihnen landen konnte, und Autobahnteilstücke so ausgerüstet, dass sie innerhalb weniger Stunden durch Entfernen von Leitplanken zum Notflugplatz umgerüstet werden konnten. Auf einer Seite davon sind Abstell- und Betankungsplätze vorbereitet. Außerdem gibt es vermessene Positionen für Landehilfen zu Instrumentenverfahren und einen mobilen Kontrollturm.

In der Luft? Aber nein!

Kavernenflughafen in Albanien

In einem militärischen Konflikt ist es wichtig, die Lufthoheit über ein Gebiet zu erringen. Deshalb wird ein Angreifer zuerst versuchen, die gegnerische Luftwaffe zu zerstören. In Ländern mit Gebirgen nutzt man daher die Natur und treibt Schutzstollen in die Berge. Asphaltierte Rollwege verbinden die Kavernen mit den nahe gelegenen Pisten. Bekannt für solche Kavernenflugplätze sind die Schweiz, verschiedene Balkanstaaten, Norwegen, Schweden, China, Taiwan, Vietnam und Nordkorea. Hinter gewichtigen Stahltoren, die auch einem direkten Raketenbeschuss standhalten sollen, befindet sich ein unterirdisches Stollensystem mit Wartungshallen, Verzweigungen, Abstellplätzen, Radarräume, Bereitschaftsräumen, Kommandoständen, Lagezentren, Briefingräumen, Quartiere für Mannschaften und Piloten, Küchen, Frischluftanlagen, Kraftwerk, Werkstätten, Sanitäts- und Sanitäranlagen. Natürlich brachte man auch die Treibstoff-, Munitions- und Ersatzteillager in diesen Bunkern unter. Der Flugbetrieb könnte ohne Versorgung von außen über einen Zeitraum von zumindest einem Monat aufrechterhalten werden. Diese gehärteten Kavernenflughäfen sind beeindruckend und dürften unter anderem auch eine Art Rückversicherung für Kim den Dritten sein, weshalb er sich in seinem Land so sicher fühlt.

176 Schnell Schnee weg

Schneeräumung am Flughafen Kastrup in Kopenhagen

Wenn es am Frankfurter Flughafen schneit, bedeutet das 400.000 Quadratmeter Schnee pro Piste, ebenso lange Rollwege, Kreuzungen, Querverbindungen und Parkflächen. Es wird Tag und Nacht geräumt, auch während des Flugbetriebs. Die Schnee- und Eisräumbereitschaft am Frankfurter Flughafen umfasst 1400 Männer und Frauen. Ein Maschinenpark von 319 Spezialfahrzeugen steht bereit. Die wichtigen Airports müssen, so lange es irgendwie geht, für die interkontinentalen Flüge offengehalten werden, die ja bereits sechs, acht oder zehn Stunden zuvor gestartet sind. Einen Flughafen mit neun Millionen Quadratmetern Betriebsfläche zu räumen, ist eine logistische und technische Herausforderung. Nach Prioritätenliste fahren Schneefräsen, Kehrblasgeräte, Pflüge hintereinander gestaffelt jede der vier Kilometer langen und 60 Meter breiten Start- und Landebahnen ab. Bei mittlerem Schneefall dauert die mechanische Räumung einer Piste etwa 30 Minuten. Eine Flotte von Lastwagen und Radladern fahren Tonnen von geräumtem Schnee weg. Eine Staffel von acht Multi-Enteisern versprüht ein biologisch abbaubares Essig-Acetat, damit auch das letzte Eis schmilzt und neuer Schnee nicht so schnell eine Chance hat, liegen zu bleiben. Im weltweiten Verbund der Großflughäfen gibt es aber wichtige Schlüsselflughäfen wie New York, Denver, Montreal, Moskau oder Kopenhagen, die ganz anderen Schneemassen ausgesetzt sind als Frankfurt oder München. Wenn sie nicht geräumt werden können, zieht das weltweit Verspätungen und Blockaden nach sich.

Hadsch

Wenn jährlich 6 Millionen Moslems nach Mekka pilgern, haben Airlines Hochkonjunktur. Reguläre Jeddah-Flüge der großen Airlines sind in dieser Zeit bis auf den letzten Platz ausgebucht. Da schlägt die Stunde der unbekannten Fluggesellschaften, deren Namen man eigentlich nur aus dreizeiligen Unfallmeldungen kennt: Maxair, Medview, Kabo Air, Sky Power, Flynas, Kallat Elsaker Air, NAS Air, Meridian, Air Jupiter, Sudan oder Safi Airways, alles Airlines, die in Europa auf der Schwarzen Liste stehen. Beeindruckend die Anmeldungen: 150.000 Pilger aus Pakistan, 76.000 Pilger aus Nigeria, Air India unternimmt 230 Hadsch-Flüge aus sieben indischen Städten für 38.000 Hadschis nach Jeddah. Pilger aus 37 Ländern passieren durch das 465.000 Quadratmeter große Hadsch-Terminal, das drittgrößte der Welt, bis zu 80.000 Pilger zugleich. Jedes Flugzeug erhält ein Zeitfenster für die Landung. Die Bodenzeit ist limitiert, die Startzeit muss genau eingehalten werden. Jede Sekunde Verspätung kostet die Airline einen empfindlichen Aufschlag. Verstöße werden von einem Komitee ausgewertet, vom Ergebnis ist abhängig, ob die Airline im folgenden Jahr wieder Pilger fliegen darf. Bisweilen kann eine schwindsüchtige, afrikanische Airline die Pilger nicht mehr abholen, weil sie durch ruinöse Verspätungsgebühren bankrottging. Die Pilger müssen dann sehen, wie sie nach Hause kommen, wo dann aussichtslose Gerichtsverfahren zur Erstattung der Kosten angestrengt werden.

Pilger besteigen in Dacca das Flugzeug nach Mekka.

178 Fraport Imperium

Terminal 1 in Frankfurt

Dass ein Flughafen auch in anderen Geschäftsfeldern investiert, ist nicht ungewöhnlich. Dass er allerdings die Konzession für den Betrieb in anderen Ländern erwirbt, und dort auch noch Erfolg damit hat, ist eher ungewöhnlich. So ist Fraport verantwortlich für den Flughafen von Lima in Peru, für Antalya in der Türkei, für Delhi in Indien, für Xi'an in China, für St. Petersburg in Russland, für Burgas und Varna in Bulgarien, für Ljubljana in Slowenien und für gleich 14 Flughäfen in Griechenland. Fraport zehrt dabei von einer tadellosen Organisation zu Hause.

179 Löschdorn

Löschvorrichtung zum Durchstechen der Flugzeughaut

Eine spannende Erfindung, wie ihn verschiedene Flughafenfeuerwehren haben, ist der Rosenbauer Löschdorn. Er ist am Ende eines beweglichen Löschbalkens angebracht. Dieser Löschdorn wird von außen an eine bestimmte Stelle eines brennenden Flugzeugs gesteuert und dann durch die Aluminiumhaut gestochen. Nach Durchdringen der Hülle kann man aus mehreren Düsen am Dorn fein zerstäubtes Wasser oder Löschmittel in die Kabine sprühen, womit ein Brand gelöscht, die Temperatur im Innenraum gesenkt und giftiger Rauch gebunden werden kann. Das geschieht „minimal invasiv", ohne dass einströmender Sauerstoff z. B. durch eine geöffnete Tür den Brand entfachen kann. Da dies nicht bei jedem Flugzeug in gleicher Weise funktioniert, gehört es zum Wissen der Löschmannschaft, bei welcher Maschine man an welchem Punkt ansetzen muss und unter welchen Umständen das funktioniert.

180

Für alle Fälle: Midway

Zwischen Kalifornien und Japan liegt die Gruppe der Hawaii-Inseln. Doch nur die sieben größten Inseln im Osten der Gruppe haben es in den Alltag der Menschen geschafft: Oahu, Big Island, Maui, Kahoolawe, Molokai, Lanai, Kauai und Nihau. Die restlichen 130 Inseln und Atolle sind unbewohnt und erstrecken sich über 2700 km in Richtung Asien. Midway, die westlichste davon, diente im Krieg als Marine und Luftwaffenstützpunkt. Heute leben dort ein paar Millionen Seevögel und eine Handvoll Beamter des US Fish and Wildlife Service. Der Flughafen dient als Notlandeplatz. Nur deshalb dürfen auch zweimotorige Flugzeuge auf direktem Weg den Pazifik überqueren. Airlines aus dem pazifischen Raum wären sonst gezwungen, zeitraubende und teure Umwege zu fliegen. Das wäre ein Verkaufsvorteil für Airbus mit seinen vierstrahligen Flugzeugen. Darum finanziert Boeing den Flughafen Henderson Field auf dem Midway-Atoll. 2014 landete eine 777 der United Airlines mit 348 Menschen an Bord auf Midway, nachdem im Cockpit Brandgeruch auftrat. Eine zweite Maschine mit Technikern musste mehrere Stunden kreisen, bis sich der Aufruhr der Vögel gelegt hatte und das Vogelschlagrisiko bei der Landung vertretbar war. Etwa 50.000 zweimotorige Flugzeuge überqueren den Nordpazifik pro Jahr. Notlandungen gibt es nur alle paar Jahre einmal.

Tausende von Kilometern in jede Richtung zum nächsten Flughafen

Saba ist einer der Flughäfen, die eine extra Genehmigung erfordern.

181 Saba, gefährlicher geht nicht?

Die Insel Saba gehört zu den niederländischen Antillen. Sie hat 1800 Einwohner, ist bergig und wegen der Korallenriffe bei Tauchern beliebt. Der einzige flache Felsen wurde für einen Flughafen genutzt, der als der gefährlichste der Welt gilt. Die Piste ist gerade mall 400 Meter lang und reicht von einer Klippe zur anderen. Erschlossen wurde der Flughafen von dem holländischen Flugpionier Rémy de Haenen, einem Freund von Howard Hughes. Nachdem er auch die Nachbarinsel St. Barth für den Tourismus geöffnet hatte, wagte er 1959 eine Landung auf Saba und bewies, dass das kleine Plateau lang genug ist. Für die Landung benötigt man eine Sondergenehmigung der niederländischen Luftfahrtbehörde, weshalb sich an beiden Pistenköpfen ein großes X befindet, welches den Flughafen für den öffentlichen Verkehr sperrt. Die Piloten der karibischen Windward Island Airways WINAIR besitzen diese Genehmigung für ihre DHC-6 Twin Otter. Trotzdem – oder gerade deshalb zählt Saba im Jahr 2500 Landungen und hat ein jährliches Fluggastaufkommen von 20.000 Passagieren.

Ein Pilot der US Navy, der sein Leben auf einem 300 m langen Flugzeugträger verbracht hatte, sagte einmal: "In Saba landen? Auf einer Felsenklippe 18 m über dem Meer? Ohne Fangseile? Und weit und breit kein Heli, der mich aus der Brandung zieht? Im Leben nie!"

182

Landeplatz Straße

Als Schotterpisten wird man üblicherweise unbefestigte Straßen bezeichnen, die man in entfernten Wildnisgebieten sucht. Vor allem im hohen Norden von Amerika gibt es Inuit-Dörfer, die nichts anderes haben als Gravel-Runways aus zerstoßenem Kies. Trotzdem werden diese entlegenen Orte auch von Jets wie der Boeing 737 angeflogen. Damit bei Start und Landung keine Steine ins Triebwerk geraten, werden die Flugzeuge mit einem aufwendigen Gravel-Kit ausgerüstet. Das Fahrwerk senkt sich zusammen mit Schutzblechen, Steinabweiser schützen die Landeklappen, ein Gebläse vor den Triebwerkeinlässen soll das Ansaugen aufgewirbelten Staubes verhindern. Ist man mit dem Auto auf einem der geschotterten

Auch in der Wildnis macht man sich eine gerade Straße gerne zunutze.

Highways im Norden Alaskas oder in Kanadas Northwest Territories unterwegs, begegnet man öfters Warnschilder wie diesem: „Straße erweitert sich auf den nächsten 1000 Metern und ist Teil einer Landepiste. Achten Sie auf anfliegende Maschinen. Kein Anhalten, kein Parken."

183

Sparrevohn, bergumstellt

Im straßenlosen Teil Alaskas, wo das Flugzeug die einzige Lebenslinie zum Rest der Welt ist, gibt es abenteuerliche Flugplätze, eingepfercht zwischen maandernden Flüssen, baumbestandener Tundra und steilen Bergen. In der offiziellen Anflugbeschreibung von Sparrevohn zum Beispiel steht unter vielen anderen Hinweisen: „Piste liegt am Hang eines 3200 Fuß hohen Berges. Flugplatz umgeben von Bergen. Anflug nur von Süden, Landung auf Runway 34." Und fettgedruckt: „Erfolgreicher Fehlanflug unwahrscheinlich." (RWY LCTD ON SLOPE OF 3200 MTN; ARPT SURROUNDED BY MTNS. APCH FM S LND RWY 34 ONLY; SUCCESSFUL GO-AROUND IMPROBABLE).

Bergumstellt mit einer Piste am Hang. Fehlversuch ausgeschlossen

184 Hijack nach Kuba

Antonov An-24 der Cubana, 1974 gebaut, 2008 verschrottet

Flugzeugentführungen und die Insel Kuba kann man fast in einem Atemzug nennen. Erst ging es in Richtung USA: 1958 setzten sich 16 Cubana-Piloten nach Miami ab und baten um politisches Asyl. Es folgten mindestens acht Flugzeugentführungen nach Florida oder Mexiko in zwei Jahren, die teilweise blutig ausgingen. Die Flugzeugentführungen weiteten sich zu einer regelrechten Serie aus. Zwischen 1959 und 2007 wurden 138 Flugzeugentführungen in Kuba gezählt, und es gab bestimmt noch eine Dunkelziffer. Zwischen 1968 und 1972 suchten etwa hundert Entführer aus den USA ihr Heil bei Fidel Castro. Gründe dafür waren Terrorismus, Erpressung, Flucht vor der Justiz, politisches Asyl, Geisteskrankheit oder der praktische Grund, weil es keine legale Reisemöglichkeit zwischen dem Festland und Kuba gab. 1973 führte die USA flächendeckend Metalldetektoren ein. Danach ließen die Entführungen nach.

185 Schwarzer September

Erste koordinierte Massenentführung mehrerer Flugzeuge

Terroristen der sogenannten Volksfront zur Befreiung Palästinas (PFLP) kapern am 6. und am 9. September 1970 vier Flugzeuge: TWA-Flug 741, Swissair-Flug 100, Pan-Am-Flug 93, BOAC-Flug 775. Der Versuch, einen EL-Al-Flug 219 zu entführen, scheiterte am Sturzflug des Piloten. Die Entführerin, Leila Khaled wurde überwältigt und nach der Landung in London verhaftet, ihr Begleiter von einem an Bord befindlichen Sky Marschall erschossen. Alle entführten Flugzeuge wurden zur Landung auf Dawson's Field in Jordanien gezwungen. Leila Khaled und weitere Terroristen sollten im Austausch gegen die Geiseln freigepresst werden. Die Entführer ließen die nicht-jüdischen ihrer Geiseln frei und sprengten am 12. September alle Flugzeuge. Gegen US-amerikanischen Widerstand ließ Großbritannien Leila Khaled im Austausch gegen die verbliebenen Geiseln frei, sechs weitere militante Palästinenser wurden aus schweizerischen und deutschen Gefängnissen freigelassen.

Mass Attack

186

Der Starfighter, eines der elegantesten Flugzeuge, die je gebaut wurden.

Ein Mass Attack ist ein Angriff von vier Staffeln mit Kampfflugzeugen aus vier verschiedenen Richtungen. Die Staffeln teilen sich zuvor auf in je vier Elemente. Das heißt, dass 16 Flugzeuge ein Ziel aus vier verschiedenen Richtungen angreifen. Im Sekundentakt donnern sie über ihr Ziel, drehen einen Vollkreis, während der nächste im Tiefflug ankommt. Jeder kommt nach seinem Vollkreis zu einem Re-Attack zurück. Eventuelle Verteidiger, wissen nicht, wie ihnen geschieht. Wer das einmal erlebt hat, auch ohne Einsatz von Bordwaffen oder Bomben kann erahnen, welch einen psychologisch niederschmetternden Effekt das hat.

Inspiriert durch palästinensische Vorbilder entführten molukkische Extremisten 1977 bei Groningen einen Zug und erschossen den Lokführer. In einer Schule in Bovensmilde nahmen gleichzeitig Terroristen 150 Schüler und vier Lehrer als Geisel. Um die Forderungen zu bekräftigen, wurden im Zug zwei weitere Menschen erschossen. Da reagierte das Militär an beiden Orten gleichzeitig. Während die Schule mit Panzern und Spezialkräften gestürmt, und die Aktion unblutig zu Ende gebracht wurde, flog die niederländische Luftwaffe einen Mass Attack auf den Zug. Bordwaffen wurden zwar keine eingesetzt, aber der Lärm allein war so einschüchternd, dass die Bodenkräfte den Zug erstürmen und alle Geiseln befreien konnten.

187 Entführung der Landshut

Am 13.10.1977 entführten PLO-Terroristen die Boeing 737 der Lufthansa auf dem Flug von Mallorca nach Frankfurt. Der erste Stopp war Rom. Zwei Stunden später Flug nach Zypern. Es folgt ein Irrflug über Beirut, Damaskus, Amman, Bagdad und Kuwait. Alle Flughäfen waren gesperrt und ließen die Landshut nicht landen. Auch Dubai wollte nichts damit zu tun haben, ließ aber die Landshut wegen Spritmangel doch herein. Die GSG9 folgte den Entführern bereits seit Zypern und bereitete sich in Dubai für eine Erstürmung vor. Wegen eines gewalttätigen Zwischenfalls an Bord der Landshut verzichtete man darauf. Nach dem Auftanken flog die Landshut weiter nach Aden. Auch dort war die Piste gesperrt, sodass Käpten Schumann das Flugzeug wegen Treibstoffmangel auf einem Sandstreifen landen musste. Um den Drohungen Nachdruck zu verleihen, erschoss ein Entführer den Käpten. Der Kopilot Jürgen Vietor musste die Boeing nun nach Mogadischu fliegen. Nach mehreren Ultimaten zur Befreiung inhaftierter RAF Terroristen griff die GSG9 zu. Die Männer erstürmten das Flugzeug, erschossen die Terroristen und befreiten alle Geiseln ohne Verluste. Die RAF Häftlinge begingen daraufhin kollektiven Selbstmord. Die Landshut hatte danach mehrfach den Besitzer gewechselt. Am 22.09.2017 kehrte sie nach Deutschland zurück und bekam in Friedrichshafen einen würdigen Empfang. Jürgen Vietor und zwei der Geiseln, die Stewardess Gabi Dillmann und Diana Müll, die damals die Reise als Schönheitskönigin gewonnen hatte, gaben dem Empfang einen bewegenden Rahmen.

Die Landshut kehrt zurück nach Deutschland. Ankunft am Dornier Museum in Friedrichshafen.

188

D. B. Cooper

Nach vielen gewalttätigen Entführungsaktionen der Palästinenser machte ein Mann von sich reden, dem man den Namen Dan Cooper gab. Er brachte am 24.11.1971 eine Boeing 727 der Northwest Orient Airlines in seine Gewalt. Im Gegensatz zu den Terroristen ging Cooper mit ausgesuchter Höflichkeit und Umsicht vor. Er wies eine Flugbegleiterin darauf hin, dass er in seiner Aktentasche eine Bombe mit sich führte. Bei der Landung in Seattle verlangte er im Austausch gegen die Passagiere 200.000 Dollar und vier Fallschirme, einen für den Piloten, den Co-Piloten, eine Stewardess und sich selbst. Er wollte damit verhindern, dass man seinen Schirm manipulierte. Dann befahl er dem Käpten, mit ausgefahrenem Fahrwerk, in 3.000 Metern Höhe und Klappen auf 15° in Richtung Mexiko zu fliegen.

Er rechnete damit, dass die Maschine von Kampfflugzeugen verfolgt würde und sprang offenbar genau dann von der hinteren Treppe ab, als das Flugzeug ein Wolkengebiet durchflog. 18 Tage lang durchkämmte das FBI die vermutliche Absprungzone, ohne jemals eine Spur von dem Mann, dem Geld oder dem Fallschirm zu finden.

189

Teneriffa

Am 27. März 1977 explodierte auf dem Las Palmas Airport die Bombe einer kanarischen Separatistenbewegung. Alle anfliegenden Maschinen wurden auf andere Flughäfen der Kanaren umgeleitet. Vorfeld und Rollweg von Los Rodeos waren schnell mit Langstreckenmaschinen überfüllt. Nur die Piste blieb frei. Um 15:00 Uhr wurde Las Palmas wieder geöffnet. Der abflugbereite Pan Am Jumbo war eingepfercht hinter einem KLM Jumbo, der noch betankt wurde. Der westliche Teil des Rollweges war mit parkenden Maschinen versperrt. So musste die KLM auf der Piste entgegen der späteren Startrichtung durch den Nebel rollen, am Pistenende umdrehen und sich zum Start aufstellen. Der Pan Am Jumbo sollte der KLM bis zum Exit Nummer drei folgen, dort die Piste verlassen und den parallel verlaufenden Rollweg bis zum Ende nehmen. Wegen Funküberlagerung, Nebel und Hektik kam es zu Missverständnissen zwischen Tower, KLM und PanAm. Die KLM startete ohne Freigabe und krachte in den amerikanischen Jumbo. 583 Menschen starben.

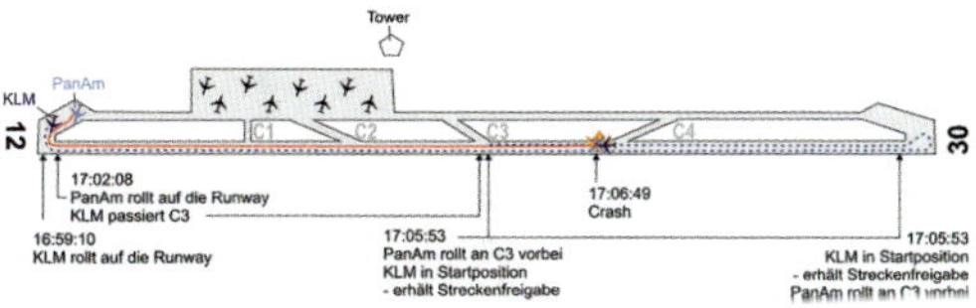

Ein Terroranschlag führte indirekt zum schlimmsten Flugzeugcrash der Geschichte.

190 Katastrophe am Mt. Erebus

Ein Dreitausender in der Antarktis, weitab aller Flugrouten. Trotzdem starben dort 267 Menschen.

Air New Zealand bot in den 1970er-Jahren in regelmäßigen Abständen einen Sightseeing-Flug von Auckland zur Antarktis um den Mount Erebus an. Die DC-10 flog dazu in 3000 Metern Höhe über das antarktische Gebirge. Ein Bergsteiger mit Antarktiserfahrung kommentierte dazu über Bordlautsprecher, was am Boden zu sehen war. Die Flüge waren Routine. Für den Flug am 28.11.1979 mit 237 Passagieren und 20 Mann Besatzung war eigentlich wieder Sir Edmund Hillary als Kommentator vorgesehen, der aber wegen anderen Verpflichtungen einen Freund bat, den Job zu übernehmen. Zwei Umstände führten zur Tragödie. Nach einem früheren Flug schlug ein Käpten vor, eine GPS Koordinate mit einer amerikanischen Navigationshilfe von McMurdo zusammenzulegen. Dieser Empfehlung folgte die Navigationsabteilung der Airline, ohne dies weiter abzusprechen. Damit wich die Route von der ursprünglich genehmigten Route ab und führte genau über den 3794 Meter hohen Mount Erebus. Wegen einer Hauptwolkenuntergrenze von 2000 Fuß sank die Maschine auf 1500 Fuß. Trotz einer Sichtweite von 37 km flog die Crew genau auf den Vulkan zu. Einige weiße Wolkenfetzen verhinderten, dass sie die weißen Hänge des Berges erkannten. Eine dünne Schicht weißer Wolkenfetzen verschmolz sich mit den weißen Hängen des Berges. Das führte zu einem Sector Whiteout, innerhalb dessen keine Konturen erkennbar sind. Nach diesem Unfall stellte Air New Zealand diese Flüge ein.

Materialermüdung

Als am 12. August 1985 der Kurzstreckenjumbo der Japan Airlines 8000 Meter durchstieg, traten ungewöhnliche Vibrationen auf. Die Maschine bäumte sich auf. Dann fiel der Hydraulikdruck ab, Flügelklappen fielen aus, das Flugzeug taumelte hin und her, wurde schneller und langsamer, flog in Wellenbewegungen auf und ab. Es verlor an Höhe. In 2000 Meter Höhe versuchten die Piloten einen Notlandeplatz anzusteuern. Die Geschwindigkeit war kurz vor dem Strömungsabriß. Die Boeing streifte einen Hügel und zerbrach in einem flammenden Inferno. Von den 524 Menschen an Bord überlebten nur vier. Wahrscheinliche Ursache war ein Riss in der hinteren Druckkabine, der sich auf das Heck und die vertikale Heckflosse fortpflanzte. Das legte die Hydraulik und alle Steuermöglichkeiten lahm. Die Maschine war zum Unfallzeitpunkt bereits 11 Jahre alt. Als eigentlicher Grund für die Materialermüdung wurden aber die musteruntypischen Beanspruchungen gesehen. Der Jumbo, der für die Langstrecke gebaut ist, wurde von JAL asiatisch eng bestuhlt und als Kurzstreckenflugzeug benutzt. Bei Start und Landung ist der Verschleiß am höchsten. Bereits 1978 waren erste Risse entdeckt worden, diese wurden aber unsachgemäß repariert.

Man kann sich das Drama an Bord bei diesem Irrflug nur schwer vorstellen.

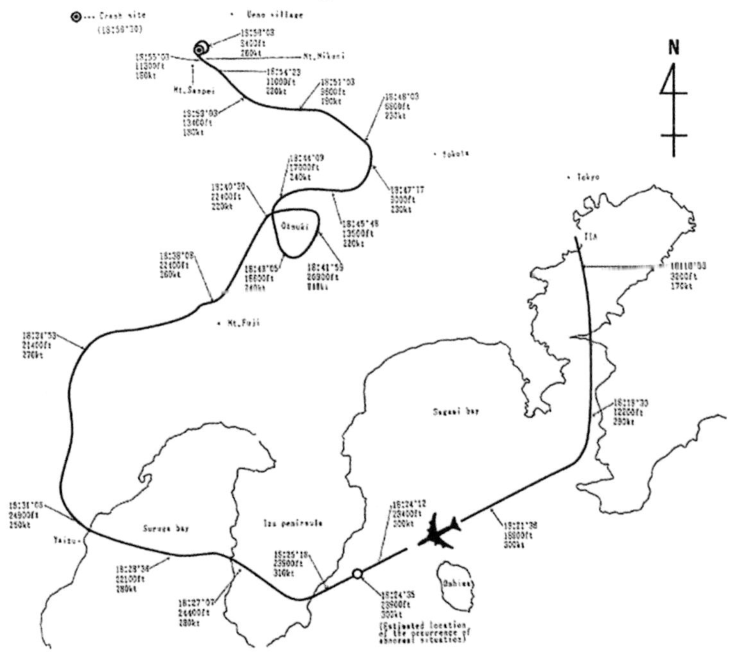

192 Das Cabrio von Hawaii

Am 28 April 1988 um 13:25 Uhr startete Flug 243 der Aloha Airlines von Hilo nach Honolulu. Als die 19 Jahre alte Boeing 737-297 um 13:46 Uhr ihren Steigflug in 24.000 Fuß beendete, knallte es in der Kabine und 6 Meter Kabinendach wurden vom Flugzeug gerissen. Eine Stewardess, die nicht mehr angeschnallt war, wurde ebenfalls von Bord gerissen. Ohne zu wissen, was die plötzliche Dekompression verursacht hatte, drückten beide Piloten die Maschine sofort in einem Sturzflug nach unten und steuerten die Insel Maui an. Um 13:58 Uhr gelang ihnen eine Notlandung in Kahului. Von den 90 Passagieren waren 65 leicht verletzt, acht schwer. Der Flughafen war auf derlei Unfälle nicht vorbereitet. Auf der ganzen Insel gab es kaum Ambulanzen. Also rief der Tower ein Sightseeing-Unternehmen und eine Mietwagenfirma an, die die Verletzten mit Kleinbussen ins Krankenhaus transportierten. Die Stewardess war das einzige Todesopfer.

Die wahrscheinliche Ursache war Materialermüdung einerseits sowie das Fehlen von Materialerhaltungsmaßnahmen von Seiten der Airline. Die Unfalluntersuchungskommission holte zu einem Rundumschlag aus, der alle traf, vom Airline Management über den Flugzeughersteller bis hin zur staatlichen Luftfahrtbehörde FAA. Dieser Unfall, der durch die Leistung der Crew glimpflich abging, wurde zum Anlass genommen, Regularien zur Vorbeugung von Materialermüdung bis ins kleinste Detail fest zu schreiben.

Die Fluglotsen von Kahului trauten ihren Augen nicht, als diese Maschine landete.

Horror Lockerbie

Der Anfang vom Ende der Pan American World Airways

Die Boeing 747 der Pan Am kam von San Francisco nach London Heathrow. Sechs Stunden dauerte es, das Flugzeug „umzudrehen". Die Maschine wurde betankt, beladen und für den Flug nach New York fertiggemacht. Viele der Passagiere von Flug PA103 kamen mit einem Zubringerdienst der Pan Am, einer Boeing 727 von Frankfurt. Um 18:25 Uhr startete das Flugzeug. Um 18:56 Uhr erreichte es seine Reiseflughöhe in 10 Kilometern Höhe. Um 19:03 Uhr zerriss eine Bombe die Boeing 747. Zwei große Einzelstücke fielen auf die schottische Stadt Lockerbie, die bis zu jenem Tag ein eher beschauliches Dasein geführt hatte. Häuser wurden getroffen, alle 259 Personen an Bord kamen zu Tode, ebenso wie 11 Menschen am Boden. Die Gewalt der Explosion war so groß, das mindestens vier kleine Teile des Flugzeugs in den Weltraum geschleudert wurden, die fast drei Stunden später über Russland wieder in die Erdatmosphäre eintraten. Die Semtex Bombe war mit an Sicherheit grenzender Wahrscheinlichkeit in einem Radio-Kassettenrekorder versteckt, der in Frankfurt an Bord einer Zubringermaschine geschmuggelt wurde.

Tragisch ist, dass der amerikanische Geheimdienst über die US-Botschaft in Helsinki drei Wochen vorher ausdrücklich gewarnt wurde. Sogar die Pan Am wurde genannt und ein Flug von Frankfurt in die USA. Die FAA schickte die Warnungen an alle Botschaften und Airlines, unter anderem auch an die Pan Am. Diese verlangte daraufhin einen Sicherheitsaufschlag für die besonders aufwändige Suche. Auch das Sicherheitsteam in Frankfurt erhielt die Warnung. Sie wurde allerdings erst am Tag nach der Katastrophe unter einem Stapel Papiere gefunden.

194 Das Green Ramp Disaster

Nach einem Zusammenstoß schlittert eine F-16 in einen Starlifter und wartende Fallschirmspringer.

Am 24.03.1994 warteten 500 Fallschirmspringer auf Pope AFB, N.C. darauf, die beiden Starlifter C-141 zu besteigen, die gerade betankt wurden. Gleichzeitig leitete hoch über ihren Köpfen eine F-16 ein simuliertes Notverfahren ein, mit dem aus einer sturzflugähnlichen Schraube die Landung bei Triebwerksausfall geübt wird. Statt anderen Verkehr fernzuhalten, erlaubte der Controller den Übungsanflug einer Herkules und nahm die F-16 dahinter. Wegen des Tarnanstrichs und der ungünstigen Fluglage konnte der F-16 Pilot die Herkules aber nicht ausmachen. Trotzdem wurde die F-16 zur Landung freigegeben. Der Fighter traf die Herkules kurz vor der Piste. Der Jet Pilot rettete sich mit dem Schleudersitz, die Herkules schaffte es noch sicher auf den Boden. Die F-16 aber knallte neben die Runway und schlitterte mit etwa 33 m/Sek auf die geparkten Starlifter und die wartenden Soldaten zu. Beide Maschinen explodierten, Die F-16 hatte auch noch Munition an Bord, die zusammen mit 200.000 Liter Kerosin explodierte. Eine Walze aus Feuer rollte auf die Soldaten zu, glühendes Metall regnete über das Vorfeld. 24 Soldaten kamen ums Leben, über hundert erlitten schwere und schwerste Verbrennungen. Die Ursache war eine miserable Leistung des zuständigen Tower-Controllers.

195 Feuerhölle Ramstein

In Ramstein passierte die bislang spektakulärste Katastrophe bei einer Flugshow. Am 28.8.1988 wurden zwei Maschinen der Frecce Tricolori von einer dritten aus dem Himmel geholt. Brennende Flugzeugtrümmer stürzten in die Zuschauermenge, 31 Menschen starben sofort, fliehende Menschen rannten in rasiermesserscharfe S-Draht-Rollen. Rettungskräfte blieben in hunderttausend Menschen stecken, die auf panischer Flucht waren. Zufahrtswege waren mit parkenden Autos verstopft. In kürzester Zeit waren alle Krankenhäuser mit Verbrennungsbetten überlastet. Von den 388 Verletzten starben später noch 36. Auf eine solche Katastrophe waren weder die US Air Force als Veranstalter, noch die deutschen Notdienste vorbereitet.

Ein Gedenkstein ist stummer Zeuge der Flugshowkatastrophe von Ramstein.

196 Die Tragödie von Guangzhou

Am 2.10.1990 erlebte China eine der größten Luftfahrttragödien seiner Geschichte. Auf der Strecke von Guangzhou ins 520 km entfernte Xiamen brachte Jiang Xiao Feng mit der Drohung, er habe 15 Pfund Sprengstoff an seinem Körper, die Boeing 737 von Xiamen Airlines mit 104 Personen an Bord in seine Gewalt. Er verlangte, nach Taiwan geflogen zu werden. Hongkong als Alternative lehnte er ab. Der Käpten wurde daraufhin von staatlicher Stelle angewiesen, zum Schein auf die Forderung einzugehen aber heimlich nach Guangzhou zurück zu fliegen. Als die Maschine dort zur Landung ansetzte, bemerkte der Entführer die Täuschung. Im Cockpit kam es zum Kampf. Die Maschine krachte auf die Landebahn, brach aus, schlitzte eine leere Boeing 707 auf und schlitterte in eine vollgetankte Boeing 757, die mit 122 Personen besetzt gerade zum Start rollte. Die Boeing 737 wurde in zwei Stücke gerissen und explodierte in einem Feuerball. Insgesamt kamen 127 Menschen ums Leben.

Entführung mit tödlichem Ausgang für 127 Passagiere

Flug ET 961

Fliegen in Afrika war schon immer etwas Besonderes. Am 23. November 1996 wurde eine Boeing 767 der Ethiopian Airlines auf dem Flug von Addis Abeba nach Nairobi von drei jungen Männern entführt. Sie waren psychisch gestört, betrunken und sprachen nur einen örtlichen Dialekt. Die Crew verstand aber, dass die Entführer nach Australien wollten. Der Käpten, der schon zwei Entführungen hinter sich hatte, versuchte ihnen zu verstehen zu geben, dass der Sprit niemals reichen würde. Die Entführer bestanden aber darauf und drohten die Crew zu töten. Sie sperrten den Kopiloten aus dem Cockpit aus. Kurz vor Madagaskar war der Sprit zu Ende. Bei der Inselgruppe der Komoren setzte der Käpten die Maschine schließlich mit stehenden Triebwerken zwischen badenden Touristen auf das nur hüfttiefe Wasser, 500 Meter vom Strand. Wegen einer Böe geriet eine Flügelspitze ins Wasser und zerschellte. Von den 175 Personen an Bord konnten nur 50 gerettet werden. Viele Personen starben, weil sie ihre Schwimmwesten schon vor der Evakuierung aufgeblasen hatten und so nicht mehr aus dem zerbrochenen Wrack kamen.

Noch eine Entführung mit tödlichem Ausgang für 125 Passagiere

Cavalese

Tiefflug in den italienischen Alpen, mangelhaft vorbereitet und ohne Genehmigung

Am 3. Februar 1998 flog ein amerikanischer EA-6B Prowler im Tiefflug durch die Täler der Dolomiten. Er flog dicht an den Berghängen entlang. Als er eine Kurve einleitete senkte sich die rechte Tragfläche und durchtrennte das Trag- und Zugseil der Alpe Cermis Seilbahn 110 m über dem Boden. Eine der Kabinen stürzte ab, alle 20 Passagiere starben. Das beschädigte Flugzeug konnte nach Aviano zurückkehren und sicher landen. Die Maschine war zu schnell unterwegs und zu tief, eine Genehmigung für den Tiefflug war mit falschen Angaben erschlichen worden. Pilot und Navigator wurden von einem Militärgericht in North Carolina trotzdem freigesprochen, da die Seilbahn nicht in den Tiefflugkarten des US-Militärs eingezeichnet war. Als publik wurde, dass ein Besatzungsmitglied eine Videoaufnahme vernichtet hatte, wurde der Prozess neu aufgerollt. Diesmal erhielt der Pilot eine Haftstrafe von sechs Monaten. Nach vier Monaten wurde er unehrenhaft aus der Armee entlassen. Die Entschädigung für jede der betroffenen Familien belief sich auf 3,8 Mio DM.

Am 9. März 1976 gab es an dieser Seilbahn schon einmal einen schweren Unfall: Ein starker Windstoß warf das Zugseil über das Tragseil der Gondel. Der Sicherheitsmechanismus funktionierte nicht. Das Tragseil riss, die Gondel stürzte mit 42 Passagieren auf einen Steilhang und überschlug sich mehrfach. Nur ein kleines Mädchen überlebte.

199 11. September (1)

Der Tag, der die Welt veränderte. An diesem Tag wurde die Welt von der schlimmsten Katastrophe seit dem Zweiten Weltkrieg heimgesucht. Nur kranke Gehirne können ersinnen, was ein Dutzend Terroristen durchzogen: Sie entführten vier voll besetzte und voll getankte Maschinen und steuerten sie in die Zwillingstürme des New Yorker World Trade Centers und in das Pentagon in Washington. Welches Ziel die vierte Maschine hatte, bleibt ungewiss, wahrscheinlich war es das Capitol, um die amerikanische Regierung zu treffen. Die Hijacker der vierten Maschine wurden aber von den Passagieren überwältigt, das Flugzeug stürzte in Pennsylvania ab. Bei diesem Terroranschlag starben über 3000 Menschen. Danach war nichts mehr, wie es vorher war. Airlines gingen bankrott, Börsen brachen ein, Firmen gingen zu Grunde, Gesetze wurden geändert, Freiheiten beschnitten, moslemische Mitbürger absolut unbegründet unter Generalverdacht gestellt. Kriege wurden und werden geführt, Volkswirtschaften fühlten sich gezwungen, Millionen und Abermillionen für die Sicherheit aufzuwenden. Airliner wurden mit Raketenabwehrsystemen ausgerüstet.

200 11. September (2)

Über den 11. September wurde wahrscheinlich schon alles geschrieben, was zu schreiben ist. Hinreichend wurde darüber berichtet, welche Leistung von den amerikanischen Fluglotsen erbracht wurde, innerhalb von kürzester Zeit den gesamten Luftraum aufzuräumen. Wenig weiß man hierzulande, wer die Entscheidung traf, den Luftraum zu sperren und 4000 Flugzeuge zur Landung zu bringen. Es war der erste Arbeitstag von Ben Sliney als neuer Chef des FAA Befehlszentrums in Herndon, Virginia. Die Nachricht über eine möglicherweise konzertierte Serie von Entführungen erreichte ihn, als er seinen Kollegen vorgestellt wurde. Ohne seine Vorgesetzten zu konsultieren oder gar den Präsidenten zu fragen entschied er, alle kommerziellen Flüge über den USA sofort zu stoppen.

Ben Sliney musste an seinem 1. Arbeitstag den ganzen amerikanischen Luftraum schließen.

Weitgehend unbekannt ist auch, welche Leistung die kanadischen Lotsen erbrachten, den gesamten Luftverkehr aus den USA aufzunehmen, die Flüge aus Asien und Europa auf ihren eigenen Flughäfen unterzubringen, die aus allen Nähten platzten. Plötzlich, von einer Minute auf die andere musste ein Luftverkehrssystem mit einem Ansturm fertig werden, für den es gar nie geschaffen wurde. Und all dies verlief unfallfrei!

An diesem Flughafen geht nichts mehr. Halifax am 11. September.

201

Hilda Mayol

Als Hilda Yolanda Mayol (26) am 12. November 2001 in New York JFK American Airlines Flug 587 bestieg, war sie unterwegs zu einem Erholungsurlaub in die Dominikanische Republik. Zwei Monate zuvor hatte sie im ebenerdigen Restaurant des World Trade Center gearbeitet, als die Türme über ihr zusammenbrachen. Sie kam damals mit dem Leben davon, dick mit Asche und Staub überschüttet. Kein Tag, keine Nacht vergingen, ohne den Schrecken erneut zu erleben. Jetzt versuchte sie, das alles hinter sich zu lassen und wieder auf andere Gedanken zu kommen. Kurz nach dem Start geriet der Airbus A300 in eine Wirbelschleppe eines zuvor gestarteten Flugzeugs. Die Piloten begegneten diesen Turbulenzen fälschlich durch starke Ruderausschläge. In diesem Fall riß das Seitenruder ab, das Flugzeug war unsteuerbar und stürzte in den Stadtteil Queens. Alle 260 Passagiere starben sofort beim Aufschlag. Ein Feuerwehrmann, der neben der Absturzstelle wohnte, sagte später, es war wie bei 9/11, er habe das schon vor zwei Monaten erlebt. Die amerikanische Unfalluntersuchungsbehörde stellte fest, dass die heftigen Ruderausschläge unsachgemäß waren, das Konstruktionslimit überschritten und in der Ausbildung der Piloten zu suchen waren.

Bergung des Seitenruders nach dem Absturz der A300

202

Farzana

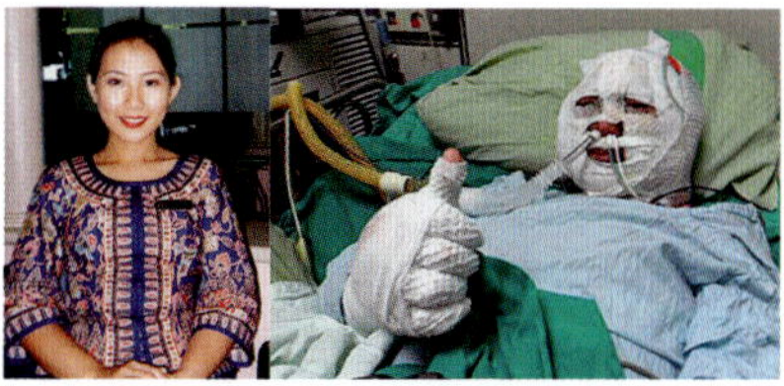

Farzana Abdul Razak, die Heldin von Singapur

Als die 18-jährige Farzana Abdul Razak am 31. Oktober 2000 um Mitternacht ihren ersten Langstreckenflug als Stewardess der Singapore Airlines antrat, startete die Boeing 747 kurz vor einem Taifun auf einer geschlossenen Piste. Sie rammte abgestellte Baumaschinen, zerbarst in mehrere Teile und fing Feuer. Die Notrutschen wurden vom Sturm weggerissen. Farzana fand einen Weg, die Passagiere aus dem hinteren Teil des Flugzeugs über das abgerissene Heckteil zu evakuieren. Immer wieder kletterte sie in das brennende Flugzeug zurück und barg 45 Menschen, obgleich sie bereits schwere Verbrennungen und eine Rauchvergiftung davontrug. Das scharfkantige Metall zerriss ihr Schuhwerk. Barfuß machte sie weiter, bis die Feuerwehr ihren Job übernahm. Monatelang lag sie auf verschiedenen Intensivstationen, unterzog sich zahlreichen Hauttransplantationen. Sie wurde zur Heldin von Singapur. Drei Millionen Menschen nahmen Anteil an ihrem Schicksal. Sie gilt als Vorbild für Verantwortungsgefühl und Pflichtbewusstsein.

203

Der Anschlag von Colombo

Banderanaike Airport, Colombo

Am 24. Juli 2001 verübten die Tamil Tigers am frühen Morgen auf die Katunayake Air Base und den Banderanaike Flughafen von Colombo einen Anschlag, bei dem insgesamt elf militärische und zivile Flugzeuge zerstört und 14 schwer beschädigt wurden. Darunter waren zwei neue Airbus A330, eine A340 und eine A320, fast die halbe Flotte der Sri Lankan Airlines! Für den Staat, der in erster Linie vom Tourismus lebt und deshalb auf Sicherheit angewiesen ist, war dies eine Katastrophe. In hellen Scharen reisten die Touristen ab, Airlines stellten ihre Dienste nach Sri Lanka ein, die Versicherungen forderten einen Kriegszuschlag, und die Airline musste 1500 Mitarbeiter entlassen. Die Wirtschaft von Sri Lanka brach ein. Der Anschlag und die fatalen Folgen für alle Menschen in Sri Lanka markierten einen Wendepunkt bei den Tamilen. Sie erklärten einen einseitigen Waffenstillstand, und versprachen ihre Ziele in Zukunft ausschließlich mit friedlichen Mitteln durchsetzen zu wollen.

204 Der Unfall von Linate

Denkmal zum Unfall von Linate und den Tod von 118 Menschen. Denkmäler sind die sichtbaren Zeichen, die von den Flugzeugunglücken übrigbleiben. Orte, wo Angehörige trauern können.

Am 8. Oktober 2001 ereignete sich im dichten Nebel auf dem Flughafen Mailand Linate eine Katastrophe. Eine startende MD-87 der SAS schoss eine kreuzende Cessna Citation ab, die sich im Nebel durch verwirrende Rollanweisungen des Kontrollturms auf die Piste verirrt hatte. Die MD-87 crashte in einen Hangar, 118 Menschen starben. Auf dem Tower wurde der Crash noch nicht einmal bemerkt. Niemand hatte die Situation begriffen und noch vier Minuten später wurden Rollanweisungen erteilt, ohne einen Überblick über den Bodenverkehr zu haben. Erst nach sechs Minuten dämmerte es der Crew im Tower, dass auf ihrem Flughafen ein Unfall passiert sein muss. Dass die MD-87 darin verwickelt war, wurde dem Tower erst nach einer knappen Viertelstunde klar. Nach 26 Minuten erfuhr der Tower von dem brennenden Wrack der Citation. Die Insassen starben nicht etwa an den unmittelbaren Folgen der Kollision, sondern eine Viertelstunde später an einer Rauchvergiftung. Die beteiligten Fluglotsen und ihre Vorgesetzten wurden danach wegen grober Pflichtverletzung zu vier bis acht Jahren Gefängnis verurteilt. Es war der schwärzeste Tag in der Geschichte der italienischen Flugsicherung.

Überlingen

Der Zusammenstoß von Überlingen war eine typische Verkettung von unglücklichen Umständen. Trotz zahlreicher redundanter Systeme wurden nämlich alle eingebauten Sicherungen außer Kraft gesetzt, weil jede Maßnahme für sich ungefährlich war, erst recht mitten in der Nacht. Ein Teil des süddeutschen Luftraumes ist an die Schweiz delegiert. Um 23:00 Uhr wurde die Konfiguration des Radars auf reduzierten Mode geschaltet. Dabei steht das optisch/akustische Warnsystem für gefährliche Annäherungen zweier Flugzeuge auf gleicher Höhe nicht zur Verfügung. Nachts legt man Arbeitsplätze von verschiedenen Kontrollsektoren zusammen, was den Verantwortungsbereich vergrößert, es fliegt ja fast nichts. Der zweite Lotse machte gerade Pause. Telefontechniker führten gleichzeitig Wartungsarbeiten durch, dazu wurde die Hauptleitung abgeschaltet. Die Reserveleitung war belegt mit einem Koordinationsgespräch. Ein Karlsruher Lotse bemerkte die gefährliche Annährung der Flugzeuge, konnte den Schweizer Kollegen aber nicht erreichen. Als der die Gefahr erkannte, war es zu spät. Technik, Zufall, bis dahin nicht eindeutig geklärte Prozeduren beim TCAS-Alert, Zusammenlegen von Positionen und eine momentane Ablenkung führten zur Katastrophe mit 69 Toten.

Der Fluglotse wurde später von einem Russen erstochen, der seine Familie verloren hatte.

Die Trümmer einer Tupolev, die nachts auf Überlingen herabfielen.

Nachtschicht

Am 27. August 2006, morgens um 06:07 Uhr startete Comair Flight 5191, eine Bombardier RJ100 in Lexington Kentucky. Die Maschine war zum Start auf der Piste 22 freigegeben, begann aber ihren Startlauf irrtümlich auf der unerleuchteten und viel zu kurzen Piste 26. Der verantwortliche Fluglotse war alleine im Tower und wandte sich nach Übermittlung der Startfreigabe seiner Verkehrsstatistik zu. Die Bombardier crashte gegen einen Graben, alle 49 Menschen an Bord starben, nur der Kopilot überlebte schwer verletzt. Nach einer ganzen Serie von Prozessen, in denen der Kopilot die Airline wegen ungenauer Publikationen, die Opferfamilien den Kopiloten wegen Fahrlässigkeit, der Staat die FAA wegen Unterbesetzung und die Witwe des Käptens die Flugsicherung und die Airline verklagten, gab die Untersuchungsbehörde die Empfehlung heraus, stets mindestens zwei Fluglotsen einzuteilen und das Pistensystem so umzubauen, dass dieses Versehen ausgeschlossen wird. Dass sich, wie bei uns üblich, der verantwortliche Lotse persönlich davon überzeugt, dass seine Freigaben richtig umgesetzt werden, war nicht Gegenstand der Empfehlung, obwohl es am selben Flughafen bereits zweimal zu einem ähnlichen Missverständnis gekommen war.

Unterbesetzung im Tower, Ablenkung und schlechte Beschilderung führten zu diesem Unfall.

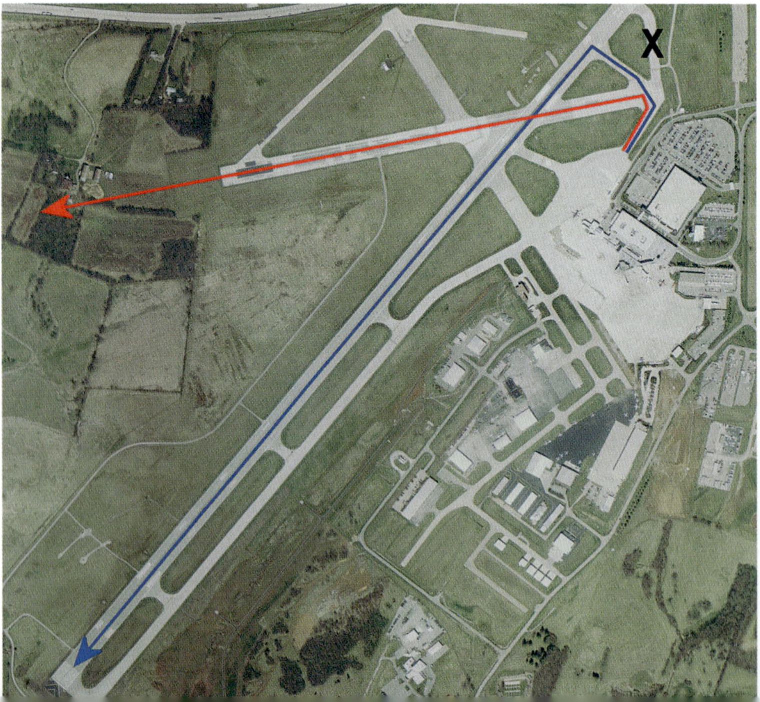

207 Das Wunder vom Hudson

Gefeiert, verfilmt, Gehalt gekürzt nach der Notlandung auf dem Hudson

Unvergessen ist „das Wunder vom Hudson River“. Capt. Chesley Sullenberger war am 15. Januar 2009 gleich nach dem Start in La Guardia mit seiner A320 in einen Schwarm Kanadagänse geraten, die seinen Flugweg kreuzten. Beide Triebwerke blieben stehen. Daraufhin setzte der überlegt handelnde Käpten das Flugzeug mit allen 155 Menschen an Bord auf den eiskalten Fluss. Die Evakuierung verlief geordnet, es gab keine Verletzten, der Käpten verließ als letzter das Flugzeug. Im Nu waren Schiffe und Fähren da, die die Passagiere an Bord nahmen. Das Wunder vom Hudson wurde von Clint Eastwood mit Tom Hanks in der Hauptrolle verfilmt, Sullenberger selbst sagt über die 18-monatige Flugunfalluntersuchung: „Ich war 40 Jahre in der Luft, jetzt werde ich an 208 Sekunden beurteilt.“ Während Sully für seine meisterhafte Notwasserung gefeiert wurde, kürzte die Airline sein Gehalt um 40% und trat seine Pensionsansprüche an einen öffentlichen Pensionsfond ab. Nach der Bergung des Flugzeugs fand er ein Buch wieder, für das die Leihbücherei daraufhin einen Säumniszuschlag einforderte!

208 Menschenskind

Irgendwann hat wohl schon jeder Vater seine Kinder mit auf die Arbeit genommen. So brachte im Februar 2010 ein Fluglotse am Kennedy Airport New York seinen achtjährigen Sohn mit zum Dienst und ließ ihn ans Mikrofon. Der Junge gab Startfreigaben, ordnete Frequenzwechsel an und verabschiedete die Aeromexico sogar mit einem freundlichen „Adios amigo“. Natürlich war sein Vater neben ihm, der ihm genau vorsagte, was er über Funk wiederholen sollte. Die Piloten zeigten sich durchweg amüsiert. Trotzdem landete ein Mitschnitt auf YouTube. Die Bürokraten der FAA reagierten mit einem Rundumschlag, Vater und Wachleiter wurden vom Dienst suspendiert, alle Privatbesuche in Kontrollräumen USA-weit untersagt. Auch wenn die Folgen drastisch waren, so ist es doch harmlos gegen den Unfall mit 75 Toten, den der 15-jährige Sohn eines Aeroflot-Käptens verursachte. Das Kind auf dem Pilotensitz schaltete einen Teil des Autopiloten aus, worauf das Flugzeug in einen fast senkrechten Sturzflug überging. Der Vater schaffte es wegen der Fliehkräfte nicht mehr auf seinen Sitz.

209 Chapicoense

Vetternwirtschaft und Verantwortungslosigkeit führten zu diesem Crash bei Medellín.

Am 23. November 2016 flog der brasilianische Fußballclub von Chapeco zum Finale des Südamerika-Cup gegen Atletico Nacional nach Kolumbien. Die Charterfluggesellschaft LAMIA nutzte eine Avro RJ85. Der Käpten war Miteigentümer der finanziell angeschlagenen Airline. Die direkte Flugstrecke nach Cordova war jedoch auch bei besten Bedingungen 30 km länger als die treibstoffbedingte Reichweite des Flugzeugs. Auf eine Zwischenlandung zum Auftanken hatte der Käpten verzichtet, da der Flughafen Cobija nicht rechtzeitig vor der Schließung erreicht wurde. Im Anflug auf Cordova bat der Käpten um bevorzugte Landung wegen Treibstoffmangels. Er traute sich jedoch nicht, eine eindeutige Luftnotlage zu erklären. Da bereits eine andere Maschine auf Cordova im Anflug war, die eine bevorzugte Behandlung erbeten hatte, musste die Avro zwei Warteschleifen fliegen. 12 Meilen im Endanflug blieben die Motoren stehen. 8 Meilen im Endanflug schlug die Maschine auf. 71 der 77 Menschen an Bord kamen ums Leben. Atletico Nacional verzichtete daraufhin auf das Finale, Chapecoense wurde zum Sieger erklärt und erhielt die damit verbundene Prämie von 2 Millionen Dollar. Atletico erhielt den Fair Play Preis mit 1 Mio. Dollar. Einer der Überlebenden, Alan Ruschel, feierte sein Comeback in einer neuen Mannschaft.

210 Flugsicherheit

Fliegen wird sicherer. 1926 und 1927 gab es 24 Airline Crashs. 1928 waren es 26, 1929 gar 51! Ein Unfall pro einer Million Flugmeilen! Das war dann aber auch schon der Höhepunkt in der Unfallstatistik: Seitdem nehmen die Unfallzahlen ab. Würde man die Zahlen von 1928 auf das heutige Flugaufkommen umrechnen, hätten wir 7.000 Totalverluste pro Jahr. Auch in den 1970er-Jahren gab es dramatische Unfälle, 1972 ließen 2373 Menschen ihr Leben. Seitdem ist die Luftfahrt jedoch bei einem statistischen Wert von einem Unfall pro 2 Milliarden Meilen angekommen. Das sicherste Jahr in der Passagierfliegerei war 2013, trotz des Germanwings-Unglücks, gefolgt von 2016. Das Verhältnis von Todesopfern zu Passagieren lag da bei etwa 1:11 Millionen!

211 Okinawa Fire

Am 20. 08. 2007 landete eine Boeing 737 von China Airlines in Naha, der Hauptstadt der Insel Okinawa. Sie rollte ans Gate, parkte, die Cockpit-Crew durchlief die Checklisten für die Shut-Down-Prozedur. Jetzt erst traten die Folgen einer Schlamperei auf, die schon zwei Jahre zuvor bei Wartungsarbeiten begangen wurde. Eine Vorrichtung, die verhindern soll, dass die Vorflügelklappen zu weit ausgefahren werden, war nicht sachgerecht verschraubt. Konkret fehlte eine Unterlegscheibe, die verhindert, dass ein Bolzen aus seiner Führung gerät. Beim Einfahren der Klappen wurde der lose Bolzen in den Flügeltank gedrückt. Sprit lief aus, entzündete sich an Triebwerk und Bremsen und setzte das Flugzeug in Flammen. Die Passagiere, konnten über die Notrutschen evakuiert werden, aber das Flugzeug wurde ein Raub der Flammen. Durch Miss-Koordination zwischen Feuerwehr und Tower begann der Löschangriff erst nach sechs Minuten. ICAO Standard ist dort 120 Sekunden!

Kleine Ursache, große Wirkung. Eine fehlende Unterlegscheibe an einem Bolzen führte zu einer Beschädigung des Tanks. Auslaufender Treibstoff entzündete sich, das Flugzeug wurde komplett zerstört.

212 Fume Events

Zur Sicherheit haben Piloten Masken griffbereit.

Die Zwischenfälle sind zwar selten, aber beunruhigend: Ein Airbus A319 der Germanwings befand sich am 19.12.2010 im Anflug auf den Flughafen Köln, als der Kopilot einen beißenden Geruch im Cockpit bemerkte. Er setzte wohl die Sauerstoffmaske auf, aber ihm war bereits schlecht. „Lande du den Vogel, ich kann nicht mehr fliegen", stammelte er zum Käpten. Doch jetzt spürte auch der „ein starkes Kribbeln in Händen und Füßen", die Sinne begannen ihm zu schwinden. Er erklärte beim Tower Luftnotlage, nahm alle seine Kräfte zusammen und brachte das Flugzeug unter Aufbietung der letzten Konzentration auf die Bahn. Nach dem Ausrollen kamen Sanitäter an Bord. Die entsetzten Passagiere wurden Zeuge, wie die beiden Piloten vor ihren Augen zu einem wartenden Krankenwagen begleitet wurden. Nach offizieller Verlautbarung der Airline soll der Geruch von Enteisungsflüssigkeit verursacht worden sein. Der Kopilot war danach ein halbes Jahr krankgeschrieben. Statt der Enteisungsflüssigkeit könnten es auch giftige Öldämpfe gewesen sein.

213 Selbstentzündung

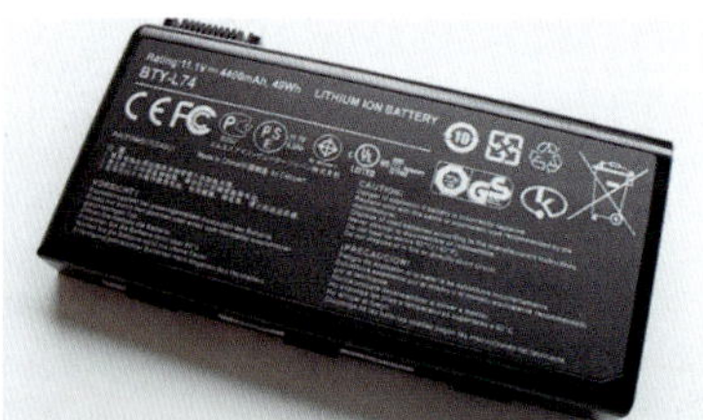

Gefährliche Fracht: Notebook Akkus

Am 3. September 2010 entwickelte sich Rauch an Bord eines Boeing-747-Frachters von UPS. Er wurde immer dichter drang ins Cockpit. Die Piloten konnten ihre Instrumente nicht mehr sehen, ein Frequenzwechsel war nicht mehr möglich. Die Sauerstoffversorgung des Käpten brach zusammen, er wurde ohnmächtig. Der Kopilot kämpfte alleine mit dem Flugzeug und dem Rauch. Er rief andere Flugzeuge auf seiner Frequenz zu Hilfe. Sie gaben seine Fragen an die Fluglotsen in Dubai weiter und übermittelten die Anweisungen von dort. Er flehte um Hilfe, wollte erfahren, wo er sei, wie hoch er flog und welche Richtung er steuern sollte. Er schaffte weder den Anflug auf Dubai, noch die Landung auf einem anderen Flughafen. Die Maschine stürzte aus 4000 Fuß ab. Das Feuer im Laderaum hatte sich in wenigen Minuten ausgebreitet. Die Ladung bestand aus mindestens 35.000 NiCd- und Li Ion Akkus. In dem vollgetankten Flugzeug befanden sich etwa hundert Tonnen instabile und hochbrennbare Fracht.

Jagdflieger-Eskorte wegen Katze 214

Nach 9/11 verstehen die Amis keinen Spaß mehr, wenn sich Passagiere der Crew widersetzen.

Zaneta Hucikova (34) schmuggelte ihre kleine Katze Victoria an Bord einer Boeing 767 der Condor auf dem Flug von Las Vegas nach Frankfurt. Die Crew vereinbarte mit dem Model, die Katze in einen nicht genutzten Waschraum zu sperren. Nach dem Start wollte die Lady ihre „Trost-Katze" aber bei sich haben. Sie attackierte eine Flugbegleiterin, fluchte und drohte, das Flugzeug zum Absturz zu bringen, denn sie habe Kontakte zur Mafia. Der Käpten erklärte kurzerhand einen Inflight-Emergency wegen eines aufsässigen Passagiers. Zwei Kampfflugzeuge vom Typ F-16 starteten in Buckley Air Force Base, setzten sich dicht neben die Condor und eskortierten das Flugzeug nach Denver zur Landung. Polizisten und FBI-Agenten begleiteten die hysterische Lady samt ihrer verwöhnten Katze unter dem Applaus von 225 Passagieren von Bord. Nun fiel auch auf, dass sie länger in den USA verweilt hatte, als ihr Visum es erlaubte. Sie wurde bis zur Gerichtsverhandlung in Haft genommen. Ohne Trost-Katze.

Die Rechnung konnte sich sehen lassen: Außerplanmäßige Landegebühren in Denver, Wartung und Auftanken des Flugzeugs, 240 Hotelübernachtungen für Passagiere und Crew, 28 Stunden Zeitverlust, Verspätungsgebühren, bewaffneter Escort Service der US Air Force … Grob überschlagen, mit einer halben Million Euro ist die Lady dabei. Man gönnt sich ja sonst nichts!

Übrigens zeigt sie inzwischen stolz Fotos, auf denen sie 2013 mit Donald Trump bei einem Swimsuit-Wettbewerb zu sehen ist.

Bei acht Pisten muss ein Flughafen nicht geschlossen werden, wenn mal auf einer etwas passiert.

215 50.000 Airports

Die Anzahl der Flughäfen in der Welt ist schwer zu bestimmen, da man die Airports, Landeplätze und Flugfelder schwer vergleichen kann. Zählt man nur die, die einen ICAO oder einen IATA Code haben, kommt man auf fast 50.000. Einschränkend könnte man die Zahl von der Länge der Piste abhängig machen, von der Oberflächenbeschaffenheit, von der Anzahl der Pisten oder von der Anzahl der Landungen und Starts. Gemessen an der Zahl der Pisten wäre Chicago O'Hare mit acht Pisten ganz vorne (zwei werden gerade zurückgebaut), gefolgt von Dallas-Ft.Worth mit sieben. Detroit Metropolitan, Boston Logan, Honolulu, Amsterdam und Denver haben je sechs. Es folgen 17 Flughäfen mit fünf Pisten, darunter Atlanta und Houston Bush. Dann kommt die Masse der Flughäfen mit vier Pisten, darunter Frankfurt und Zürich. Zählt man hingegen die Airlines, die einen Flughafen anfliegen, so wäre Amsterdam mit 80 ganz vorne und Chicago mit 47 weit abgeschlagen. Auch mit der Zahl der Destinationen könnte Amsterdam punkten: Die Niederländer sind mit 232 Städtepaaren verbunden, Chicago nur mit 206.

Passchendaele

216

Die dritte Flandernschlacht, die im Sommer 1917 mit der Eroberung des Dorfes Passchendaele begann, ging als eine der größten und sinnlosesten Schlachten des Ersten Weltkrieges in die Geschichte ein. Deutsche und Alliierte lagen sich in einem Stellungskrieg gegenüber. Der Auftakt kam von den Briten. Aus 3000 Geschützen hagelte es zehn Tage lang vier Millionen Granaten auf die deutschen Stellungen. Das Schlachtfeld wurde in eine Kraterwüste verwandelt. Ein ungewöhnlich starker Dauerregen machte aus der Kraterwüste ein riesiges Schlammloch. Die Soldaten lebten im Schlamm, krochen im Schlamm, schliefen im Schlamm, kämpften im Schlamm, ersoffen und verreckten im Schlamm. Über Monate hinweg rannten die alliierten Soldaten vergeblich gegen das Abwehrfeuer der deutschen Truppen an. Und über dem Schlachtfeld tobte der Luftkrieg. 1450 Flugzeuge flogen gegeneinander und versuchten zu verhindern, dass Bomben auf die jeweils eigenen Truppen geworfen wurden. Da fanden tragische und verzweifelte Situationen am Himmel statt. Und nach jeder Landung waren die Piloten ein Stück gealtert und verbitterter geworden. Nach hundert Tagen und etwa einer halben Million Toten wurde die Schlacht von einem kanadischen Regiment gewonnen. Die Alliierten hatten ganze acht Kilometer Gelände gewonnen. Krieg ist etwas Abscheuliches!

Kanonen, Artillerie und Luftkrieg kosteten 1917 in Flandern eine halbe Million Menschenleben.

217 Pearl Harbor und die Folgen

Japan griff die US Navy in Pearl Harbor auf Hawaii an. Sechs japanische Flugzeugträger brachten 441 Flugzeuge ins Zielgebiet. Fünf amerikanische Schlachtschiffe sanken, 9 weitere wurden schwer beschädigt, 188 amerikanische Kampflugzeuge wurden am Boden zerstört, 155 weitere schwer beschädigt. Am Abend gibt Tokio bekannt, dass man mit den USA und Großbritannien im Krieg ist. In Folge davon vervierfachten die USA ihre Flugzeugproduktion, mehrere zehntausend schwere Bomber vom Typ B-17, B-24, B-25, B-26, B-29 und B-32 wurden bis zum Kriegsende 1945 gebaut.Während des zweiten Weltkriegs bauten die USA 300.000 Flugzeuge. Zum Vergleich: Deutschland baute in dieser Zeit 120.000, die UdSSR 158.000, England 131.000 und Japan 76.000 Flugzeuge der verschiedensten Art. Nach Pearl Harbour verbrauchten die Amerikaner ca. 37 Milliarden Liter Flugbenzin, 460 Milliarden Geschosse, 8 Millionen Bomben. Hastige Produktion und verkürzte Ausbildung hatten ihren Preis: Bei 52.651 Flugunfällen innerhalb der USA verloren die Streitkräfte 15.000 Piloten und Crew-Mitglieder. In dieser Zeit verloren die USA 170 Flugzeuge pro Tag.

Bell Werke Buffalo. P-39 Airacobra Produktion

Frauen an der Heimatfront 218

Männer an die Front, Frauen in die Flugzeugwerke, wie hier in Long Beach bei den Douglas Werken

Nach dem japanischen Angriff auf Pearl Harbor im Dezember 1941 wurde die amerikanische Wirtschaft auf den Kopf gestellt. Während die Väter und Söhne einrückten und an verschiedenen Fronten kämpften, mussten die Mütter und Töchter die traditionellen Männerjobs in der Wirtschaft übernehmen. Sie arbeiteten in Munitions- und Flugzeugfabriken, auf Farmen, fuhren Lastwagen und Straßenbahnen. Frauen, die nicht in die Fabriken gingen spendeten ihre Arbeitskraft in Krankenhäusern, Schulen und Kindergärten. Auch der Verkauf von Rüstungs-Anteilen an den Haustüren war eine Art, dem Land zu dienen. Auch Ferien- und Reha-Einrichtungen wurden von Frauen betrieben. In den Bombenfabriken in Minnesota waren über 60% der Beschäftigten weiblich. Allein die USA produzierten während des Zweiten Weltkriegs Munition für 106 Milliarden Dollar! Selbst die harte Arbeit in den Schiffswerften wurde von Frauen geleistet. Amerikanische Historiker gehen sogar so weit zu sagen, man habe diesen Frauen den Sieg im Zweiten Weltkrieg zu verdanken. Doch erst 1948 öffnete sich das amerikanische Militär für Frauen, und erst im Jahr 1976 durften sie auch an die Offiziersschule.

219 Kamikaze

Der Flugzeugträger Bunker Hill wird von zwei Kamikaze Flugzeugen getroffen.

Nach dem Motto „ein Flugzeug – ein Schiff“ stellte die japanische Marineluftwaffe Kampfeinheiten mit freiwilligen Piloten auf, die sich mit flugfähig gemachten Bomben oder fliegenden Torpedos auf amerikanische Flottenverbände stürzten und versuchten, sie auf Deck oder an der Wasserlinie zu treffen. In Japan nannte man sie Shimpu Tokko-tai, der Begriff „Kamikaze“ existiert nur außerhalb Japans. Die militärische Lage im Pazifik wurde 1944 immer aussichtsloser. Also ging man dazu über freiwillige Piloten zu opfern, die in Schwärmen von mehr als 100 fliegenden Bomben über die amerikanischen Kriegsschiffe herfielen. Sie wurden nur für den Hinflug betankt. Sie kamen aus der Sonne, aus unterschiedlichen Richtungen und in unterschiedlichen Höhen. Ihr Ziel war es, die amerikanischen Zerstörer so dicht wie möglich an der Wasserlinie zu treffen und mit der explodierenden Maschine ein möglichst großes Loch zu reißen. Mehr als 3000 japanische Piloten opferten sich. 36 Schiffe der US-Pazifikflotte wurden dabei versenkt, 368 Schiffe unter anderem die Flugzeugträger USS Bunker Hill und USS Enterprise fielen für den Rest des Krieges aus. Schlimmer aber war die psychologische Belastung für die amerikanischen Soldaten. Nach dem Krieg bat der Kommandeur der Tokko-tai die hinterbliebenen Familien um Vergebung und tötete sich selbst.

220 Enola Gay

Col. Paul Tibbets hatte die Freiheit, die B-29 mit einem Namen seiner Wahl zu benennen, die für den Abwurf der ersten Atombombe vorbereitet wurde. Er nannte sie nach seiner Mutter Enola Gay Tibbets. Um die 4,5 Tonnen schwere Bombe über die weite Strecke von der Marianen Insel Tinian bis zum japanischen Hauptland befördern zu können, wurden alle weiteren Waffen aus dem Flugzeug entfernt. Das ermöglichte schließlich auch eine größere Flughöhe, was wegen der thermonuklearen Explosion und der zu erwartenden Druckwelle notwendig war. Der Hinflug dauerte 13 Stunden. Am 06. August 1945 um 08:15 Uhr Hiroshima-Zeit wurde die Bombe an einem Fallschirm hängend abgeworfen. Sie explodierte 43 Sekunden später 580 m über der Stadt. Der Atompilz

Die Enola Gay wurde durch die Bombe von Hiroshima zu einem der berühmtesten Maschinen der Welt.

wuchs bis auf 13.000 m Höhe und war auf dem Rückflug noch 500 km weit zu sehen. 100.000 Menschen starben sofort, weitere 130.000 in den Monaten danach. Eine Viertelmillion Menschen starben, 76.000 Gebäude wurden zerstört, die Stadt zu zwei Drittel in Schutt und Asche gelegt. 12 Stunden später landete Enola Gay wieder auf Tinian. Drei Tage später fiel die zweite Bombe auf die Stadt Nagasaki, die etwa 70.000 Opfer forderte. Am 15. August kapitulierte Japan.

221 Lockheed AC-130 Gunship „Spectre"

Wie beschreibt man eine fliegende Kanone, ohne kriegsverherrlichend zu wirken? Die Lockhheed C-130 Spectre ist letztendlich ein Kanonenboot an Bord eines militärischen Tranportflugzeugs. Sie hat ein hochmodernes Radar der McDonnell Douglas F-15E, das mit der Avionik und den Bordkanonen gekoppelt ist. Selbst fahrende Ziele können dank dieser Elektronik exakt getroffen werden. Dazu hat sie Nachtsichtgeräte. Die Spectre umkreist ihr Ziel in großen Linkskurven. Die Bewaffnung an den Backbordladetüren ist beeindruckend: Zwei sechsläufige 20-mm-Gatling-Maschinenkanonen mit je 3000 Schuss Mu-

Fliegendes Kanonenboot auf Herkules-Basis

nition, eine 40-mm-Maschinenkanone mit 256 Schuss Munition in 8er-Stangenmagazinen, und eine 105-mm-Haubitze mit 100 Schuss Munition (10 verschiedene Artilleriegranaten). Als passiven Schutz gegen hitzesuchende Raketen hat sie Magnesium-Täuschkörper an Bord.

222

Operation Eagle Claw

Am 4. November 1979 besetzten 400 Studenten die amerikanische Botschaft in Teheran. Die Geiselnahme von 52 Amerikanern sollte 444 Tage dauern. In dessen Verlauf kam es auch zu einem missglückten Versuch einer Befreiung, die als eine der größten militärischen Katastrophen in die Geschichte der USA einging. An der Kommandoaktion am 24.4.1980 waren acht Großhubschrauber und mehrere Hercules Transporter beteiligt. Der Plan sah vor, eine iranische Luftwaffenbasis zu kapern, um dort einen Logistikpunkt aufzubauen, an dem die Hubschrauber für den Hin- und den Rückflug betankt werden konnten. Doch lange Wartezeiten im Leerlauf erhöhten den kalkulierten Spritverbrauch, der Treibstoff wurde knapp, man musste improvisieren. Der Flugzeugträger Nimitz lag in der Straße von Hormus, um Luftunterstützung zu gewährleisten. Auch wegen technischer Probleme und Sandstürmen fielen mehre Hubschrauber aus. Es kam viel Hektik ins Spiel. Das Chaos gipfelte in einer Kollision zwischen einem Hubschrauber und einer Hercules, Betankungen schlugen fehl. Fünf Hubschrauber wurden aufgegeben, acht amerikanische Soldaten kamen ums Leben. Am 20. Januar 1981 ließ Ayatollah Khomeini die Geiseln frei, nur wenige Minuten nach der Amtsübergabe von Jimmy Carter an seinen Nachfolger Ronald Reagan. Der damalige US-Verteidigungsminister war gegen die Operation, da sie das Leben der Geiseln gefährden könnte und trat unabhängig vom Verlauf der Aktion zurück. Das wurde allerdings erst Tage danach bekannt.

Sea Stallions vor dem Einsatz auf dem Flugzeugträger Nimitz

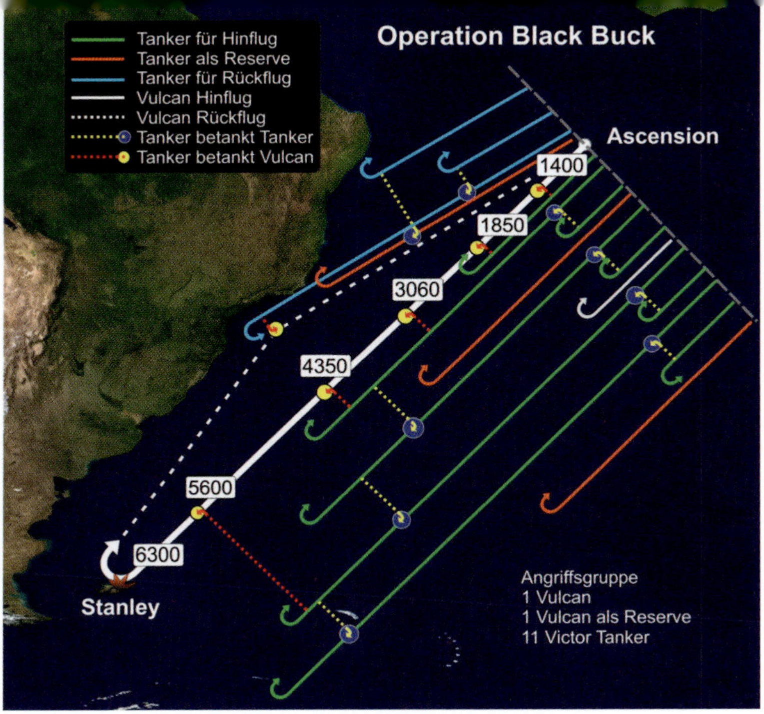

Einsatzplan für die Luftbetankung eines (!) Vulcan-Bombers für den Flug nach Falkland und zurück

223 Operation Black Buck

Im Falkland-Krieg war auch der Flughafen Port Stanley ein Ziel. Die Engländer stationierten zwei Vulcan Bomber und eine Victor Tankerstaffel auf Ascension im Südatlantik, 6500 km nördlich von Falkland. Eine Stunde vor Mitternacht startete der Pulk von 13 Flugzeugen in Ascension zu einem 16-Stundenflug mit sechs Luftbetankungen und einem Bombeneinsatz. Die fliegenden Zisternen mussten sich gegenseitig selbst betanken, damit der letzte Tanker kurz vor Falkland die Vulcan noch einmal für den Rückflug befüllen konnte. Von den 21 abgeworfenen Bomben trafen gerade einmal zwei die Startbahn, weil man einen leicht diagonalen Kurs gewählt hatte. Noch bevor die Vulcan nach einem nervenaufreibenden Rückflug in Ascension landete, waren die Krater bereits notdürftig repariert. Dieser Einsatz beinhaltete insgesamt 18 Luftbetankungen. 225 Tonnen Treibstoff wurden dabei zwischen den Flugzeugen übergeben. Sechs weitere Operationen folgten, es ging kein einziges Flugzeug dabei verloren. Der Flughafen von Port Stanley konnte schließlich nicht von den Argentiniern benutzt werden. Insofern war Operation Black Buck ein strategischer Erfolg, dank Luftbetankung.

224 Krieg im Frieden

Luftbetankung eines Tornados

Kommt es zum Krieg, ruht normalerweise aller zivile Luftverkehr. Nicht so 1999 während des Kosovo Krieges. Damals waren im Rahmen von Verlegungen oder Einsätzen etwa 850 Militärflugzeuge aus England, Italien, Frankreich, Holland, Deutschland, Dänemark, Norwegen, Kanada, Portugal, Spanien, der Türkei, den USA und verschiedenen Flugzeugträgern unterwegs, davon allein 140 Tanker. Viele dieser Flugzeuge mussten durch zivile Lufträume und wurden dort betankt, bevor sie sich zu taktischen Formationen zusammenschlossen. Im Verlauf der zehnwöchigen Kampfhandlungen gab es allerdings keinen nennenswerten Zwischenfall im europäischen Luftraum, eine ausgesprochen flexible Leistung der Flugsicherungen und ein Beweis, dass das zivil-militärische Flugsicherungskonzept in Deutschland als Transitland funktioniert. Die Situation des „Kriegsflugbetriebs" in einem Friedensumfeld, so wie es mit dem Kosovo-Konflikt Realität geworden war, war zuvor in keiner dieser Bestimmungen abgedeckt. Auch rechtlich war es eine völlig unbekannte Größe. Dieser Konflikt hatte die Beteiligten kalt erwischt.

Bei Kriegen gibt es normalerweise keine Gewinner. Irgendjemand zahlt immer drauf, meistens ist es die Bevölkerung. Wenn die Welt doch nur aus vergangenen Auseinandersetzungen etwas lernen würde!

225 HAHO

Was haben Fallschirmspringer in Höhen zu suchen, die normalerweise von Jumbos beflogen werden? Es sind HAHO Springer der Bundeswehr. HAHO steht für High Altitude – High Opening im Gegensatz zu HALO High Altitude – Low Opening. Wir reden hier von bis zu 9000 Metern Absetzhöhe mit Sauerstoffgerät, Waffen, Gepäck und Gleitfallschirmen! Und damit die Fallschirmjäger nicht mit Flugzeugen ins Gehege kommen, sind sie bei Trainingssprüngen mit einem Transponder ausgerüstet, um sich bei der Flugsicherung sichtbar und erkenntlich zu machen. Der Springer wird in 8000 bis 9000 m Höhe und je nach Höhenwindverhältnissen in etwa 40 km Entfernung vom geplanten Landepunkt abgesetzt. Im Ernstfall soll eine Gefährdung der Transportmaschine verhindert, und die Lage der Landezone verschleiert werden. Der Springer gleitet mit dem Wind auf das Ziel zu. Sie haben ein Instrumentendisplay mit Kompass und GPS mit gespeicherten Wegpunkten bei sich. Die Schwierigkeit besteht in der Navigation unter Berücksichtigung der realen Windverhältnisse. Der Springer kann durch eine andere als die meteorologisch vorhergesagte und geplante Windachse an der Landezone vorbeigedrückt werden.

Ausrüstung eines HAHO Fallschirmjägers der Bundeswehr

226 Flugzeugträger

Flugzeugträger sind schwimmende Flughäfen, ihre Besatzung von ca. 5000 Mann entspricht der einer Kleinstadt. Die Schiffe der Enterprise-Klasse zum Beispiel beherbergen über 100 Flugzeuge in ihren Hangars unter Deck, die über vier Aufzüge auf das Flugdeck gebracht werden können. Diese Schiffe sind mit acht Druckwasser-Atomreaktoren bestückt, die mit angereichertem Uran gespeist werden und vier Turbinen und ebenso viele Schrauben antreiben. Das verleiht den Schiffen eine unbegrenzte Reichweite. Sie müssen nur etwa alle 13 Jahre „betankt" werden. Sie sind etwa 340 m lang und haben eine Höchstgeschwindigkeit von 36 Knoten (67 km/h). Flugzeugträger sind nicht alleine unterwegs, sondern innerhalb einer Flugzeugträgerkampfgruppe. Dazu gehören Lenkwaffenkreuzer mit Marschflugkörpern, Lenkwaffenzerstörer, Jagd-U-Boote und Versorgungsschiffe. Flugzeugträger haben eine enorme Kampfkraft, welche einer Regierung die Flexibilität verleiht, auf Krisen oder Bedrohungen zu reagieren oder Macht auszuüben. Im Juli 2017 wurde das neuste Schiff dieser Art in Dienst gestellt, die USS Gerald Ford als Ersatz für die USS Enterprise. Die US Navy unterhält elf Flugzeugträgerkampfgruppen in verschiedenen Teilen der Welt. Sie müssen stets innerhalb von 30 Tagen auslaufen können.

Flugzeugträger Abraham Lincoln

Boeing E3A AWACS

Die in Geilenkirchen stationierten NATO Flugzeuge führen in Friedenszeiten das Rufzeichen FRISBEE, man kann sich vorstellen, warum. Die Besatzung ist multinational.

Man mag ja den Beitrag Luxemburgs zur NATO mit einem milden Lächeln quittieren. Aber immerhin sind die 16 E-3A AWACS Flugzeuge in Luxembourg registriert. Stationiert sind sie allerdings auf dem NATO-Flugplatz Geilenkirchen an der holländischen Grenze auf deutschem Gebiet. Mit einem Stückpreis von 270 Millionen Dollar werden sie auch als die Kronjuwelen der NATO bezeichnet. Die E-3A operiert normalerweise in 10 km Höhe und deckt dabei mit ihrem Radar einen Radius von 400 km ab. Das Doppler-Puls-Radar kann zwischen beweglichen und festen Zielen am Boden unterscheiden und vor tief oder hoch fliegenden Objekten warnen. Über ihr umfangreiches Kommunikationsequipment auf zahlreichen Arbeitskonsolen an Bord ist die Besatzung digital mit Einsatzzentren am Boden, zu Wasser oder in der Luft verbunden. Die Maschinen sind luftbetankbar, können aber auch ohne nachzutanken über zehn Stunden in der Luft bleiben. Die Crew besteht aus zwei Piloten, einem Navigator, einem Bordingenieur, je einem Techniker für Radar, Funk und Systeme, sowie einer etwa zehnköpfigen Radarleitstelle, die gegnerische Flugzeuge identifizieren und eigene Jäger beim Abfangeinsatz leiten kann.

228 Gebrüder Montgolfier

Start einer Montgolfiere in Aranjuez, Spanien

Joseph Michel und Jacques Étienne Montgolfier demonstrierten am 19.9.1783 den ersten Heißluftballonanstieg. König Ludwig XVI. und Königin Antoinette wünschten, dass dieser erste gefährliche Versuch eines Aufstiegs in die oberen Atmosphären statt mit Menschen, mit zwei verurteilten Sträflingen stattfand (so die damalige Denkweise). Die Montgolfiers überzeugten den King mit Vernunft: ein Hammel, eine Ente und ein Hahn sollten aufsteigen. Der Hammel, weil er wie die Menschen am Boden lebte und nichts mit Fliegen zu tun hatte, die Ente, weil sie kein Problem haben dürfte, sich in der Luft wiederzufinden, und der Hahn, weil man dieses Geflügel nicht in größeren Höhen findet. Der Flug war ein Erfolg, der Ballon schwebte in 450 m Höhe 2 km weit. Zwei Tage später wurde das Experiment von Étienne Montgolfier und dem Physiker Jean-François Pilâtre de Rozier wiederholt. Schließlich, am 21. November 1783 erfolgte der dritte Flug mit dem Offizier François d'Arlandes. Er dauerte 25 Minuten, ging in 910 m Höhe über die Seine und führte neun Kilometer zum Butte aux Cailles. Es war sogar noch so viel Brennstoff im Tank, dass man vier oder fünfmal so weit hätte fliegen können. Die Gebrüder Montgolfier schufen damit die Grundlage zu weiteren Flugversuchen. Sie begründeten einen regelrechten Hype und befeuerten den weltweiten Traum vom Fliegen.

Die Blanchards

Die Reihe der französischen Ballonfahrer setzt sich fort: Jean-Pierre Blanchard hatte sich das Fliegen in den Kopf gesetzt, seine mechanischen Flugapparate hoben aber nicht so recht vom Boden ab. Er beobachtete aufmerksam die Entwicklung der Brüder Montgolfier und sah dort seine Zukunft. 1784 überquerte er mit einem Wasserstoffballon die Seine bei Paris. Doch das Maß aller Dinge war damals einfach der Ärmelkanal. Am 7.1.1785 fuhr er zusammen mit einem befreundeten Arzt, Dr. John Jeffries, über den Ärmelkanal von Dover nach Calais. Fast wäre es schiefgegangen. Die beiden Ballonfahrer konnten gar nicht schnell genug Ballast abwerfen, wie sie sanken. Zuletzt trennten sie sich sogar noch von der Gondel und kletterten in die Halteseile, um trocken das Ufer zu erreichen. Sie entledigten sich sogar noch ihrer Kleidung bis auf die Unterhosen! Die herbeigeeilte Menschenmenge bejubelte die beiden halbnackten Helden nach ihrer geglückten Landung. Blanchard erhielt die Ehrenbürgerschaft von Calais. Der französische König bezahlte ihm lebenslang eine Apanage von 1200 Livres pro Jahr.

Blanchard experimentierte auch mit Fallschirmen. Im Oktober 1785 testete er ihn erfolgreich mit einem Hund. Einen Monat später rettete ihm sein Fallschirm das Leben.

1804 heiratete Blanchard Marie Madeleine Sophie Armant. Sophie erlernte das Ballonfahren und reiste mit ihrem Gatten durch die Lande. Während einer Ballonfahrt starb Jean-Pierre Blanchard. Seine Frau setzte nicht nur die Reise fort, sondern wurde bald auch die erste Ballonfahrerin.

Blanchards Ballonfahrt über den Kanal

230 Massenproduktion

Eine Fokker DR.1., wie sie Baron Freiherr Manfred von Richthofen flog.

Sowie man während der Weltkriege merkte, dass ein Flugzeug besonders erfolgreich war, wurden davon gewaltige Stückzahlen gebaut. Mit einer rühmlichen Ausnahme, der Fokker DR.1. Baron Freiherr Manfred von Richthofen, von seinen Feinden ehrfürchtig „The Bloody Red Baron“ genannt, flog mit seinem „fliegenden Zirkus“ im Ersten Weltkrieg erfolgreich mit gerademal 320 seiner bunt bemalten Fokker gegen tausende von Spads, Nieuports, Albatross und Sopwith Camel der alliierten Gegner an.

231 Polikarpov

Parasitenbomber waren Großflugzeuge mit ihrem eigenen Schutz.

Die Polikarpov Po-2 Kukuruznik ging 1927 in Serie. Der Doppeldecker war mit etwa 33.000 gebauten Einheiten nicht vom russischen Himmel wegzudenken, bis der Bau 1952 eingestellt wurde. Wie einfallsreich der russische Flugzeugbau war, zeigt der Parasitenbomber TB-3 von Tupolev. Er war groß genug um mehrere kleine Jäger huckepack an die Front zu befördern, wo sie sich ausklinkten und ausschwärmten, entweder als Begleitschutz oder zur Unterstützung der eigenen Frontlinien. Sowohl die Polikarpov I-5 als auch die Polikarpov I-16 wurden dafür als „Parasiten“ verwendet. Der psychologische Eindruck muss verheerend gewesen sein, wenn sich der Schwarm vom Mutterschiff trennte und wie die Hornissen auf ihr Ziel losgingen.

Die ersten Bestseller

Amerikanischer Nachbau einer Bleriot XI

Der erste Bestseller im Flugzeugbau war die Bleriot XI. Der Konstrukteur und Pionier stellte mit diesem Flugzeug mehrere Langstreckenrekorde auf. Nach der erfolgreichen Überquerung des Ärmelkanals und einem späteren Überflug der Alpen zu einem beliebten Sportflugzeug. Der Flugpionier konnte davon 1300 Stück verkaufen. Die Nachfrage war so groß, dass er das Flugzeug auch in Lizenz bauen ließ. Die italienische Luftwaffe beschaffte die Maschine für ihren Feldzug in Libyen.

Das Flugzeug war 7 m lang, hatte eine Spannweite von 8 m, einen 25-PS-Motor, und brachte es auf 75 km/h. Sein Nachfolger kam sogar auf 100 km/h und hatte eine Reichweite von 350 km bei 3,5 Stunden Flugdauer. Ein schwedischer Pilot fand Ende der 1980er-Jahre in einer Scheune eine alte Bleriot XI und brachte sie wieder in einen flugfähigen Zustand. Am 25. Juli 2009, 100 Jahre nach Blériots spektakulären Überquerung des Ärmelkanals, wiederholte der Franzose Edmond Salis den Flug in einer originalgetreuen Replika. Blériot erhielt seinerzeit die von der britischen Tageszeitung Daily Mail ausgelobten 1000 Pfund für den ersten erfolgreichen Flug über den Ärmelkanal.

Auch die Farman HF.20, 1913 als Aufklärungsflugzeug gebaut, gab es bald in sieben verschiedenen Versionen und wurde in fast ganz Europa, der Sowjetunion und bis nach Südafrika geflogen. Natürlich waren das damals noch reichlich zerbrechliche Flugzeuge, denen man noch keine Nutzlast anvertrauen konnte. Sie taugten zur Aufklärung, ihre Bewaffnung bestand vorerst aus der Pistole des Piloten zum gegenseitigen Beschuss.

233 Ju 52

Die Ju 52 fliegt nun schon fast hundert Jahre.

Ende der 1920er-Jahre baute Junkers die W33/34 zu einer vergrößerten Frachtmaschine mit einer Nutzlast von 2000 kg bei einer Reichweite von 1500 km um. Da dies keine andere Maschine der damaligen Zeit leistete, wurde das Flugzeug international schnell erfolgreich. Der 15-Sitzer wurde zum Rückgrat der Lufthansa-Flotte. 30 Fluggesellschaften in 25 Ländern beschafften die Maschine. Doch auch die neugegründete Luftwaffe zeigte Interesse an der Ju-52 und bestellte 540 Bomberversionen, die auch zum Transport von Fallschirmjägern, als Aufklärer, Sanitätsflugzeug und Schlepper für Lastensegler genutzt wurden. Das Cockpit wurde stark gepanzert, das Flugzeug konnte wahlweise mit Rädern, Kufen, Skiern oder Schwimmern ausgerüstet werden. Die Ju war leicht zu fliegen, zuverlässig, lag stabil in der Luft, extrem robust und wirtschaftlich. Insgesamt wurden von dieser Erfolgsmaschine 5.415 Stück gebaut, 4.845 davon in Deutschland.

234 Messerschmitt Bf 109 (Me 109)

Die Me 109 war lange der Schrecken der Gegner.

Von diesem Flugzeug wurden 33.000 Stück gebaut. Es gehörte zu den erfolgreichsten Jagdflugzeugen des Zweiten Weltkrieges. 33.000 Stück wurden von diesem Flugzeug gebaut, das zu den erfolgreichsten Jagdflugzeugen des Zweiten Weltkrieges gehörte. 1935 wurde die Maschine nach einem Vergleichsfliegen zwischen der Arado Ar 80, der Focke-Wulf Fw 159 sowie der Heinkel He 112 beschafft. Im Spanischen Bürgerkrieg hatten die Bf 109 ihre Bewährungsprobe. Taktisch war die Bf 109 bis 1940 den englischen Hurricanes und Spitfires in mancher Hinsicht überlegen. Besonders in mittleren und großen Höhen war sie schneller als die Spitfire. Außerdem hatte sie mit acht MGs eine höhere Feurerkraft als die englischen Jäger. Ende 1943 wurde die Bf 109 durch die P-51 Mustang deutlich übertroffen. Und doch wurden mit keinem anderen Flugzeug so viele Abschüsse erzielt wie mit der Bf/Me 109. Allein Erich Hartmann errang 352 Luftsiege mit diesem Flugzeugtyp.

235

Caproni CA.60

Giovanni Battista Caproni betrieb eine Flugzeugfabrik, die sich auf große, schwere Bomber spezialisierte. Man kann sich fast nicht vorstellen, dass diese Ungetüme vom Rollfeld abhoben. Und doch trugen sie bereits im Jahr 1918 mit 1700 kg die größte damals denkbare Bombenlast. 1921 machte sich Caproni an den Bau des CA.60, dem damals größten Flugboot der Welt mit acht Mann Besatzung. Neun Tragflächen, acht Motoren, 25 Tonnen schwer, sollte es als Dreidecker 100 Passagiere 660 Kilometer weit transportieren können. Das entspricht etwa der Entfernung von Genua nach Neapel. Der erste Testflug am Lago Maggiore endete mit einem Crash aus 20 Metern Höhe. Als das Monsterboot repariert wurde, fiel es einem Brand zum Opfer. Der besiegelte dann auch das Ende des Projekts.

Caproni und der Ausflug in die Gigantomanie

236

Junkers G 38

Der Flugzeugkonstrukteur Hugo Junkers stellte 1929 das weltweit größte Verkehrsflugzeug vor, die G 38. Sie hatte eine Spannweite von 44 Metern und fasste bis zu 34 Passagiere, von denen einige in den mächtigen Flügeln Platz fanden, deren Vorderseiten großzügig verglast waren. Obwohl das Flugzeug sofort Weltrekorde einflog, wurden nur zwei Stück gebaut. Die Lufthansa setzte sie auf Langstrecken ein. Eine der Maschinen stürzte 1936 bedingt durch einen Montagefehler ab. Das zweite Flugzeug wurde im Krieg durch britische Bomber zerstört. Mitsubishi baute die G 38 in Lizenz und flog sie unter der Bezeichnung Ki-20.

Damals das größte Verkehrsflugzeug der Welt, die G 38

237 C-47 (DC-3)

Gutmütig, leistungsstark und schon 1945 in der ganzen Welt zu Hause, die DC-3

Das Flugzeug wurde 1936 erstmals von Douglas gebaut. In der amerikanischen Militärversion brachte sie es auf 10.629 Exemplare. Unter dem Namen Dakota wurde sie vor allem den eingeschlossenen Berlinern während der Luftbrücke bekannt. Zu Spitzenzeiten wurden 1,8 Flugzeuge pro Stunde gefertigt. Außerdem bauten die Russen während des Krieges unter dem Namen Lisunov weitere 5.000 Stück in Lizenz. Nach dem Krieg kamen noch einmal 2.500 zivile Versionen hinzu. Darüber hinaus wurden in Japan 487 C-47 in Lizenz gebaut (71 Stück bei Nakajima, 416 bei Showa Aircraft Company). Alles in allem wurden also von diesem Flugzeug 18.616 Exemplare hergestellt.

238 Fw 190

Ein BMW Zwölfzylinder-Doppelsternmotor brachte Höchstleistungen aus diesem Flugzeug heraus.

Die Focke-Wulf Fw 190 „Würger" wurde im Mai 1939 erstmals geflogen. Sie waren mit einem BMW Sternmotor ausgerüstet. Aber erst im Dezember 1940 wurde die Maschine der Luftwaffe übergeben. Vom ersten Tag an war sie den alliierten Jägern überlegen. Sie hatte auch bessere Leistungsdaten als die Messerschmitt Bf 109. Sie wurde als Tagjäger (Fw 190A-4), Bomberzerstörer (Fw 190A-8), Schlechtwetterjäger (Fw 190A-9) Aufklärer (Fw 190E-1), Jagdbomber (Fw 190F), Schulflugzeug (Fw 190S) und Jagdbomber mit vergrößerter Reichweite (Fw 190G) verwendet. Erst Flugzeuge wie die englische Spitfire oder die amerikanische Mustang waren ihr überlegen und räumten unter den 20.000 gebauten Fw 190 fürchterlich auf.

Wasserflugzeuge

Als die Welt noch nicht mit Flughäfen, Flugplätzen und Sandpisten übersät war, behalf man sich mit Flugbooten, die auf Seen, Flüssen oder an Küsten landeten. Die Briten hatten einen regelmäßigen Liniendienst zu ihren Kolonien in Afrika, sie landeten auf dem Nil oder dem Viktoriasee. Die neuseeländische TEAC konnte problemlos alle Küstenstädte anfliegen und die pazifische Inselwelt erschließen. Besonders Dornier tat sich in Deutschland mit Flugbooten hervor, baute man doch damals schon das größte Flugzeug der Welt. Diese Tradition ist zwischen Wannsee und Bodensee fast komplett verloren gegangen. Auf der aktuellen ICAO-Karte sind für Deutschland gerade noch fünf Wasserfluggelände eingezeichnet, nur vier davon sind zurzeit aktiv. Im hohen Norden von Nordamerika hingegen ist ein Leben ohne Wasserflugzeuge gar nicht denkbar. So hat Anchorage mit dem Lake Hood den größten Wasserflugplatz der Welt. Täglich starten und landen dort 200 Flugzeuge der kleineren Art zu entlegenen Seen, zu Fishing Camps und einsamen Homesteads. Durch einen Kanal ist er mit dem Lake Spenard verbunden, an dessen Ufer Hotels und Motels liegen. So kann man sein Flugzeug direkt vor der Zimmertüre anbinden. Wenn im Winter Flüsse und Seen gefroren sind, werden die Schwimmer der Buschflugzeuge gegen Ski oder Kufen ausgetauscht. Und man ist im hohen Norden auch so flexibel, dass die Kufen durch Räder ersetzt werden können.

Im britischen Commonwealth von Afrika bis Neuseeland setzten sich die Flugboote durch.

240 Zeppelin Hindenburg

Das Luftschiff LZ 129 „Hindenburg“, erlebte seinen Jungfernflug 1936. Danach bediente sie siebenmal die Strecke Frankfurt – Rio de Janeiro und flog zehnmal zwischen Frankfurt und Lakehurst. Für die Fahrt in die USA benötigte sie 59 Stunden. Die Fahrt zwischen Deutschland und den USA kostete hin und zurück um die 800 Dollar, was einem heutigen Wert von etwa 13.000 Dollar entspricht. Ihre Maße waren gigantisch: Mit 250 m Länge und 42 m Durchmesser war sie das größte Fluggerät weltweit. Ihr Luxus hätte dem eines Drei-Sterne-Restaurants heutiger Zeit entsprochen. Trotzdem genügte ein einziger Crash vor dem Mikrophon eines amerikanischen Reporters und vor den Kameralinsen der Weltpresse, um die gesamte Ära der Luftschiffe zu beenden. Das Feuer bei ihrem letzten Andockmanöver in Lakehurst verbrannte auch ihre Zukunft. Von den 97 Menschen an Bord kamen dabei 35 ums Leben.

Die Hindenburg-Katastrophe in Lakehurst besiegelte die Zukunft der Zeppeline.

241 Dornier Flugboot Do-X

Sie war 41 m lang und 10 m hoch, hatte 50 m Spannweite und 12 Motoren, 210 km/h schnell und eine Reichweite von 2.800 km. Das Flugboot Dornier Do-X war seiner Zeit um ein halbes Jahrhundert voraus. Bei seiner ersten Tour vom Bodensee zum Berliner Müggelsee auf dem Umweg über Afrika, Südamerika und USA legte das Flugboot eine Strecke von 43.500 km zurück. Aber die Welt war noch nicht reif für ein Flugzeug, das für hundert Passagiere konzipiert war und vom Porzellan bis hin zum Perserteppich den Luxus einer Zeppelingondel aufwies. Wie leistungsfähig die Maschine war, bewies der Konstrukteur, als er zu einem Testflug mit 170 Passagieren abhob. Solche Zahlen wurden erst 40 Jahre später zur Normalität. Die Luft Hansa hatte im Liniendienst keine Verwendung für das Flugzeug und gab es

1929 das größte Flugzeug der Welt mit 170 Passagieren

der Versuchsanstalt für Luftfahrt. Die beiden anderen Prototypen gingen zur italienischen Luftwaffe. Damals war eine 14-köpfige Crew an Bord, ungefähr soviel wie heute in einem Jumbo. Die Do-X hatte drei Decks: Das Oberdeck mit Piloten-, Navigations-, Ingenieur-, Funk- und Hilfsmaschinenraum, das Hauptdeck für die Passagiere, das Gepäck und die Fracht und das Unterdeck mit den Kraftstofftanks und weiteren Aggregaten.

242 Spitfire

Die Supermarine Spitfire war der größte Wurf der Royal Air Force im zweiten Weltkrieg. Sie war klein, wendig und schnell. Von 1938 bis 1945 wurden insgesamt 20.334 Exemplare gebaut. Vor allem während der Luftschlacht um England hatte sie ihren größten Erfolg. Es war nicht nur der elliptische Flügel und die starke Bewaffnung mit zwei 20mm Kanonen und vier MG's, sondern auch der 1250 PS starke Motor, der auf den 100-Oktan-Treibstoff abgestimmt war, im Gegensatz zu dem 87-Oktan-Treibstoff, mit dem sich die deutschen Flugzeuge begnügen

Gewinner der Luftschlacht um England 1940

mussten. Ihr Nachteil war, dass sie wegen des schmalspurigen Fahrwerks am Boden schwer zu rollen war. Das traf allerdings auch für die Me 109 / BF 109 zu.

243 IL-2

Die IL-2 war das Schlachtross der Russen.

Die russische IL-2 hält bis heute mit 42.300 Stück den Rekord als das meistgebaute Flugzeug der Welt. Der zweisitzige Jagdbomber ging 1941 in Serie, nachdem die ersten Testflüge mit der von Sergej Wladimirowitsch Iljuschin entworfenen Maschine erfolgreich verlaufen sind. Der 1760 PS-starke Zwölfzylinder-Reihenmotor und das Cockpit waren mit 12 mm dickem Stahlblech gepanzert. Zwei 37-mm-Kanonen und vier MGs waren starr in die Flügelspitzen eingebaut, ein weiteres MG wurde vom hinten sitzenden Bordschützen bedient. Pro Tag wurden 40 Flugzeuge produziert.

244 Mustang P-51

Die Mustang P-51 war auf amerikanischer Seite der Gewinner.

Die amerikanischen Bomberpulks waren wärend des Zweiten Weltkrieges den deutschen Jagdstaffeln zunächst hoffnungslos ausgeliefert. Daher wurde mit Hochdruck ein Flugzeug entwickelt, das sich für den Begleitschutz eignete. Es musste den Gf 109 und Fw 190 überlegen sein. In nur 117 Tagen Entwicklungs- und Bauzeit war der erste Prototyp der Mustang P-51 fertig. Sie war wendig, einfach zu fliegen und etwa 70 km schneller als die Messerschmitt Bf 109. Nachdem die ersten Erfahrungen in eine verbesserte Konstruktion eingebracht waren, ging das Flugzeug in Serie. 15.875 Exemplare wurden davon gebaut. Die Mustang war hauptsächlich dafür verantwortlich, dass die Aliierten in Deutschland die Luftüberlegenheit erringen konnten. Bis die Deutschen vergleichbares entwickelt hatten, war es zu spät.

245

Saunders-Roe Flugboote

Auch nach dem Krieg waren Flugboote wie die Saunders-Roe noch lange im Alltagsgebrauch.

Saunders-Roe betrieb 1952 mit der Princess das seinerzeit größte Flugboot der Welt. Es gab aber auch ernsthafte Pläne für die Strecke zwischen England und Australien ein Flugboot für 1000 Passagiere mit 24 Strahltriebwerken zu bauen. Komfortabel wie ein Ozeandampfer, ein Rumpf mit fünf Decks, sechssitzige Abteile mit Schlafsesseln. Die Motorgondeln sollten von innen zugänglich sein, um Triebwerksreparaturen auch im Flug durchführen zu können. Selbst bei Ausfall von sechs Triebwerken sollte die Reisegeschwindigkeit nur um 14 % sinken. In jeder Tragfläche waren zwölf Triebwerke weit oberhalb der Wasseroberfläche vorgesehen, um sie vor Spritzwasser zu schützen. Die Lufteinlässe sollten sich für die Phase im Wasser auf der Oberseite der Tragflächen befinden, während sie für den Flug nach vorne verstellt werden können. Die Etappen nach Australien führten von Southampton über Ägypten, Karatschi, Kalkutta, Singapur, Darwin nach Sydney. Die ganze Reise sollte gerade mal 60 Pfund kosten. Nach heutigem Wert entspräche das etwa 140 Euro. Inflationsbereinigt sind das etwa 1500 Pfund oder 1700 Euro. Eine ähnliche Reise mit modernen Fluggeräten mit Übernachtungen und Verpflegung und dem viktorianischen Luxus von damals würde man heute sicherlich mit dem Zehnfachen bezahlen.

246 Die Spruce Goose

Der U-Bootkrieg im Atlantik setzte den Amerikanern 1942 derart zu, dass man die Truppen zukünftig mit großen Flugzeugen schneller und sicherer über den Atlantik transportieren wollte. Howard Hughes erhielt 18 Millionen Dollar um drei Flugzeuge für je 750 Soldaten zu entwickeln. Die Flugzeuge mussten aus Holz gebaut werden, da Metall zu kriegswichtig war. Unter Zeitdruck wurde also ein Flugboot von einer bis dahin unvorstellbaren Größe entwickelt. Acht Motoren mit je 3.000 PS sollten den Giganten antreiben. Hughes ließ eine neue Technik der Steuerkraftübertragung entwickeln. Aber man hätte sich vielleicht einen anderen Konstrukteur suchen sollen, denn die akribische Forschungsarbeit gestaltete sich als sehr zeitaufwendig. Nichts war ihm gut genug, immer gab es noch etwas nachzubessern. Der detailverliebte Milliardär investierte sogar eigenes Vermögen in das Projekt. Das Flugzeug wurde und wurde nicht fertig. Nach Kriegsende unterstellte man ihm in Washington, die als „Spruce Goose“ beschimpfte Tannengans sei für ihn nichts als ein Abschreibungsprojekt gewesen, denn sie würde niemals fliegen. Man lud ihn vor ein Senats-Hearing. Da befahl Hughes, das Flugboot zum ersten Schwimmtest unter eigener Motorkraft fertigzumachen. Am 2. November 1947 setzte er sich selbst ans Steuer. Und nach zwei erfolgreichen Beschleunigungstests hob er den Riesenvogel aus dem Wasser. Eine Meile weit flog er 30 Meter über dem Wasser und bewies seinen Gegnern und dem Rest der Welt, dass seine Konstruktion funktionierte.

Und sie fliegt doch! Der US Kongress hatte das angezweifelt.

247

IL-14

Sowjetischer Exportschlager, die IL-14

Das Flugzeug wurde als Ersatz für die Iljuschin Il-12, dem Nachfolgemuster der Li-2, welche eine in der Sowjetunion unter Lizenz gefertigte Douglas DC-3 war, entwickelt. Der Erstflug fand am 13. Juli 1950 statt. Die Il-14 ist eine zweimotorige, als Tiefdecker ausgelegte Propellermaschine. Das Flugzeug wird sowohl für zivile wie auch für militärische Zwecke, z. B. als Frachtflugzeug, eingesetzt. Der Großteil der 1122 produzierten Maschinen wurde bis 1958 in der Sowjetunion von Iljuschin gefertigt. 80 Maschinen wurden in der DDR vom VEB Flugzeugwerke Dresden als Il-14P gefertigt. In der Tschechoslowakei wurde das Flugzeug unter der Bezeichnung Avia 14 gebaut.

248

DHC 106 Comet

Formschön aber leider ein totaler Flop auf dem Markt

Dieses Flugzeug markierte den Beginn der kommerziellen Jet-Fliegerei mit Passagieren. Das Flugzeug wurde 1952 in Dienst gestellt. Die British Overseas Airways Corporation BOAC war maßgeblich an der Entwicklung beteiligt, bestellte zehn Flugzeuge dieses Typs und eröffnete damit auch den Liniendienst auf der Strecke von London nach Johannesburg. Trotz Zwischenlandungen in Rom, Beirut, Khartoum, Entebbe und Livingstone verkürzte das Flugzeug die Reisezeit von 25 auf 17 Stunden. Doch die Comet hatte Konstruktionsfehler. Die quadratischen Fenster waren eingeschraubt, die Löcher dafür nicht gebohrt, sondern gestanzt. In diesen Bereichen bildeten sich Haarrisse, die zu mehreren Abstürzen führten. Allein von der ersten Version gab es in den ersten vier Jahren sieben Totalverluste. Trotz struktureller Änderungen gab es bis 1971 25 Unfälle, etliche davon mit Todesopfern.

249 Boeing 707

Auch „Operettenkönig" Muammar Al Gaddafi konnte nicht Nein sagen zu dieser Regierungsmaschine.

Als Boeing nach dem Zweiten Weltkrieg einen Prototyp für ein neues Tankflugzeug suchte, entschied man sich für das Modell 367-80, auch „Dash 80" genannt. Flugeigenschaften und Reichweite eigneten sich gut für eine zivile Variante. Um sechs Sitze in eine Reihe zu bekommen, wurde der Rumpf um 10 cm verbreitert. Boeing bot den verschiedenen Airlines an, maßgeschneiderte Versionen zu bauen, z. B. eine Langstreckenversion für Qantas oder eine High-Altitude-Version für die Südamerika-Routen von Braniff. Boeings Werben um die Airlines lohnte sich. Ihr erster Jet wurde ein Welthit und das Standardflugzeug für 600 verschiedene Betreiber von Aer Lingus bis Zambia Airways. Allein TWA und Pan Am flogen je 130 Exemplare. Die 707 zeichnet sich durch eine lange Lebensdauer aus. Von der zwischendurch gebauten Kurzstreckenvariante Boeing 720 wurden 154 Stück gebaut. Insgesamt verließen 856 Jets der Baureihe Boeing 707 die Boeing-Werke. Die Lufthansa flog die 707-430 und die wesentlich leistungsfähigere 707-330. Mit ihr konnte man nonstop von Europa zur Westküste der USA gelangen. Die Baureihe 320/330 hatte 141 Sitze in zwei Klassen oder 219 in der Charter-Version.

Die dramatische Verfilmung des Bestsellers „Airport" von Arthur Hailey, in der eine im Schnee steckende 707 flottgemacht wurde, trug weiter zum Erfolg bei. Im Abspann bedankte sich der Regisseur bei Boeing für das robuste Flugzeug. Der Pilot, der damals im Cockpit saß, erzählte hinterher, die Warnlampen hätten geblinkt wie ein Casino in Las Vegas!

250 Starfighter Rekorde

Der Starfighter war ein Flugzeug, dessen Rekorde sehr lange Bestand hatten. Am 8. Mai 1958 flog er 2600 Stundenkilometer schnell, und am 14. Dezember 1959 stellte er mit über 31 Kilometern den Höhenweltrekord auf. Die Steigrate war 48.000 Fuß pro Minute. Der Starfighter war damit das erste Flugzeug, das gleichzeitig die offiziellen Weltrekorde für Geschwindigkeit, Höhe und Steigrate hielt. Während das Flugzeug in der USAF selbst kein großer Erfolg war, beschafften 14 Nationen den Starfighter als Rückgrat ihrer Luftwaffen, darunter Kanada, Deutschland, Italien, Norwegen, die Niederlande, Belgien, Dänemark, Griechenland, die Türkei, Spanien, Taiwan und Japan. Das elegante, zeitlos schöne Flugzeug hat eine Spannweite von nur sieben Metern und gerade mal 18 Quadratmeter Flügelfläche. Mit einem Stückpreis von 3 Millionen Dollar war die Maschine, verglichen mit den heutigen Hightech-Fliegern geradezu billig. In Deutschland gingen von den 916 Flugzeugen 269 Maschinen durch Unfälle verloren. Dabei ließen 116 Flugzeugführer ihr Leben. Und trotzdem liebten die Piloten ihr Flugzeug.

Eigene Erfahrung: Das Flugzeug ist ein Traum!

251 Douglas DC-8

Bis zur DC-7 war Douglas der erfolgreichste Hersteller von Passagierflugzeugen. Das änderte sich, als Boeing seine 707 auflegte. Douglas hielt mit der DC-8 dagegen, einem äußerlich nur schwer zu unterscheidenden Jet mit vier Strahltriebwerken. Doch Boeing lag in diesem Wettbewerb bereits uneinholbar vorne. Während nämlich De Havilland mit seiner Comet allergrößte Probleme und tragische Abstürze zu verzeichnen hatte, konnte Boeing mit seiner 707 überzeugen. Douglas hatte hier kostbare Zeit verloren. Und doch gelang dem Hersteller ein gut durchkonstruiertes Flugzeug. Insgesamt wurden 556 Maschinen gebaut, heute sind noch etwa 100 bei Cargo-Airlines in Betrieb.

Die Reaktion von Douglas auf die Boeing 707

252

Douglas DC-10

Das erste Flugzeug nach dem Zusammenschluss von den Flugzeugwerken McDonnell und Douglas war die DC-10. Da die Boeing 747 wegen ihrer Größe nicht auf jedem Flughafen landen konnte, sei es wegen der Länge oder der Tragkraft der Piste oder mangels geeigneter Gates an den Terminals, sah MDD einen Bedarf für ein Großraumflugzeug mit etwas kleineren Dimensionen. Das schwer zu wartende Triebwerk im Heckleitwerk erwies sich als einer der Geburtsfehler. Trotz weiterer Fehlkonstruktionen war das Flugzeug bei Piloten beliebt. Immer wieder tauchten Fehler auf, die erst nach einigen spektakulären Abstürzen korrigiert wurden. Zwei Flugzeuge verloren die Ladeluke im Flug, eine DC-10 der Turkish Airlines stürzte deshalb 1972 bei Paris ab, was allein 346 Menschen das Leben kostete. 1979 verlor eine Maschine der American Airlines ein Triebwerk während des Flugs und stürzte ab. 1989 zerlegte sich das Triebwerk im Heck. Eine Scheibe durchtrennte dabei alle drei Hydrauliksysteme, die viel zu dicht beieinanderlagen. Der Flug endete in einem kontrollierten Crash auf dem Flughafen von Sioux City. 185 von 296 Menschen überlebten. Obwohl das Flugzeug inzwischen als unverwüstlich gilt, ist der Ruf nach 32 Totalverlusten doch nachhaltig beschädigt. So trennten sich mehrere Airlines vorzeitig davon. 386 Maschinen wurden gebaut.

Die DC-10 war gegen Ende ihrer Lebensdauer fast nur noch in Ländern der sogenannten Dritten Welt zu sehen. Alle großen Airlines haben das Flugzeug abgestoßen, weil die Kunden das Vertrauen verloren hatten.

Zuverlässig: Transall C-160

Ob wir jemals wieder ein so zuverlässiges Arbeitspferd wie die Transall kriegen werden?

Man kann sie getrost das Rückgrat der Bundeswehr nennen, die deutsch-französische Gemeinschaftsproduktion Transall C-160. Zuverlässig befördert sie nun im fünften Jahrzehnt Soldaten und Material von Luftwaffe, Heer und Marine, deutscher und ausländischer Streitkräfte, Politiker und Journalisten in Krieg und Frieden von und zu ihren Einsatzorten, bringt Technik, Ersatzteile, humanitäre Hilfe bei Katastrophen buchstäblich in alle Welt. Mit ihr werden Verletzte aus Einsatzgebieten evakuiert, sie wurde schon als Löschflugzeug bei Waldbränden in Niedersachsen und auf Sardinien eingesetzt. Über Jahrzehnte brachte sie Blutkonserven zu kranken Kindern, über dem eingeschlossenen Sarajevo wurden nachts Lebensmittel und Medikamente abgeworfen. Von allen Flugzeugen, die die Bundeswehr je hatte, ist die Transall das langlebigste und zuverlässigste. Als sie 1963 zu ihrem Erstflug rollte, hätte niemand zu träumen gewagt, dass sie 2017 noch immer im Einsatz ist. Ganze drei Maschinen dieses Typs verlor die Luftwaffe während der Gesamtdauer ihres Einsatzes. Da der vorgesehene Ersatz, der Airbus A400 noch keine Truppenreife hat, schaute man sich im Ministerium nach einer kurzfristigen Zwischenlösung um und wurde bei Lockheed Martin fündig. Im Gespräch sind sechs amerikanische C-130J „Super Hercules" für 1,5 Milliarden USD. Diese werden allerdings erst 2021 ausgeliefert. Bis dahin muss die gute alte Transall noch halten.

254 Die Baade 152

Die DDR versuchte mit der Baade 152 den Anschluss an den Flugzeugbau zu finden.

Am 4. März 1959 startete das erste Flugzeug der DDR, die Baade 152, zu einem Überflug auf der Leipziger Messe. Dort weilte gerade der sowjetische Parteichef Nikita Chrustchow mit Walter Ulbricht. Nach 55 Minuten stürzte die Maschine mit vier Mann Besatzung beim Anflug auf Dresden ab. Ulbricht gab dem Untersuchungsteam eine Woche Zeit für den Abschlussbericht, der danach in den Kellern der Stasi verschwand. Das schloss eine gründliche Untersuchung der Ursachen aus. Am wahrscheinlichsten ist die langsame Reaktion der russischen Tumanski Triebwerke. Aus dem Leerlauf bis zur Volllast benötigten diese etwa 20 Sekunden, zu lange um ein Flugzeug in Bodennähe abzufangen. Der nächste Prototyp wurde mit den neu entwickelten Pirna 014 Triebwerken ausgestattet. Im August und September 1960 fanden zwei kurze Testflüge statt. Im Westen flogen bereits Boeing 707 und DC-8, gegen die das altbackene Design der 152 keine Vermarktungschancen mehr hatte. Alle 12 fertiggestellten oder noch im Bau befindlichen Muster wurden hastig und stillschweigend verschrottet, der Flugzeugbau der DDR wurde aufgelöst. Die vorhandenen Pirna Triebwerke wurden zu Notstromaggregaten und Schiffsantrieben umgebaut.

255

Boeing 727

Die Boeing 727 war lange Zeit der Mittelstreckenjet schlechthin, bis er von der 737 abgelöst wurde.

Die Boeing 727 basiert auf dem Rumpf der Boeing 707. Das Nachfolgemodell ist mit 46 m sogar gleich lang. Allerdings gab man ihr drei statt vier Triebwerke. Das Kurz- und Mittelstreckenflugzeug entwickelte sich zu einem Bestseller. Über 1800 Stück wurden von ihr gebaut. Markant daran war der zusätzliche Heckeinstieg mit der herunterklappbaren Treppe. Das führte allerdings auch dazu, dass es immer wieder Flugzeugentführungen gab, bei denen neben Lösegeld auch Fallschirme gefordert wurden. D.B.Cooper war der erste, der dann erfolgreich im Flug ausstieg und absprang. Er wurde nie gefunden. Bei den Nachahmern ging es dann meist nicht so glatt.

256

Meistgebaut: Boeing 737

Die 737 war eine Forderung der Lufthansa. Sie geriet zum erfolgreichsten Modell von Boeing.

Als die Lufthansa 1965 bei Boeing ein Kurzstreckenflugzeug mit Strahlantrieb entwickeln ließ, ahnte niemand, dass dies das meistgebaute Passagierflugzeug der Welt werden sollte, das bis zum heutigen Tag weiterentwickelt und gebaut werden sollte. Die Lufthansa nahm gleich 20 Stück davon ab und gab gleichzeitig eine verlängerte Version in Auftrag, die 737-200. Von dieser Version wurden im Laufe der Zeit 1100 gebaut. Da die Maschine nur zwei Triebwerke hatte, verzichtete man auf den Arbeitsplatz des Flugingenieurs, was das Cockpit geräumiger machte. Weitere Überarbeitungen des Typs beinhalten die 737-900 ER, die für 189 Passagiere zugelassen ist, oder die 737-700, die mit 149 Passagieren bis zu 10.000 km Reichweite hat.

257 Ein Traum? Boeing 787

Das Flugzeug, das sich, noch bevor es überhaupt existierte, am besten verkaufte, ist die Boeing 787. Stolze 857 Exemplare standen in den Auftragsbüchern. Boeing taufte die Maschine euphorisch „Dreamliner". Doch wurde er für Boeing bald zum Albtraum, denn allergrößte Schwierigkeiten mit Zulieferung und Bereitstellung von Spezialnieten verzögerten die Fertigstellung. Der mit großem Aufwand gefeierte Rollout des ersten Prototyps erwies sich als etwas verfrüht, die Einzelteile wurden durch Nieten aus dem Baumarkt provisorisch zusammengehalten, die im Anschluss an die Feierlichkeiten alle wieder entfernt und nach und nach durch luftfahrttaugliches Material ersetzt werden mussten. ANA war Erstkunde. Verschiedene Zwischenfälle mit Batteriebränden sorgten für lange Groundings und Ausfälle. Beim Bau der Boeing 787 wird sehr viel Kohlefaser verwendet, was das Flugzeug leichter macht und den Spritverbrauch senkt. Bei so vielen technischen Neuerungen ist es eigentlich normal, dass Verzögerungen auftreten. Alleinstellungsmerkmal der Boeing 787 ist die Frischluftversorgung, die anders als bei allen anderen Jets nicht mehr über die Zapfluft im Triebwerk, sondern direkt von außen zugeführt und aufbereitet wird. Das schließt das Problem des Aerotoxischen Syndroms komplett aus. Dieser Verkaufsvorteil richtet sich ganz stark an Kunden, die durch die Diskussion über kontaminierte Kabinenluft verunsichert sind. Airlines können offensiv mit guter Luft an Bord werben. Wenn der Kunde die Wahl hat, wird er sich womöglich für die Gesellschaft mit dem Dreamliner entscheiden.

Air New Zealand setzt auf Dreamliner. Hier in den All Blacks Farben des nationalen Rugby Teams.

Der Riese: Boeing 747

Der Klassiker bei allen wichtigen Airlines der Welt

Als der Weltöffentlichkeit die erste Boeing 747 vorgestellt wurde, rieb man sich ungläubig die Augen. Würde ein derartiges Monstrum jemals fliegen können? Von vier Millionen Einzelteilen war die Rede, von einem Fahrwerk mit 18 Rädern, von 366 Passagieren, von zwei Stockwerken, von einer Bar und von Reichweiten um die 10.000 km. Im Jahr 2019 wird der Jumbo 50 Jahre alt. Der Konstrukteur, Joe Sutter, durfte Visionen ausleben, von denen andere nur träumen konnten. Der Jumbo ist mittlerweile noch größer geworden, 1528 Exemplare wurden gebaut, 4 Milliarden Menschen flogen schon damit. 49 Maschinen wurden bei Unfällen zerstört, abgeschossen oder von Terroristen gesprengt. Bei hochgerechneten 90 Millionen Flugstunden und ca. 80 Milliarden geflogenen Kilometern ein verschwindend geringer Wert, wenngleich im Einzelfall tragisch. Auch Privatleute, Frachtflieger und Luftwaffen aus verschiedenen Ländern haben dieses Flugzeug zu den unterschiedlichsten Zwecken bestellt. Die Luftwaffe des Iran besaß 28 davon, die US Air Force 29. Eine fliegt als Air Force One, Baujahr 1987. Der United Parcel Service hatte 39 Jumbos. Vom neuesten Modell Boeing 747-8 wurden bislang 150 Stück gebaut oder bestellt. 2007 bat mich Joe Sutter, ihm nach der Besichtigung der 747-8 meine Eindrücke aufzuschreiben. Ich konnte nur in den höchsten Tönen von dieser neu aufgelegten „Queen of the Skies" schwärmen und schloss mit den Worten: „Leonardo da Vinci war damals seiner Welt weit voraus. Und Sie, Joe Sutter, ebenfalls."

259 Flugzeug aus dem Drucker

Und es geht eben doch! Flugzeug aus dem 3D-Drucker.

Die 3D-Drucker erobern die Industrie. Komplexe Strukturen können verwirklicht werden, ohne dass sich Konstrukteure viele Gedanken über die Fertigungsmöglichkeiten machen müssen. Die gedruckten Teile sind stabil, leicht und preisgünstig herzustellen. Während einzelne Bauteile bei den Flugzeugherstellern längst aus dem Drucker kommen, gab Airbus bereits einer Hamburger Partnerfirma den Auftrag, ein ganzes Flugzeug zu drucken, das auch fliegt. Heraus kam im November 2015 der THOR, ein maßstäblich verkleinertes Flugzeug mit den Maßen 4x4 Meter, mit zwei Elektromotoren als Antrieb. THOR steht für Testing High-Tech Objectives in Reality. Und die Testflüge waren tatsächlich erfolgreich. Ob wir jemals ein Flugzeug von 80 Metern Länge aus einem gigantischen 3D-Drucker kommen sehen werden, darf bezweifelt werden, der Drucker müsste schließlich die Größe eines Flugzeughangars haben. Aber man kann sie in kleinem Maßstab bauen, aerodynamische Experimente durchführen und man kann elektronische Start- und Landehilfen damit testen. Funktioniert alles, wird man es für die großen Modelle umsetzen. Crasht das Testmodell, kehrt man es zusammen und druckt ein neues mit korrigierten Eigenschaften. Und selbstverständlich spricht nichts dagegen, Einzelteile davon in 3D zu drucken.

Menschenflug: Wingsuit

Warum können Menschen nicht fliegen? Sie sind zu schwer, sie haben nicht genügend Kraft, sie haben kein ausgeklügeltes Federkleid wie die Vögel. Sie haben Arme statt Schwingen, die keinerlei Auftrieb erzeugen. Also müssen sie sich Hilfsmittel bedienen. Eines davon ist der Wingsuit. Verbindet man Ärmel und Beinkleid mit einem Stück Stoff, kann man damit Auftrieb erzeugen und fledermausähnlich den vertikalen Fall in horizontalen Flug umwandeln. Durch Variieren der Spreizung von Armen und/oder Beinen und durch Gewichtsverlagerung kann man steuern. Der Markt bietet Flügelanzüge in vielen Ausführungen. Als Faustregel kommen auf einen Meter Sinkflug drei Meter Horizontalflug. Die Base-Jumper stürzen sich entweder von hohen Klippen oder springen gleich aus dem Flugzeug ab. Dabei werden Geschwindigkeiten von bis zu 130 km/h erreicht. Dass bei diesem Sport jährlich Dutzende dieser Menschen ums Leben kommen, scheint den Kick zu erhöhen. Die Sportler selbst sprechen von einem Rausch. Im Gegensatz zu Motorradfahrern, die sich ihren Kick mit über 200 km/h holen können, sind sie allerdings keine Gefahr für andere Menschen.

Flug über Dubai. Es gehört schon eine große Portion Mut dazu, sich von den höchsten Wolkenkratzern der Welt zu stürzen und mit ausgebreiteten Armen zur Erde zu rasen.

Wieviele Flugzeuge?

Vier Milliarden Menschen reisen pro Jahr per Flugzeug. Es wird geschätzt, dass die Weltluftflotte der Airlines ca. 23.600 Flugzeuge umfasst, 2500 weitere sind eingemottet. Rechnet man militärische Flugzeuge hinzu, steigt die Schätzung auf 39.000 aktiv geflogene Flugzeuge. Wie viele Flugzeuge seit Beginn der Fliegerei vor gut 100 Jahren gebaut wurden, ist schwer zu sagen, denn es gab schon während der großen Kriege viele hundert Flugzeugfabriken. Von manchen Mustern wurden nur geringe Stückzahlen gebaut, andere liefen zigtausendfach vom Band. Allein die USA produzierten 1944 über 100.000 Flugzeuge! Außerdem hielten die Nationen zu Kriegszeiten die Zahlen geheim. Verschiedene Quellen melden deshalb unterschiedliche Zahlen. Aber man kann davon ausgehen, dass bis Ende 1945 die Millionengrenze erreicht wurde. Boeing und Airbus erwarten für die kommenden 20 Jahre einen Bedarf von 40.000 Flugzeugen. Einerseits läge das am Wachstum der Airlines, andererseits werden auch ständig ältere, weniger effiziente Flugzeuge ersetzt.

An diesen Standorten wurden vor 1945 Flugzeuge gebaut.

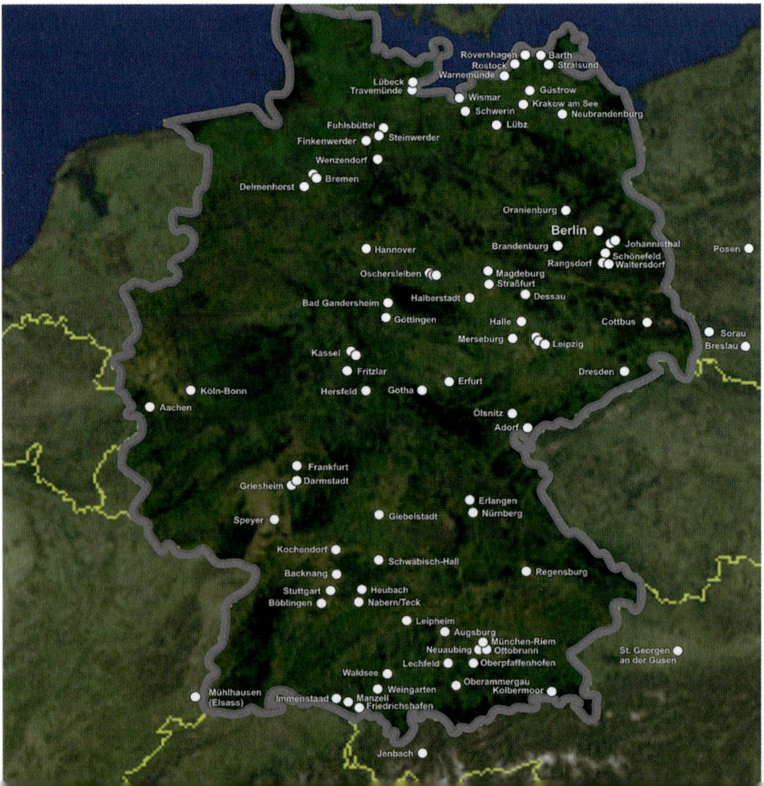

Der Flugwal: Beluga

Rumpfteil einer A320 wird zur Montage eingeflogen.

Airbus Industries ist ein europäischer Flugzeugbauer mit Montagewerken in Frankreich, Deutschland, Spanien, Großbritannien, China und den USA. Die Flugzeugteile der Airbusfamilie werden an diesen Standorten in Modulbauweise hergestellt und in Toulouse und Hamburg Finkenwerder endmontiert. Diese oft sehr sperrigen Teile wie Rümpfe, Cockpits, Tragflächen und Triebwerke werden nach einem genauen Zeitplan Just-in-time zugeführt. Zu diesem Zweck gibt es fünf Spezialtransporter vom Typ Airbus A300-600ST Beluga. Rumpf, Fahrwerk und Cockpit sind von der A300, dessen Cockpit unter die Ladekante abgesenkt wurde. Der hufeisenförmige Ladebereich ist größer als der einer Antonov An-124, oder einer Galaxy oder einer C-17! Obwohl der Beluga vor allem für den Transport von Flugzeugteilen zwischen den einzelnen Fertigungsstätten dient, nutzen auch die ESA, die NASA oder die Bundeswehr das Flugzeug, um ISS-Module oder ganze Hubschrauber zu verschicken. Und doch wird der Beluga bis 2025 einen Nachfolger bekommen, noch größer, A380-gerecht auf Basis des Airbus A330. Das hängt auch von der Entwicklung der europäischen Raumfahrt ab, denn die A380-Bestellungen sind zuletzt rückläufig gewesen.

263 Fliegende Intensivstation

Die A310 der Bundeswehr kann als Tanker, Passagierflugzeug oder Intensivstation gerüstet werden.

Die Bundeswehr wurde zwar in den letzten Jahren kontinuierlich verkleinert, das Einsatzgebiet und die Aufgaben aber massiv ausgeweitet. Damit steigt auch der Anspruch, Verletzte versorgen zu können. Sie hält für Großschadensereignisse zwei Großhubschrauber bereit, die als fliegende Intensivstationen eingerichtet sind. Ihre medizinische Ausstattung ist weltweit einmalig. An Bord ist Platz für zwölf Patienten sowie ein Notarztteam. Sechs Intensivpatienten können dabei intubiert und beatmet, weitere sechs gleichzeitig medizinisch grundversorgt werden. Zur Besatzung gehören 2 Piloten, 2 Bordtechniker sowie ein für das medizinische Material verantwortlicher Sanitätsfeldwebel. Zusätzlich wird der GRH im Rahmen eines Großschadenfalles üblicherweise mit drei bis vier Arztgruppen (1 Notarzt, 1 Rettungsassistent bzw. Intensivpfleger) besetzt. Zur medizinischen Evakuierung schwer- und schwerstverletzter Personen über große Distanzen besitzt die Luftwaffe einen Airbus A310 MRT. Er hat bis zu sechs Patiententransporteinheiten, deren Ausstattung den modernsten Standards der Intensivmedizin entsprechen. Des Weiteren befinden sich 38 Liegeplätze an Bord, von denen an 16 Intermediate-Care-Plätzen mittels Monitorkontrolle eine verstärkte medizinische Überwachung und Medikamentenbehandlung möglich ist. Insgesamt 44 Patienten können liegend transportiert werden.

Modulbauweise

Zu Beginn der Fliegerei gab es Fabriken, in denen Bleche zugeschnitten und gebogen, Streben verschweißt, Kabel und Drähte eingezogen, Glas eingebaut, Sitze befestigt und Motoren verankert wurden. Am Schluss kam das fertige Flugzeug heraus. Dieses Prinzip ist schon lange überholt, denn heute ist die Technik wesentlich komplexer. In jedem einzelnen A380-Flügel stecken über 25.000 Einzelteile, die wiederum von 22 verschiedenen Fachfirmen zugeliefert werden. Und das ist ja nur eine der vielen Baugruppen, die ein Flugzeug ausmachen. Heute lassen sowohl Airbus wie Boeing ihre Module wie Fahrwerk, Tragflächen, Cockpit, Rümpfe etc. extern in Fabriken in der ganzen Welt bauen, bringen sie dann in ein Endmontagewerk und machen das Flugzeug fertig für den Erstflug. Müssten die Millionen Einzelteile per Luft, Wasser und Straße angeliefert werden, gäbe es rund um die Produktionsstätte ein nicht zu entwirrendes Verkehrschaos von Sattelschleppern, Sonderfahrzeugen, Tiefladern, Lastwagen und Kurieren. Hunderttausende von Arbeitern wären dazwischen vor Beginn oder nach Ende ihrer Schicht auf der Fahrt zur Arbeit oder nach Hause verkeilt, der Luftraum wäre überfüllt. Es käme allein schon wegen des Verkehrschaos zu Verzögerungen bei der Auslieferung.

Hier werden die Module von Airbus gebaut und montiert.

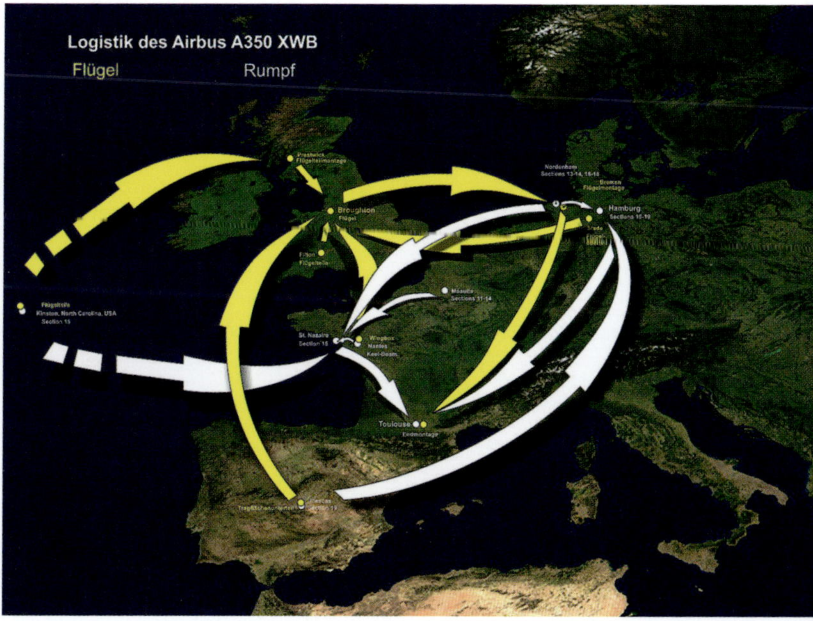

265 Der andere „Wal“: Dreamlifter

Das Pendant zum Airbus Beluga auf Basis des A300 ist der Dreamlifter auf Basis der Boeing 747-400. Die Verdickung in der Mitte des Rumpfes gibt ihr das Aussehen einer Würgeschlange, die einen Panther verschlungen hat. Wie Airbus nutzt Boeing mittlerweile weltweit verstreute Fertigungsstätten zwischen Japan und Italien für seinen Dreamliner.

Dessen Endmontage findet in Everett bei Seattle statt. Im Gegensatz zum Beluga wird beim Dreamlifter das Heck zum Be- und Entladen zur Seite geschwenkt. Das Druckschott ist deshalb nicht wie bei einer gewöhnlichen 747 im Heck, sondern gleich hinter dem Cockpit. Mit 1840 Kubikmeter Laderaum hat er dreimal so viel Frachtraum wie die Frachtversion 747-F. Die Dreamliner Module waren auch zu sperrig für die Antonov 124 oder 225. Er hat auch mit 7778 km eine größere Reichweite als der Beluga mit 4600 km bei halber Beladung.

Da die Produktion des Dreamliners durch den Mangel an Nieten stark in Verzug geriet, sind die vier Maschinen eng getaktet und fast 24 Stunden ausgelastet. Deshalb wurde der Einsatzplan bedenklich durcheinandergebracht, als eine der Maschinen statt in Wichita, Kansas, versehentlich auf dem 20 km entfernten Jabara Airport landete. Der hat nämlich nur eine 1900 m Piste, für einen Start im beladenen Zustand eigentlich zu kurz. Da die Tanks aber fast leer waren, konnte die Maschine 24 Stunden später doch noch zu dem kurzen Flug ans richtige Ziel starten.

Markantes Profil. Der Dreamlifter ist nichts als eine umgebaute Boeing 747.

Blade-off-Test 266

Hier wird gleich ein Millionen teures Triebwerk zerstört.

Jedes Jahr registriert man weltweit etwa 100 bis 200 Vogelschlagereignisse. Meist resultiert das in einem Startabbruch, oder die Piloten kehren sofort zur Landung zurück, wenn nicht ein anderer Flughafen günstiger liegt. Früher einmal haben sich Triebwerke nach einem Vogelschlag noch zerlegt. Von modernen Motoren wird jedoch eine gewisse Birdstrike-Resistenz erwartet. So wird während eines Testlaufs im Rahmen des Zulassungsprozesses eine tote Kanada-Gans mit einem Gewicht von bis zu 4 kg mit einer Schussgeschwindigkeit von bis zu 300 m/s auf das Triebwerk geschossen. Kanadagänse haben eine dichtere Konsistenz als andere Vögel. Die Beschädigungen an den Schaufeln müssen sich dabei in Grenzen halten, obwohl hierbei kurzzeitig Kräfte auftreten können, die das 10.000-fache des Vogelgewichts übersteigen. Versuche mit synthetischer „Vogelersatzmasse" wie Plastilin oder Gelatine führten zu deutlichen Abweichungen im Vergleich mit echten Vögeln. Zusätzlich wird auch ein Blade-Off-Test gemacht. Dabei wird bei Höchstdrehzahl eine Triebwerksschaufel abgesprengt. Das Triebwerk wird dabei in der Regel zerstört. Zerschlagen die Teile das Gehäuse, erhält das Triebwerk keine Zulassung. Bei dem Zwischenfall mit der Qantas A380 in Singapur war es schließlich keine Schaufel, die das Gehäuse durchschlug, sondern ein zersprungenes Zahnrad.

267

Air Force One

Dienstflugzeug der amerikanischen Präsidenten. Demnächst steht ein Ersatz für die 747-200 an.

Amerikanische Präsidentenmaschinen sind mehr als nur luxuriöse Fortbewegungsmittel. Sie sind mit modernster Kommunikationstechnik ausgestattet, bergen Lage- und Besprechungsräume, Aufenthaltsräume für den Präsidenten und seine Familie, zwei Bordküchen, eine Intensivstation. Sie sind luftbetankbar. Sie haben eine Besatzung von 26 Personen und bieten Platz für bis zu 76 Fluggäste. Nur wenn der Präsident an Bord ist, ist das Rufzeichen „Air Force One“. Sonst fliegt sie als „Special Air Mission (plus Registriernummer)“. Als Präsident Nixon 1974 zurücktrat, um seinem Amtsenthebungsverfahren zuvorzukommen, ließ er sich am letzten Tag von der Air Force One nach Kalifornien fliegen. Als sein Nachfolger Gerald Ford in Washington D.C. seinen Amtseid ablegte, fand über Jefferson City, Missouri, der folgende einmalige Dialog statt „Kansas City, von der ehemaligen Air Force One. Bitte ändern Sie unser Rufzeichen in Sierra Alpha Mike (SAM) 27000.“

Die beiden derzeitigen Präsidentenmaschinen vom Typ VC-25A ist die militärische Version der Boeing 747-200. Jede kostete um die 325 Mio USD und wurden 1990 in Dienst gestellt. Als Ersatz ist die Boeing 747-8 vorgesehen.

Mantelstromtriebwerk

Düsentriebwerke gibt es schon lange nicht mehr. Heute bringt die heiße Luft des Triebwerkkerns selbst nur noch 20% des Vortriebs. Aber die Verbrennung treibt die Turbinenwelle an, auf der vorne, hinter dem Lufteinlass, die Fan-Schaufeln unterschiedlicher Größe sitzen. Hier entsteht der Bypass, die kalte Luft, die zu 80 Prozent an der Brennkammer vorbeifließt und nebenbei das Öl und die Schaufeln kühlt, die sonst schmelzen würden.

Der Mantelluftstrom wirkt wie ein Propeller, allerdings noch effektiver. Er hat einen weiteren Vorteil: Er dämpft das Geräusch, das in der Turbine und dahinter entsteht. Mantelstromtriebwerke sind viel leiser als die alten Jettriebwerke, denn das donnernde Geräusch entsteht dort, wo heiße Luft auf die kalte Umgebungsluft trifft. Ein großes Triebwerk saugt 1000 Kubikmeter Luft pro Sekunde, das Volumen eines Mehrfamilienhauses.

Die Turbinenschaufeln sind innen hohl. Das dient der Heißgaskühlung und der Gewichtsersparnis. Sie gehören zu den teuersten Ersatzteilen eines Flugzeugs. Ihr Einzelgewicht muss absolut identisch sein, da es sonst zu einer Unwucht im Triebwerk kommt. Der Abstand zwischen Schaufelspitze und Turbinenwand sollte zwischen 0,2 und 0,1 Millimeter betragen!

Durch die hohen Umfangsgeschwindigkeiten unter einer Temperatur von ca. 900° Celsius wirkt ein tonnenschwerer Zug auf die Schaufeln. Man verwendet deshalb Legierungen auf Basis von Nickel oder Kobalt. Schutzschichten sollen die Oberflächenkorrosion durch Natriumsulfate in Meeresnähe verhindern. Um möglichst reine „einkristalline" Schaufeln herzustellen ist eine aufwändige Gusstechnik erforderlich, wobei sogar deren Erstarrung computergesteuert ist. Diese Schaufeln haben die geringsten Kriecheigenschaften und die höchste Korrosionsresistenz.

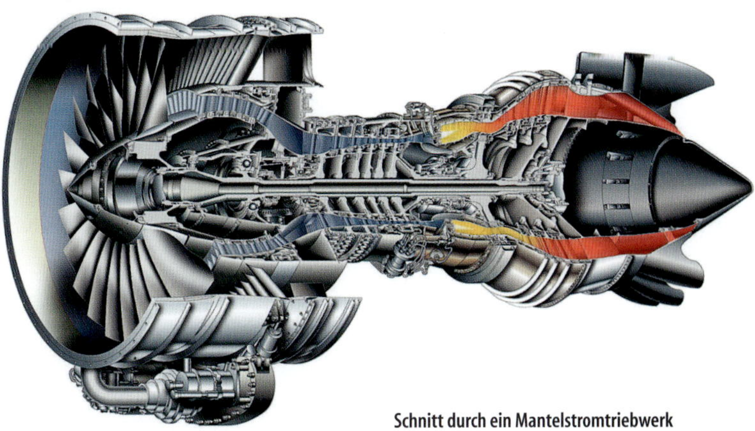

Schnitt durch ein Mantelstromtriebwerk

269

Drohnen

Der Drohnenführerschein wird Pflicht.

Unbemannte Drohnen erobern unseren Alltag. Waren sie bis vor ein paar Jahren Jahren noch Randerscheinungen, wurden sie längst zu nützlichen Helfern von Elektrizitätswerken, Geologen, Archäologen, Kontrolleuren von Schienenwegen, Fernleitungen und Pipelines, Militär, Bergrettern, Forstverwaltungen, Film- und Fernsehteams, Nachrichtendiensten und Sicherheitstechnikern. Allerdings finden sie immer häufiger Einzug in den normalen Haushalt. 2015 wurden in Deutschland bereits 300.000 Multikopter verkauft, und das Drohnenfieber ist erst am Anfang. Frankreich hat aus Sorge vor Terrorangriffen ein Überflugverbot für alle Stadien verhängt, in denen die Fußball-Europameisterschaft ausgetragen wird. Für Atomkraftwerke gilt das ohnehin. Inzwischen darf man auch auf Zustellerdrohnen von DHL, FedEx oder Amazon warten. Der Pizza- oder Medikamentenservice ist ein anderes denkbares Einsatzgebiet. Und die Firma Uber denkt über Taxidrohnen nach.

270

Geheim: X-37B

Mission im All ohne Piloten von Start bis zur Landung

Am 7. Mai 2017 landete auf dem Kennendy Space Center in Florida ein amerikanischer Raumgleiter, von dem die Öffentlichkeit gar nicht wusste, dass er zwei Jahre im Orbit war, die X-37B. Über den Zweck der Mission gibt es keine Auskünfte. Bekannt ist nur, dass der Gleiter von Boeing gebaut wurde, dass er der USAF gehört und dass Weltraumtests vorgenommen wurden. Der Rest ist Spekulation. Die Sensation aber ist, dass nach über zwei Jahren im All die automatische Landung funktioniert hat, dass sich die Fahrwerksklappen öffnen ließen und das Fahrwerk wie bei einem täglich gewarteten Flugzeug ausfuhr.

Eingeweide eines Flugzeugs

Am Iron Bird werden alle Versorgungssysteme eines Flugzeugs getestet.

Welche Installationen birgt ein Großraumflugzeug in seinem Inneren? Wo 500 und mehr Menschen auf engstem Raum für viele Stunden zusammensitzen, muss ein reibungslos funktionierendes Lebenssystem existieren. Flüssigkeitsführende Rohre und Leitungen müssen verbaut werden. Wasserkreisläufe aus Frisch- und Abwasser für bis zu 20 Toiletten und mehrere Bordküchen müssen unter Extrembedingungen arbeiten. Pumpen bewegen Hydraulik, Kerosin, Öl und kaltes und heißes Wasser. Die Klimaanlage verarbeitet Sauerstoff, Frischluft, Zapfluft, Pressluft, Heißluft und Kaltluft. Jeder Sitz hat eine Stromversorgung, hunderte von Computern an verschiedenen Stellen des Flugzeugs arbeiten zusammen, um die Maschine vom Cockpit aus steuerbar und das Raumklima angenehm zu machen. Und all das muss nicht nur wie beim Haus auf festem Boden bei Höhe Null funktionieren, sondern unabhängig von der Erdversorgung im Flug bei wechselnden Außentemperaturen bis weit unter den Gefrierpunkt, im Steig-, Sink- und Kurvenflug, mit Fliehkräften, bei Turbulenzen und gewichtsbewusst auf engstem Raum. All diese Rohre und Leitungen werden im Verlauf der Konstruktion am „Iron Bird", einem von allen Seiten zugänglichen Gerippe, übersichtlich verlegt und ausführlich getestet.

272 Zukunftsfragen

Die Zukunft liegt in widerstandsfähigen Legierungen und leichten Verbundwerkstoffen.

Fliegen nimmt dank Dumpingflieger immer öfter den Charakter einer Kaffeefahrt an. Seriöse Menschen trauen sich oft gar nicht mehr, in ein Flugzeug zu steigen, weil sich auch Hooligans dort breitmachen. Deshalb denken die Vollsortimenter über eine Renaissance der Premiumklasse nach, während sich Airbus grundsätzlich Gedanken über die Zukunft macht. Die Industrie entwickelt ständig neue Wege und neue Materialien. Wo kann weiter Gewicht gespart werden? Welche Ansprüche wird die nächste Generation von Kunden haben? Welche Rohstoffe stehen morgen (noch) zur Verfügung? Was können wir recyceln? Welche Antriebe können wir in Zukunft verwenden? Welche alternativen Brennstoffe werden wir benötigen? Wie macht man die Flugzeuge noch sicherer als sie ohnehin schon sind? Wo finden wir in der Natur Vorbilder für ein noch eleganteres, schnittigeres Flugzeug? Wie können wir das Fliegen wieder zum Erlebnis machen? Wie verändert sich die Gesellschaft? Wie würde ein solch innovatives Produkt akzeptiert werden? Die A350 besteht zu 53% aus Verbundwerkstoffen, zu 19% aus Aluminium-Lithium Legierungen, zu 14% aus Titan, zu 6% aus Stahl und zu 8% aus verschiedenen anderen Materialien. Dieser Weg soll fortgeführt werden. Dabei gibt es keine Denkverbote. Durch elektrochemische Reaktionen lassen sich Membrane heute schon auf Knopfdruck durchsichtig machen. Geht das auch bei Wänden und Decken? Genügt es, Versteifungen einzuziehen, die dem Flugzeug auch bei Turbulenzen, Hagel und Blitzschlag die notwendige Stabilität verleihen?

Gefährliches Eis

Sammelt sich Eis auf der Tragfläche, muss das vor dem Start entfernt werden. Bewegt sich ein Flugzeug vorwärts, strömt Luft über seine Tragflächen und erzeugt so wegen der gewölbten Form den notwendigen Auftrieb, vorausgesetzt, die Luft kann den Konturen der Flügel ungehindert folgen. Dazu müssen die Flächen aber „aerodynamisch sauber“ sein. Gefährlich ist das sogenannte Klareis. Es kann auf den Tragflächen einen Eispanzer von bis zu 20 Millimeter Dicke bilden, ist bei diesigem Wetter mit bloßem Auge nur schwer zu erkennen und entsteht selbst bei Bodentemperaturen von bis zu 15 Grad über Null! Dafür ist nämlich in erster Linie der vom letzten Flug in den Tragflächentanks verbliebene Resttreibstoff verantwortlich, der sich auf bis zu minus 30 Grad abgekühlt haben kann! Bei hoher Luftfeuchtigkeit gefrieren Nebel, Schnee oder Regentröpfchen blitzschnell auf den eiskalten Tragflächen. Klareis könnte sich zudem über die an der Außenhaut des Flugzeuges angebrachten Messeinrichtungen legen und falsche Daten an den Zentralcomputer liefern. Das Gesamtgewicht eines vereisten Flugzeuges würde dramatisch zunehmen. Die vorhandene Startstrecke könnte dann unter Umständen nicht mehr ausreichen. Am 13. Januar 1982 startete eine ungenügend enteiste Boeing 737 in Washington D.C. Sie gewann keine Höhe und krachte eine Meile hinter dem Pistenende gegen eine Brücke über den Potomac River. 78 Menschen kamen ums Leben.

Enteisung ist ein Sicherheits-, Pünktlichkeits- und Kostenfaktor im Winter.

274

Flugnummern

An wenigen „Errungenschaften" der Airlines entzünden sich die Gemüter so sehr wie an Code Share Flügen, das reicht von Schulterzucken bis Blödsinn. Die Airline XY hat beispielsweise ein Streckennetz in Südamerika mit 20 Destinationen. Die Airline YZ hat ein Streckennetz mit 30 Destinationen in Europa, einschließlich einer Verbindung nach Rio de Janeiro. Nun schließen beide Airlines ein Code Share Abkommen, kaufen ein kleines Sitzkontingent auf den gegenseitigen Flügen, und schon hat die Airline XY 50 Flugziele, davon 30 in Europa, obwohl ihre Maschinen den südamerikanischen Kontinent nie verlassen, und der europäische Partner prahlt ebenso stolz mit 20 Flugzielen in Südamerika, obwohl seine Flugzeuge nur bis Rio fliegen.

Vorteile der Code Share Praxis sind vereinfachte Buchungsverfahren und reibungslose Übergänge, durchgechecktes Gepäck, Kundendienst im eigenen Land. Die Airline kann ihr eigenes Tarifsystem auf die Flüge des Partners setzen und dabei über oder unter dessen Tarif liegen. Sie könnte beispielsweise auch den Weiterflug zu einem nahe gelegenen Ziel ohne Aufpreis anbieten.

Manchmal zeigen Airlines Humor. So wird der Flug von München nach Toulouse mit folgenden Worten aufgerufen: „LUFTHANSA TWO TWO TWO TWO TO TOULOUSE IS NOW BOARDING AT GATE TWENTY TWO."

Die Lufthansa codiert ihre eigenen Flüge 3-stellig. 1-399 Innerdeutsch. 400-499 USA/Kanada/Mexiko, 500-559 Mittel- und Südamerika, 560-599 Afrika, 600-699 Golf, Mittelost und GUS, 700-799 Asien/Pazifik. 800-1399 D. Codeshare Flüge erhalten eine vierstellige Nummer. Der Schlüssel dafür ist nur von Insidern abzulesen, da die Nummern von 1000 bis 9529 unter 30 verschiedenen Airlines aufgeteilt wird.

Die two two two two to Toulouse am Gate twenty two. Priceless!

Fliegen am Limit

Knochenarbeit im Winterkrieg auf den Alëuten

Die japanische Besetzung der Alëuten am 7. Juni 1942 rückte die Inselkette in den Mittelpunkt amerikanischen Interesses. 8000 Flugzeuge wurden nach Fairbanks verlegt, der Alaska Highway von 10.000 Soldaten durch Kanada getrieben, um schweres Equipment an die nördliche Front zu bringen. Auf Adak und Unalaska richteten die Amerikaner Luftwaffenstützpunkte ein. Erst im Mai 1943 gelang es einer Streitmacht von 144.000 amerikanischen und kanadischen Soldaten in verlustreichen Kämpfen die Inseln zurückzuerobern. Nach dem Krieg blieben nur noch Küstenwache, Meeresbiologen, Meteorologen und die US Air Force dort. Die Fliegerei auf den Alëuten unterliegt besonderen Bedingungen. Dass auch Flächenflugzeuge in der Luft stehen können, lässt sich dort beweisen. Mit den Motoren auf Volllast kämpfen sie sich an manchen Tagen Meter für Meter gegen den Wind vorwärts. An den Masten, wo sonst ein Windsack Richtung und Stärke anzeigt, hängen schwere Holzfällerketten mit einem Stück Treibholz, die dem Piloten die Sturmstärke anzeigen, gegen die er ankämpfen muss. 200 km/h Höhenwinde aus der garantiert falschen Richtung gilt es manchmal zu kompensieren. Bei der Landung machen plötzliche Seitenböen mit 45 Knoten zu schaffen, und oft zeigt die Nase 40 bis 50° in den Wind, um überhaupt Kurs zu halten. Die Sicht verschlechtert sich manchmal in 30 Minuten von unendlich zu dichtem Nebel.

Reeve Aleutian Airways fand eine Marktlücke.

276 Jede Richtung zeigt nach Süden

Notlandung nach Beschuss. Die koreanische 707 landete auf dem zugefrorenen Korpijärvi-See.

Am 20. April 1978 verirrte sich eine Boeing 707 von KAL in sowjetischem Luftraum. Der Pilot war unterwegs von Paris nach Anchorage und korrigierte den Kurs in der Nähe des magnetischen Nordpols. Hier machten die Sowjets kurzen Prozess. Eine SU-15 feuerte eine Luft-Luft-Rakete ab und beschädigte eine Tragfläche. Splitter durchschlugen die Bordwand und töteten zwei Passagiere. Der Käpten ging in einen Sturzflug über, entkam dem russischen Fighter und landete die beschädigte 707 auf einem zugefrorenen See. Und wieder einmal bewies die 707 ihre robuste Zuverlässigkeit.

Ein Jumbo der Korean Airlines (KAL 007) geriet am 19. November 1980 ins Fadenkreuz eines russischen Abfangjägers. Er war auf dem Weg von Anchorage, Alaska, nach Tokyo, flog aber offenbar in sowjetischem Luftraum. Angeblich wurde er ohne hörbare Warnung über Sachalin abgeschossen. Es gab 269 Todesopfer. Möglich, dass hier nicht sauber navigiert wurde, denn in diesem Gebiet herrscht eine große Kompassabweichung.

Da viele KAL Routen über die Polarregion führten, in der die Navigation besonders anspruchsvoll ist, wurden alle KAL Piloten einem intensiven Navigationstraining unterzogen. Es gab seither keinen solchen Zwischenfall mehr.

Ein Streik und seine Folgen 277

Am 03.08.1981 traten 13.000 von 17.000 amerikanischen Fluglotsen in einen illegalen Streik. Über die USA brach das Chaos herein. Die Gewerkschaft dachte, die Regierung würde wegen der finanziellen Auswirkungen eines langen Streiks auf die Wirtschaft in kürzester Zeit ihre Forderungen erfüllen. Doch Präsident Reagan gab der Gewerkschaft 48 Stunden Zeit, den Streik zu beenden. Gleichzeitig wurden Militärlotsen in die Kontrollzentralen und auf die Flughäfen abkommandiert. So konnten zumindest 50% der Flüge relativ reibungslos abgewickelt werden.

Als am 05.08. 11.345 Fluglotsen nicht zur Arbeit erschienen, wurden sie fristlos entlassen und mit einem lebenslangen Bann für den gesamten öffentlichen Dienst belegt. Militärlotsen wurden aus dem Ruhestand geholt, man warb in der ganzen Welt Fluglotsen ab. Doch 11.000 Stellen waren nicht so leicht zu besetzen. Die Luftfahrtbehörde warb Interessenten von der Straße an, es wurde ausgebildet was das Zeug hielt. Die langfristigen Auswirkungen wurden damals jedoch nicht bedacht: Die jungen Männer und Frauen, die 1981 zu Tausenden eingestellt wurden, gingen ab 2011 mehr oder weniger gleichzeitig in den Ruhestand. Es scheint in der Arbeitswelt genauso zu sein wie in der Natur: Wann immer der Mensch in die Balance eingreift, gerät sie aus dem Gleichgewicht. Und die Folgen werden noch lange zu spüren sein.

Ronald Reagan feuerte 1981 zehntausend Fluglotsen. Die USA spüren die Folgen noch heute.

Brass Monkey

Weitgehend in Vergessenheit geraten ist die sogenannte Air Defense Identification Zone (ADIZ) westlich der innerdeutschen Grenze, sowie die Buffer Zone, die ihr vorgelagert war. Sinn und Zweck waren unbeabsichtigte Grenzverletzungen zu vermeiden, verirrte Flugzeuge zu identifizieren, sie zu Kurskorrekturen zu veranlassen oder wenn nötig abzufangen. Dazu unterhielt die NATO entlang des Eisernen Vorhangs mehrere unterirdische Luftverteidigungsbunker mit Namen wie Lone Ship, Bugle, Backwash, Moonglow oder Jeremiah. Jedes Flugziel wurde beobachtet, elektronisch markiert und bildete Teil der Gesamtluftlage. Bewegte sich nun ein Flugzeug in Richtung Grenze führte das zu einer „Brass Monkey" Situation. Über Notfrequenzen wurde dann zum Beispiel verbreitet: „This is Jeremiah declaring Brass Monkey." Dann folgte die Aufforderung, dass alle Flugzeuge, die sich ihrer Position nicht sicher sind, sofort einen westlichen Kurs einnehmen und sich bei der Flugsicherung melden sollten. Und so ging das im Ausschlussverfahren fort, bis die Gefahr der Luftraumverletzung vorbei war. Diese und ähnliche Verfahren gibt es heute noch in vielen Krisenregionen der Erde. Besonders entlang der Grenzen nach Nordkorea wird man derzeit nervös auf jedes Flugziel schauen, das sich der Grenze nährt.

Kalter Krieg an der Nahtstelle zweier Weltmächte

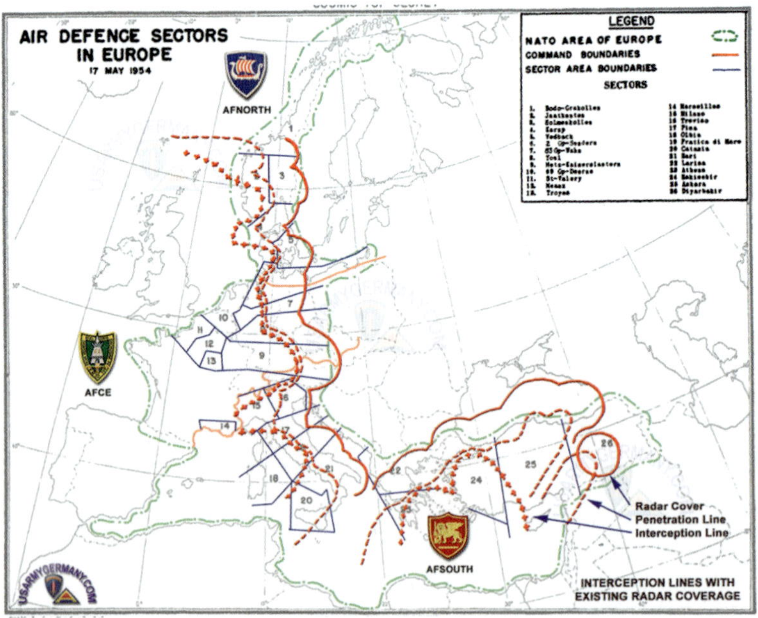

279 Porca Miseria

Der Starfighter verzeiht keine Fehler, sagt man. Ausnahmen bestätigen die Regel.

Wenn Piloten anfangen laut zu fluchen, sind das Anzeichen für eine gefährliche Situation. Wenn sie zwischendurch Stoßgebete zum Himmel schicken, kann man sich auf etwas gefasst machen, was man nicht jeden Tag erleben möchte. Zwei italienische Starfighter waren auf der Flucht vor einer gigantischen Gewitterfront über dem Mittelmeer. Da auch der Sprit zur Neige ging, war Decimomannu auf Sardinien ihre letzte Rettung. Ich erinnere mich noch lebhaft, wie die beiden aus einer schwarzen Wetterfront herauskamen. Einer von ihnen fluchte über das Sauwetter. Als sie ihr Anflugverfahren begannen, fing es an zu regnen. Eine halbe Minute später trommelte der Regen gegen die Towerverglasung, die Maschinen waren kurz über der Piste zu sehen, verschwanden dann wieder auf dem Gegenanflug. Beim Einkurven auf den Endanflug fluchte einer von ihnen „Porca miseria, che tempo di merda!" und gleich darauf „... ma che cazzo! Santa Maria aiutami!" Ich sah die Landescheinwerfer aus der schwarzen Wand kommen, diagonal von schräg oben nach unten gegen den Boden gerichtet und schrie ins Mikrofon „Zieh hoch! Zieh hoch!" Der Pilot reagierte, erkannte seine Fluglage, sah die Piste und schaffte das Kunststück, seine Maschine noch auf den Asphalt zu setzen.

280 Breakdown Flugsicherung USA

Die Technik erfordert Updates in immer kürzeren Abständen. Die Hacker warten nicht.

Wohin ein Investitionsstau in der Flugsicherung führen kann, sah man in den USA. 2004 brach das gesamte Radio- und Telefonsystem der Flugsicherung in Südkalifornien ohne Vorwarnung zusammen. Ein Server hatte sich verabschiedet und die gesamte Kommunikation lahmgelegt. Die konsternierten Lotsen riefen über ihre Mobiltelefone Freunde und Bekannte aus anderen Zentralen und Kontrolltürmen an und diktierten ihnen Kontrollanweisungen für mindestens 800 Flugzeuge in ihrem Kontrollbereich. 2006 musste das Center in Anchorage wegen eines Virus abgeschaltet werden. Im September 2007 gab es eine „Kernschmelze" in Memphis, Tennessee, als Radar, Telefon und Funk zusammenbrachen. Der betroffene Luftraum erstreckte sich über sieben Staaten. Und wieder einmal war man auf die privaten Mobiltelefone der Controller angewiesen, die mittlerweile die Nummern der benachbarten Kontrollzentralen eingespeichert haben. Im November 2009 brachen zwei Datenserver in Salt Lake City und in Atlanta während der Rush Hour für vier Stunden zusammen. Es hatte Auswirkungen auf das gesamte System. Flugplandaten wurden in dieser Zeit per Email und Fax ausgetauscht.

Merke: Wo Sicherheit im Spiel ist und Menschenleben in Gefahr geraten können, ist Geiz und Sparsamkeit fehl am Platz.

281 VAAC

Es gibt weltweit neun Volcanic Ash Advisory Zentren (VAAC), die sich um nichts anderes kümmern, als sämtliche Vulkane der Welt zu überwachen und den Zug der Asche vorherzusagen: Anchorage, Buenos Aires, Darwin, London, Toulouse, Tokio, Wellington und Washington DC. Schon bei einer konstanten Konzentration von nur einem Milligramm Aschepartikel pro Kubikmeter Luft können immerhin zehn Gramm Vulkanasche pro Minute ins Triebwerk gelangen, denn der Luftdurchsatz eines zivilen Großtriebwerks beträgt 1000 bis 1300 Kubikmeter pro Sekunde. Daher können auch kleinste Aschepartikel schwere Auswirkungen haben. Es sind Einrichtungen wie diese, die international verwoben sind und trotz politischer Differenzen zwischen den Staaten funktionieren.

Auch die Natur spielt mit im Luftverkehr.

282 Vulkanasche

Es gab viel Polemik besonders von Seiten der Airlines, als nach Ausbruch des Eyjafjallajökull die europäischen Verkehrsminister ab dem 15. April 2010 den Luftraum über Europa für fast einen Monat immer wieder schlossen. Fast der gesamte Weltluftverkehr war davon betroffen. Diese Maßnahme war von Vorsicht, viel Unsicherheit und mangelnden Forschungserkenntnissen geprägt, aber auch durch die vergangenen Erfahrungen von British Airways und KLM. Denn auch wenn ein einmaliges Durchfliegen der Wolke mit geringer Aschekonzentration nicht zu einem Aussetzen der Triebwerke führen würde, so kumulieren die Anhaftungen bei wiederholten Starts und Landungen womöglich doch und führen zu Ausfällen. Ganz sicher ist, dass die winzigen Kühlbohrungen an den Schaufeln mit der Zeit verstopfen und langfristig zu Hitzeschäden in den Triebwerken führen.

Wie die Asche Triebwerke lahmlegt.

283 ETOPS

ETOPS steht für Extended Twin OPerationS. ETOPS 60 bedeutet, dass alle Flugzeuge mit weniger als drei Motoren in der Lage sein müssen, bei Ausfall eines Motors und folglich bei reduzierter Geschwindigkeit innerhalb von 60 Minuten einen geeigneten Flugplatz zu erreichen. Diese Regelung galt bis 1964 auch für Strahlflugzeuge mit drei Triebwerken. Mit der Verbreitung der Strahltriebwerke verschärfte man diese Regelung aus Furcht, auf transozeanischen Strecken könnten auch mal zwei Triebwerke ausfallen. Denn noch hatte man wenig Erfahrung mit den Jettriebwerken. Daher forderten die Zulassungsbehörden für Langstrecken über Ozeane oder Polarregionen Flugzeuge mit vier Triebwerken. Klassiker waren die Boeing 707 und die DC-8. Nachdem über Jahre die Triebwerke der dreistrahligen Flugzeuge wie die Tristar, die DC-10 und die Tu-154 ihre Zuverlässigkeit unter Beweis gestellt hatten, durften auch diese auf der kürzeren Route über den Atlantik fliegen. Alle anderen Flugzeuge mussten sich in Küstennähe an Schottland, Island, Grönland, Neufundland zum amerikanischen Festland entlanghangeln. Mit ETOPS 120 durften dann auch die zweimotorigen Boeing 767 über den Atlantik fliegen. Mit gestiegener Zuverlässigkeit der Triebwerke ist man mittlerweile bei ETOPS 240. Für Polarregionen muss zusätzliche Ausrüstung für Crew und Passagiere plus Satellitenkommunikation mitgeführt werden, die Crew braucht ein besonderes Training. Außerdem muss ein Plan existieren, wie man die Passagiere in kürzester Zeit zurückholt.

Bei ETOPS geht es um die Zuverlässigkeit der Triebwerke.

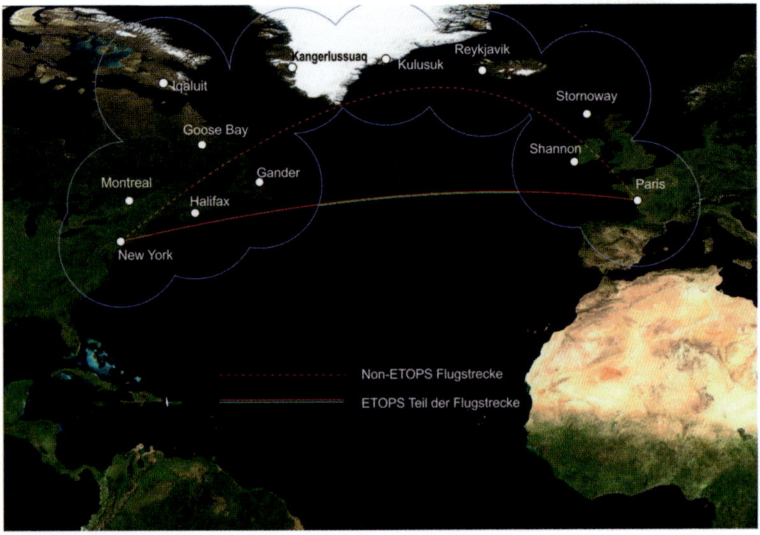

Hallo Taxi!

Der Redakteur einer deutschen Tageszeitung mit großen Buchstaben hatte offenbar die englischsprachige Meldung einer Presseagentur gelesen, wonach der Pilot eines Jumbos von Cathay Pacific Airways am neuen Flughafen in Hongkong bereits auf dem Taxiway starten wollte. Taxiway und Runway von großen Flughäfen werden schon mal verwechselt. Die feinen sprachlichen Unterschiede mit den Bezeichnungen auf einem Flughafen waren dem Redakteur aber ganz offenbar nicht geläufig. So übersetzte er den Begriff Taxiway (Rollweg) mit Taxispur und vermeldete allen Ernstes, dass ein Jumbo versehentlich auf die Taxi-Vorfahrt für ankommende Passagiere geraten sei und dann auf der „Taxispur“ starten wollte. Und wörtlich fügte er hinzu: „Wahrscheinlich wollte er einfach mal Taxi spielen“. Abgesehen davon, dass solche inkompetenten Rückschlüsse auf die Qualität der Berichterstattung seiner Zeitung schließen lassen, so wäre es wirklich an der Zeit, dass sich jede Redaktion einen Fachberichterstatter hält, der sich in diesen Dingen weiterbildet. Es gibt dafür eigens den Luftfahrt-Presse-Club. In diesem ältesten Journalistenverband Deutschlands können sich Journalisten im Laufe der Zeit zu gefragten Experten in Luft- und Raumfahrtfragen fortbilden.

Fluglotsen bei der Schweizer Skyguide

285 Roger & Co

Was hat es mit dem ROGER auf sich, das man immer wieder mal hört? „ROGER“ bedeutet, dass man eine Nachricht verstanden hat. Nicht mehr. Es bedeutet nicht, dass man darauf auch reagieren wird. ROGER stand einmal für „R“, kurz für „RECEIVED“. Das Wort geht auf die 1940er-Jahre im militärischen Sprechfunk der Amerikaner zurück. Das Alphabet wurde mit kurzen, leicht verständlichen phonetischen Worten definiert, wie „ABLE, BAKER, CHARLIE, DOG, EASY, FOX“. Für das „R“ stand Roger. Die Engländer bemühten damals für das „R“ noch den „ROBERT“, bevor sie im gemeinsamen Kampf gegen Deutschland den amerikanischen „ROGER“ übernahmen. Im heutigen internationalen ICAO-Luftfahrtalphabet hat man sich weltweit auf „ALPHA, BRAVO, CHARLIE, DELTA, ECHO, FOXTROT“ festgelegt, das „R“ wird als ROMEO ausgesprochen. Der „ROGER“ ist trotzdem geblieben, allerdings mit neuer Bedeutung. Die korrekte Antwort auf eine Anweisung, die man auch befolgen wird, lautet übrigens „WILCO“, oder in der Langform: „Ich habe Ihre Message erhalten, ich habe sie verstanden und werde sie auch ausführen.“ „I WILl COmply“. Dann erst kann sich der Partner damit zufriedengeben.

Automatisierung 286

Wie weit darf Automatisierung gehen? „Safety is paramount", heißt es nicht nur in der Luftfahrt. Bei allen Bemühungen, die Arbeit der Fluglotsen mit Elektronik zu unterstützen und zu erleichtern, sollte nicht die Kapazitätserhöhung an erster Stelle und die Erleichterung für den Lotsen an zweiter stehen, sondern umgekehrt. Denn allzu schnell vergrößert sich der Abstand zwischen diesen beiden Zielen. Niemals dürfen sich die Techniker, Ingenieure, Programmierer und Administratoren davon leiten lassen, „dass ja notfalls noch der Mensch da sei, der das Chaos ja noch richten könne." Es gibt Träume von Programmierern, die den Controllern einen Cyberhelm verpassen möchten, die Pupillenbewegung beobachten, die Gehirnströme abgreifen und sie in Befehle umsetzen. Raumschiff Enterprise lässt grüßen. Wenn wir dem Fluglotsen systematisch die aktive Kontrolle aus der Hand nehmen, wenn wir ihn dank elektronischer Inputs von der Sprache entwöhnen, wenn er gelernt hat, dass der Computer ihm alles vorgibt, wenn man seinen Luftraum dank elektronischer Hilfen zum Bersten gefüllt hat, dann wird er im Fall der Fälle wohl ganz sicher nicht in der Lage sein, einen Systemausfall zu kompensieren.

Es sind nämlich bei jedem Systemausfall dieselben Ausreden, die den Journalisten präsentiert werden: „Das hätte nach menschlichem Ermessen nicht passieren dürfen", oder „es kamen mehrere ungünstige Umstände zusammen".

Wenn der Computer den Piloten das Fliegen abnimmt, verlernen sie dann ihr Handwerk?

287 Flughafenbefeuerung

Das Lichtermeer an einem internationalen Großflughafen ist beeindruckend. Tausende von weißen, blauen, grünen, roten und gelben Lampen weisen den Piloten und Bodenfahrzeugen den Weg durch ein Gewirr von Pisten, Rollwegen und Stellflächen. Natürlich sind die Farben international nach Aufgabe und Bedeutung der Lichtsysteme standardisiert. Anflug- und Pistenbefeuerung sind weiß, die Gleitwinkelbefeuerung grün/rot, Schwellenbefeuerung grün, Rollwegbefeuerung blau, Abstellflächen grün oder blau, Hindernisbefeuerung rot. Aktiv oder passiv beleuchtete Rollweg- oder Pistenhinweise meist gelb, Unterflur-Stoppbalken sind rot. In Frankfurt summiert sich das auf 7000 Lichtpunkte für die Anflug- und Pistenbefeuerung, 20.000 Lichtpunkte für die Rollwegbefeuerung, die Hindernisbefeuerung fällt mit 270 Lichtpunkten vergleichsweise unspektakulär aus. Dafür werden 1200 Rollweg- und Pistenschilder aktiv beleuchtet, und um versehentliche Pistenverletzungen zu verhindern, gibt es 2300 Lichtpunkte für die Unterflur-Stoppbalken. Ca. 50% aller Lichtpunkte in den Befeuerungssystemen sind LED's. Wartung und Instandhaltung der Anlagen wird im Drei-Schicht-Betrieb von 26 Elektrikern durchgeführt. 4500 Kilometer Kabel versorgen die Befeuerung mit Strom. Das entspricht etwa der Luftlinie von Frankfurt nach Nowosibirsk.

Die faszinierende Welt der bunten LED's

Runway Incursions

Die Angst der Lotsen vor einem Missverständnis

Je größer ein Flughafen ist, umso höher ist die Gefahr der Verirrung. Zwar weisen Striche, Schilder und Beschriftungen den oft ortsfremden Piloten den Weg, aber die schiere Masse der Hinweise sowie ein gewisser Druck, nach der Landung zügig an das Terminal oder nach dem Beladen der Passagiere an den Start auf die richtige Piste zu kommen, birgt die Gefahr, sich zu verirren. Ist dann auch noch die Sicht schlecht, oder es gibt sprachliche Probleme zwischen Ground Control und dem Cockpit, steigt die Gefahr der Runway Incursion, einem versehentlichen Einbiegen oder Überqueren einer aktiven Piste, auf der gerade ein anderes Flugzeug startet oder landet. Mal sind es die Sprachschwierigkeiten, mal sind es Missverständnisse, mal ist es die Ablenkung, wenn man nebenher Checklisten abarbeitet, mal ist es die Eile, noch ein bestimmtes Zeitfenster zu schaffen. Nachdem das vor gut zehn Jahren in den USA häufiger passiert ist, hat die FAA eine Kampagne ins Leben gerufen und ihre Flughäfen nachgebessert sowie die Fluglotsen nachgeschult. Der Begriff wurde neu definiert: „Jeglicher Vorfall auf einem Flugplatz unter unerlaubter Beteiligung eines Flugzeugs, Fahrzeugs oder einer Person im Sicherheitsbereich einer Fläche, welche für Starts und Landungen von Flugzeugen vorgesehen ist." Den Wasserbüffel, der nach dem Erdbeben von Bandar Aceh 2004 auf der Piste mit einem Flugzeug kollidierte, dürfte das wenig interessiert haben.

289 Fuel Dumping

Hier wird Kerosin zerstäubt, um das Landegewicht zu reduzieren.

Von Zeit zu Zeit kommt es vor, dass eine vollgetankte Langstreckenmaschine wegen eines technischen Problems zum Startflughafen zurückkehren muss, um den (manchmal nur vermeintlichen) Schaden durch Techniker am Boden inspizieren zu lassen. Das kann schon mal dazu führen, dass vor der Landung Sprit abgelassen werden muss, um unter das Höchstlandegewicht zu kommen. Das ist ein Vorgang, der die Bevölkerung verständlicherweise beunruhigt. Doch der weitaus größte Teil des Kerosin-Nebels sinkt nicht zu Boden, sondern verdunstet noch in den höheren Luftschichten und verbleibt in der Atmosphäre, bis er durch die Strahlungsenergie der Sonne in Wasser und Kohlendioxid umgewandelt wird. Bei einem Treibstoffschnellablass (niemals unter der Mindestflughöhe von 1500 Metern), bei Windstille und einer Bodentemperatur von 15° Celsius sind es rechnerisch ca. 8 Prozent der insgesamt abgelassenen Treibstoffmenge, die den Erdboden erreicht. Damit lässt sich eine theoretische Bodenbelastung von 0,02 Gramm Kerosin pro Quadratmeter ermitteln. Allerdings werden diese Zahlen die Luftfahrtskeptiker kaum beruhigen. Für sie zählt die Gesamtmenge der über Deutschland abgelassenen Treibstoffmengen.

290

Zwei Nordpole

Wie wird die Lande- und Startrichtung für den Flughafenbau festgelegt? Zuerst bestimmen die Meteorologen für einen von der Politik ausgewählten Ort die vorherrschende Windrichtung. Aus zurückliegenden Aufzeichnungen wird eine dauerhafte Konstante ermittelt. Dabei kann es durchaus sein, dass vormittags und nachmittags die Windrichtung unterschiedlich ist. Auch jahreszeitliche Erkenntnisse fließen ein. Die Empfehlung der Meteorologen wird dann von den Geographen aufgenommen, die dann anhand der bereits bestehenden Bebauung eine Empfehlung an die Flughafenplaner weitergeben. Allerdings gab es hier schon mal Missverständnisse. Zum Beispiel im kanadischen Cold Lake, einer Air Base der Royal Canadian Air Force. Die Meteorologen gaben ihre Empfehlung wie sie das gewohnt waren in Werten, die auf den Geographischen Nordpol ausgerichtet waren ab. Dann haben die Militärplaner die Werte übernommen, sie aber – wie sie das gewohnt waren – auf den Magnetischen Nordpol bezogen. Dass in Kanadas Norden alle Werte 20 Grad Missweisung unterworfen waren, hat man erst realisiert, als drei wunderschön asphaltierte Startbahnen fertiggestellt waren, die auf keinen der dort vorherrschenden Winde passten. Nordpol ist also nicht gleich Nordpol. das scheint eines der ältesten Navigationsprobleme seit Erfindung des Kompasses zu sein. Dieser Umstand hat immer wieder Menschenleben gekostet, obwohl es hinreichend bekannt ist. Wenn man an die Grenzen seines Wissen stößt, muss man anderen Menschen zuhören, was sie zu sagen haben.

Die Magnetfelder der Erde zu messen und vorherzusagen ist eine der Hauptaufgaben der Geodäten. Allerdings nimmt die Bedeutung der magnetischen Pole auf die Navigation ab, seit es GPS gibt.

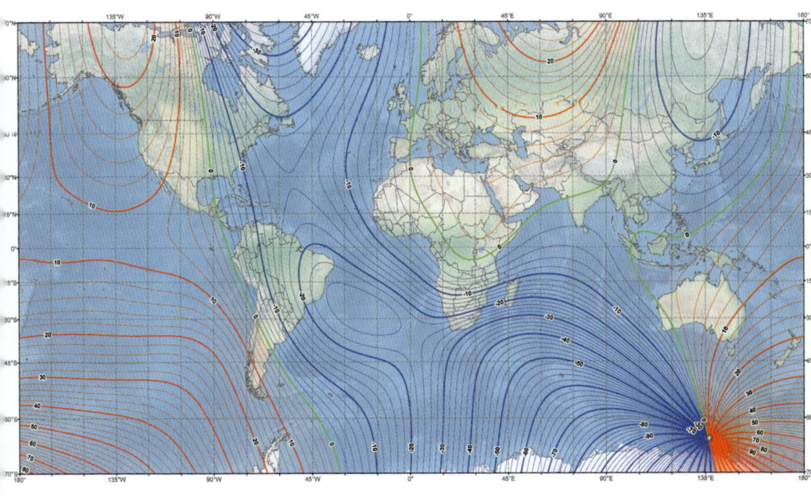

291

Kee-Bird

Navigation in arktischen Breiten bei 40° Abweichung von Kompass-Nord ist eine besondere Herausforderung. In den Zeiten von GPS vielleicht nicht so sehr, aber am 20 Februar 1947 geriet eine B-29 aus Fairbanks, Alaska, mit dem Namen Kee-Bird im Rahmen eines Aufklärungsfluges wegen eines Sturms auf Abwege und fand sich über Grönland wieder, als ihr der Sprit ausging. Den Piloten glückte eine Notlandung auf einem gefrorenen See. Drei Tage später meldete eine kleine Airline, sie habe Funksignale der Überlebenden aufgefangen. Der Navigator der verschollenen Crew bestimmte seine Position mit Hilfe der Sterne, der Funker sendete sie in den Äther. Suchflugzeuge wurden nach Labrador und Thule verlegt. Lebensmittel und Heizmaterial wurden abgeworfen. Eine C-54 landete am 24.02. auf dem See und nahm die 11-köpfige Crew an Bord.

1994 erst machte sich ein Privatinvestor daran, die B-29 zu reparieren, mit neuen Triebwerken und einem neuen Fahrwerk auszustatten. Die Air Force hatte das Flugzeug abgeschrieben, versprach aber Hilfe bei der Bergung und Restaurierung. Der Aufwand war gigantisch. Zu allem Überfluss erkrankte dabei der Chefingenieur tödlich. Das Projekt wurde für ein halbes Jahr unterbrochen. Im Jahr darauf, am 21. Mai 1995, war man schließlich so weit, die Maschine nach Thule zu fliegen. Das Flugzeug konnte aus eigener Kraft rollen und starten. Kurz vor dem Start begann der notdürftig befestigte Tank des APU-Hilfsaggregats Kerosin zu verlieren. Eine Leitung fing Feuer und setzte das ganze Flugzeug in Brand. Die Crew konnte sich noch unverletzt retten, doch das war dann das endgültige Schicksal der Kee-Bird.

Die Kee-Bird nachdem sie von Suchflugzeugen entdeckt wurde.

Milton Verdi

292

So fand man das Flugzeug von Milton Verdi. Es steht heute in einem Museum in Sao Carlos, Brasilien.

Am 29. August 1960 starteten Milton Terra Verdi und sein Schwager Antonio Gonçalves im brasilianischen Rio Preto mit einer Cessna 140 zu einem Flug nach Kolumbien. Über dem bolivianischen Dschungel ging ihnen der Treibstoff aus. Milton setzte das Flugzeug in einer Waldlichtung relativ unbeschädigt auf. Die Suche aus der Luft brachte wie so oft im Dschungel des Amazonasgebiets nichts. Erst am 24. Dezember 1960 fanden Ranger des Nationalparks Kaa Iya del Gran Chaco das vollkommen überwucherte Flugzeug. Und zwei Leichen. Und eine Art Tagebuch des Todes, geschrieben auf der Rückseite von Karten und Zeitschriften, in dem Milton das Drama beschrieb, das sich abspielte. Der Gran Chaco ist ein Trockenwald mit geringem Niederschlag. Miltons Schwager hielt die Kälte, den Hunger und vor allem den Durst nicht aus. Nach einer Woche durchschnitt er im Delirium einen Benzinschlauch und trank von dem restlichen Treibstoff. Milton ernährte sich von Vögeln und Schildkröten. Er überlebte noch 40 Tage. Seine Aufzeichnungen wurden später als Buch veröffentlicht. Hier ein Auszug:

„9. Tag. Ich mache mir keine Illusionen mehr. Heute bedeutet ein Liter Wasser für mich alles. Es ist das billigste, was wir haben, doch es ist mehr wert, als alles Geld der Welt. Ein Teller Reis und Bohnen ist nicht mit Geld zu bezahlen. Wenn Gott uns noch eine Chance gibt, werden wir die bescheidensten Menschen der Welt sein. Wir wollen nur unser Essen, viel Wasser, und für unsere Frauen, Kinder und Familien sorgen. Meine liebe Frau und hingebungsvolle Mutter meiner Kinder, ich bitte Dich, mir für die schlechten Zeiten zu vergeben.“

293 Richtig und falsch: Marten Hartwell

Marten Hartwell betrieb einen Charterflugservice in den kanadischen Northwest Territories. Am 8. November 1972 flog er Vermessungsingenieure nach Cambridge Bay. Kaum hatte er den Motor abgestellt, kam eine Krankenschwester auf ihn zu gelaufen. „Wir haben zwei Notfälle hier, die sofort ins Krankenhaus nach Yellowknife müssen." „Ich fliege heute nicht mehr. Ich bin todmüde und habe außerdem keine Nachtflugzulassung." Doch er ließ sich überreden. Es kam, wie es kommen musste, als er in der Dunkelheit in Schneegestöber geriet. Irgendwann lagen die Wolken auf, und er flog gegen einen Berg. Die Maschine zerbrach. Die schwangere Frau starb sofort, die Krankenschwester ebenfalls. Der Junge war so weit unverletzt, für Marten Hartwell war er aber keine Hilfe, da er in der Halbzivilisation der modernen Inuit die Fähigkeiten seines Volkes verloren hatte. Als er einem Flusslauf folgen sollte, um eine Siedlung zu finden, kam er hilflos zurück, und hatte sogar noch die Notration verloren. Er starb schließlich an seiner Blinddarmentzündung. Marten Hartwell selbst hatte beim Aufschlag beide Fußgelenke gebrochen. Zur Bewegungslosigkeit verdammt ernährte er sich vom Fleisch der Toten. Der verletzte Pilot hielt sein Notfunkgerät am Körper warm und nutzte es täglich nur für ein paar Minuten, wenn er glaubte, ein Motorengeräusch zu hören. Und tatsächlich, am 32. Tag entdeckte ihn ein Hubschrauber. Letztendlich überlebte er als einziger. Das Gericht sprach ihn im moralischer Hinsicht frei. Aber für die professionellen Fehler musste er eine Strafe von 25.000 Dollar hinnehmen.

Manchmal kann man sich einer guten Tat nicht entziehen, selbst wenn man weiß, dass es falsch ist.

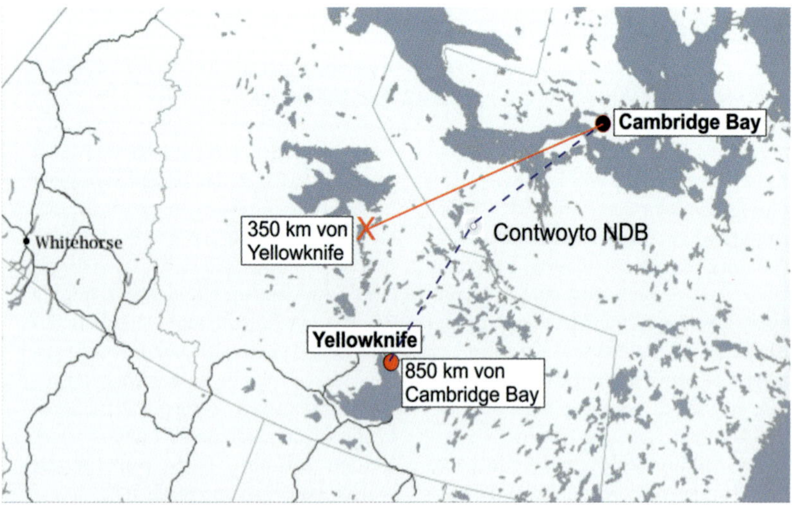

Das Blätterdach des peruanischen Dschungels dämpfte den freien Fall der Juliane Koepke aus 3000 m.

Ein Wunder! Juliane Koepcke 294

Am 24.12.1971 flogen eine Mutter und ihre Tochter von Lima nach Pucallpa zu einer Urwaldstation. Die Turboprop-Maschine geriet über dem Amazonas auf 3000 Metern in ein heftiges Gewitter. Nach einem Blitzschlag zerbarst das Flugzeug mit seinen 92 Menschen an Bord, die Sitzbank, auf der Juliane und ihre Mutter angeschnallt waren, wurde ins Freie gerissen. Das Mädchen raste kopfüber auf den Urwald zu. Immer wieder verliert sie für Momente das Bewusstsein, und jedes Mal, wenn sie die Augen öffnet, fällt sie noch immer. Den Aufschlag spürte sie nicht. Das nächste, was sie wahrnimmt, ist nasse Erde. Sie liegt benommen, mit einer schweren Gehirnerschütterung unter der Sitzbank auf dem Boden. Mit gebrochenem Schlüsselbein und offenen Wunden an Oberarm und Wade, sortierte sie sich. Das Blätterdach und das Gewirr von Lianen hatten ihren Sturz gebremst und den Aufschlag gemildert. Trotzdem gelang es der 17-jährigen Juliane Koepcke, sich alleine durch den peruanischen Amazonas durchzuschlagen. Sie fand einen Bach und folgte ihm bis zu einem Flusslauf. Sie hatte nur noch einen Schuh, ihre Brille war kaputt. Würmer nisteten sich in ihre offenen Wunden ein. Am zehnten Tag entdeckte sie am Ufer ein Boot und den überdachten Unterstand von Waldarbeitern. Die brachten sie zur nächsten Siedlung. Gerettet.

Wer aus einem zerbrechenden Flugzeug geschleudert wurde, 3 Kilometer im freien Fall zur Erde stürzte, durch die Äste eines Urwaldriesen brach und 50 Meter weiter unten auf den Boden krachte, dem wurde das Leben gleich mehrmals von neuem geschenkt. Und das auch noch zu Heilig Abend!

295 Der Andencrash

Zwölf lange Wochen harrten die Überlebenden des Andencrashs in eisiger Höhe aus, bis Rettung kam.

Am 13.10.1972 startete eine Rugby Mannschaft vom argentinischen Mendoza mit einer Fairchild-Hiller der Luftwaffe Uruguays ins 195 km entfernte Santiago de Chile. Der Flug über die Anden war Routine. An jenem Tag konnte Käpten Ferradas aber nicht direkt fliegen, weil sich hohe Wolken über den Berggipfeln türmten. Er stieg auf 5000 Meter und folgte der wolkenverhüllten Gebirgskette nach Süden, bis er sich über einem Pass wähnte, den er sicher überqueren konnte. Die Länge der Strecken berechnete er mit Fahrtanzeiger und Stoppuhr. Den starken Gegenwind ließ er aber unberücksichtigt. Als er die Flugsicherung rief und seine vermeintliche Position angab, erschien vor dem Cockpitfenster der Gipfel des 4200 m hohen Vulkans Tinguiririca. Ein Ausweichen war nicht mehr möglich. Von den 45 Personen überlebten 33 den Crash. Doch trotz Sommer auf der südlichen Halbkugel, war niemand auf Schnee und nächtliche Temperaturen um die -40 Grad vorbereitet. Um zu überleben, ernährten sie sich vom Fleisch der Toten. Nando Parrado war der willensstärkste unter den Überlebenden. Er war der, der Pläne machte und den anderen Hoffnung gab. Er und zwei andere Männer schlugen sich schließlich fünf Tage lang durch die Berge, bis sie auf chilenischer Seite Menschen trafen, die Hilfe holen konnten. Am 23. Dezember brachte ein Hubschrauber den letzten Überlebenden in Sicherheit.

Absturz in die Grüne Hölle

Dietmar Plath ist Buchautor und Fotograf atemberaubender Bild-Reportagen in Magazinen wie GEO, Stern, Time und Aero International. 1993 flogen er und zwei Kollegen für eine Reportage mit drei Wasserflugzeugen in den Dschungel Französisch-Guyanas. Zehn Minuten später versperrte ihnen eine Regenfront den Weg. Schnell war klar: Es gab keinen Weg vorbei. Doch mittlerweile versperrte ihnen eine weitere Front auch den direkten Rückweg nach Cayenne. Der Sprit ging zur Neige, kein Gewässer, keine Lichtung war in Sicht. Die Piloten riefen den Tower in Cayenne auf Notfrequenz, flogen aber zu niedrig, um gehört zu werden. Eine Boeing 747 der Air France im Anflug auf Cayenne aber fing den Notruf auf und meldete ihn an den Tower. Eine französische Transall-Besatzung hörte mit und flog sofort in Richtung der drei Flugzeuge, deren Piloten und Passagiere sich bereits auf den Crash vorbereiteten. Die Transall-Besatzung sah noch das letzte Wasserflugzeug zwischen den Baumkronen verschwinden, kreiste über der Stelle und meldete die Position an ein Rettungsteam der französischen Fremdenlegion weiter südlich. Mit einem Helikopter und einer Rettungswinde bargen die Fremdenlegionäre die sechs zum Teil schwer verletzten Männer am Tag nach dem Absturz. Der französische Transallpilot erhielt später das deutsche Bundesverdienstkreuz.

Viel Glück im Unglück hatten drei Journalisten in Französisch-Guyana.

297 Die gestohlene Boeing 727

Die angolanische Airline TAAG leaste im Jahr 2002 von einer Verwertungsfirma in Miami eine alte Boeing 727, die schon 27 Jahre auf dem Buckel hatte. Sie sollte in Luanda zu einem Dieseltransporter umgebaut werden. Dazu wurden alle Sitze entfernt und zehn Dieseltanks fest eingebaut. Doch die TAAG ließ offenbar von ihren weiteren Plänen ab, so gammelte die 727 auf dem Flughafen vor sich hin und verursachte in 14 Monaten über 4 Millionen Dollar Parkgebühren. Am 25. Mai 2003 traf Ben Charles Padilla, amerikanischer Flugzeugmechaniker der Eigentümerfirma, Flugingenieur und Privatpilot ein, um den Zustand der 727 zu prüfen und die Triebwerke zu testen. Plötzlich setzte sich das Flugzeug in Bewegung, rollte ohne ein Wort zur Piste, startete und verschwand mit ausgeschaltetem Transponder in Richtung Atlantik. FBI und CIA fahndeten weltweit aber ohne Erfolg nach dem Flugzeug. Absturz im Atlantik, Abschuss durch die angolanische Luftwaffe, in den Kongo entführt, ausgeschlachtet und in Einzelteilen verkauft oder umgespritzt, umregistriert für eine der vielen afrikanischen Gesellschaften, in einem Land, das es mit Kontrollen nicht so ernst nimmt. Wer weiß?

298 Abenteurer Steve Fossett

Der amerikanische Milliardär und Abenteurer Steve Fossett errang Erfolge bei Segelregatten, überquerte 1995 als erster Mensch im Ballon den Pazifik auf einer Strecke von 8748 Kilometern von Südkorea bis Saskatchewan in Kanada. Im Wettbewerb mit Bertrand Piccard wollte er die erste Erdumrundung im Ballon als Team gewinnen. Dann versuchte er es alleine. Nach fünf Versuchen gelang ihm 2002 der Nonstop-Rekord in 14 Tagen. 2004 flog er mit einem Zeppelin den Geschwindigkeitsweltrekord für Luftschiffe. Mit dem Rutan Global Flyer umrundete er 2005 als erster Pilot allein und ohne Zwischenstopp in 67 Stunden, 2 Minuten und 38 Sekunden die Erde über eine Strecke von 36.898 km von Salina nach Salina in Kansas. 2006 gelang ihm ein weiterer Weltrekord-Langstreckenflug, nonstop und alleine über 42.469 km. Mit dem Maxi-Katamaran Cheyenne schaffte er die bis dahin schnellste Atlantiküberquerung in 4 Tagen,17 Stunden und 28 Minuten. Er hielt mit 58 Tagen den Rekord für die schnellste Weltumsegelung. 1985 durchschwamm er den Ärmelkanal. Dazu musste er sogar noch Schwimmen lernen! Am 3. September 2007 startete er zu einem Flug und prallte in 3200 m Höhe gegen einen Berg.

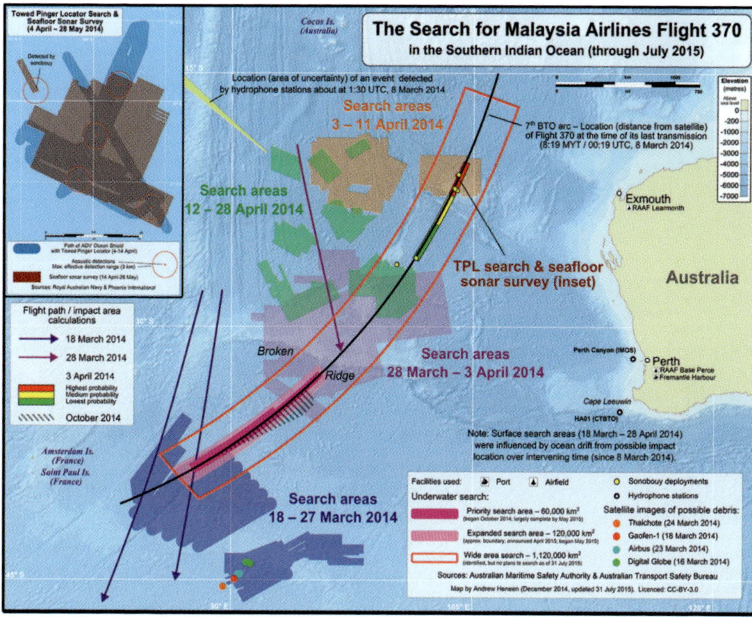

Die aktuelle Berechnung, wo die MH 370 am wahrscheinlichsten verblieben sein könnte.

Die Boeing 777 von Malaysia Airlines, Flug MH 370 startete am 8. März 2014 von Kuala Lumpur nach Peking. Ab 1:21 Uhr Ortszeit wurde das Flugzeug vermisst. Zuerst vermutete man einen Absturz im Golf von Thailand, bis bekannt wurde, dass das Flugzeug offenbar den Kurs gewechselt und noch etwa sieben Stunden nach seinem Verschwinden automatische Signale an einen Satelliten gesendet hatte. Dabei war die Satellitenverbindung zeitweise unterbrochen, etwa eine Stunde nach dem Verschwinden loggte sich das Flugzeug jedoch wieder in die Bodenstation ein. Das Flugzeug hat anschließend Indonesien umrundet und ist vermutlich auf Autopilot in südlicher Richtung über dem Indischen Ozean weitergeflogen, bis es westlich von Australien ohne Treibstoff ins Meer stürzte. Es folgte mit etwa 150 Millionen Euro die längste und teuerste Suchaktion in der Luftfahrtgeschichte. Aber weder das Wrack noch der Flugschreiber, noch die Absturzposition konnten gefunden werden. Auch eine mehrjährige Tiefseesuche blieb ergebnislos. Am 17. Januar 2017 wurde die Suche eingestellt. Seither wird immer mal wieder ein Teil irgendwo angeschwemmt, was wohl neue Berechnungen, aber auch neue Verschwörungstheorien befeuert.

300 Search & Rescue

Die Besatzung von Rettungshubschraubern führen regelmäßig Übungen durch.

Search & Rescue in Mitteleuropa ist vor allem eine Aufgabe der kommunalen Rettungskräfte. In den endlosen Wäldern Kanadas läuft das anders. Für die regionale Suche zum Beispiel in ausgedehnten Waldgebieten wird ein „Searchmaster“ eingesetzt“ Dieser Mann ist für die Dauer der Suche der mächtigste Mann in Kanada. Was er für notwendig hält, wird gemacht. Wenn er 200 Mann für drei Wochen braucht, stellt sie das Militär umgehend bereit. Kettensägen, Flugzeuge, Zelte, Thermokleidung. An seiner Seite steht nämlich ein Zahlmeister, der alles begleicht, ohne um Genehmigung fragen zu müssen. Abgerechnet wird am Ende. Suchen, finden und retten ist erst einmal wichtiger. Wenn Presse oder Angehörige die Geduld verlieren, werden sie an Bord geladen und erleben, wie die Suchmannschaften bis zur Erschöpfung die Baumwipfel der endlosen Wälder abfliegen und ihre Augen auf Lichtungen oder abgebrochene Äste heften. Eine Suche wird nie beendet, solange nichts gefunden wurde, sie wird bestenfalls eingestellt. Gibt es nur den kleinsten Hinweis, und sei es eine Wahrsagerin, die behauptet, die Menschen seien noch am Leben, sie habe es in ihrer Trance gesehen, dann geht alles von vorne los. Egal ob man an übernatürliche Kräfte glaubt oder nicht.

301

Luftpost

Pharao Ramses II griff bereits 1700 vor Christus auf Brieftauben zurück. Brieftauben informierten auch Julius Caesar über Unruhen in den eroberten Provinzen. Am 18. Februar 1911 flog Henri Pecquet vom indischen Allahabad 6000 Briefe und Postkarten ins zehn Kilometer entfernte Naini Junction, wo die Post in den Zug umgeladen wurde. Jahre vor den ersten Passagierflügen begann der Luftpostdienst in Italien mit regelmäßigen Flügen zwischen Bologna, Venedig und Rimini.

Am 9. Juni 1912 wurde die erste deutsche Luftpost mit den Luftschiffen „Schwaben“ und „Gelber Hund“ von Darmstadt nach Frankfurt/Main befördert. Auch in Deutsch-Südwestafrika begann ein regelmäßiger Luftpostdienst zwischen Swakopmund und Windhoek.

1927 erhielt Boeing den Zuschlag für den Luftpostdienst zwischen San Francisco und Chicago und gründete daraufhin die Boeing Air Transport Company. Pan American World Airways entstand ausschließlich um Luftpost von Key West nach Havanna zu befördern! 1934 brachte die Deutsche Luft Hansa regelmäßig Post von Berlin nach Buenos Aires über Sevilla, Banjul und Natal. Brieflaufzeit war vier Tage.

302

Schleuderflug

Philatelisten kennen die Begriffe: Vorausflug, Hinterherflug, Schleuderflug. Denn diese postalischen Ausdrücke wurden auf Briefe gestempelt, mit denen Schiffspassagiere ihre Ankunft zum Beispiel in New York oder Rio de Janeiro ankündigen und Geschäftstreffen arrangieren konnten. Es gab in den 1930er-Jahren noch Schiffe, auf deren Oberdeck eine Katapultstartvorrichtung installiert war. Mit dem bordeigenen Kran lud man ein Schwimmerflugzeug auf die Schleuder und „schoss“ das Flugzeug gegen den Wind, das mit laufendem Motor auf der Anlage stand. Umgekehrt konnte

das Flugzeug vom Hafen aus mit Post beladen werden und neben dem Schiff wassern, wonach es wieder mit dem Bordkran geborgen wurde. International nannte man das Verfahren „Ship to Shore“.

303 Kein Scherz: Raketenpost

In den 1930er-Jahren gab es zumindest versuchsweise in mehreren Ländern die Raketenpost. Briefe wurden gebündelt und in einer kleinen Rakete, deren Brenndauer und Startwinkel genau berechnet wurden, zum nächsten Postamt geschossen. Es gab sogar gesonderte Poststempel. Und die Methode machte in einigen Gegenden auch Sinn. Überliefert ist ein Schuss am 2. Februar 1931, als der Wiener Ingenieur Friedrich Schmiedel von der Schöcklalm in den Grazer Bergen 102 Briefe mit einer Rakete ins gut zwei Kilometer entfernte Sankt Radegund schickte. Nach Ende der Brenndauer öffnete sich ein kleiner Fallschirm und brachte die Rakete sanft zur Landung. Alles klappte auch wie berechnet, mit einer Ausnahme: Das Postamt hatte wegen eines Feiertages geschlossen. Wegen Maria Lichtmess wurden die Briefe dann nicht weiterbefördert. Aber so richtig erfolgreich wurde die Raketenpost trotzdem nicht. Wer geht schon gerne mit Schutzhelm zur Post?

304 Versandrekord: Alibaba

Alibabas Firmenzentrale in Hangzhou

China hat 2009 als Kontrast zum Valentinstag den Singles' Day oder Bachelortag erfunden. Man wählte den 11.11. eines Jahres; die vier Einser sollten alleinstehende Menschen symbolisieren. Niemand hätte vor wenigen Jahren geglaubt, dass das Konzept durch die Decke gehen könnte. Der chinesische Onlinehändler Alibaba verdoppelte Jahr für Jahr seine Umsätze an diesem Tag. 2015 hielt er sechs Millionen Artikel vor, bei einem Zusammenschluss von 40.000 Firmen in 49 Ländern. 1,7 Millionen Zusteller und 400.000 Fahrzeuge und 200 Flugzeuge standen alleine in China bereit. In 190 chinesischen Großstädten wurden rechtzeitig 300.000 Abholstationen eröffnet. Zusätzlich schloss Alibaba Verträge mit 180.000 Läden, wo die Bestellungen für Selbstabholer angeliefert werden konnten. Im Jahr davor genügten noch 50.000. Und dann kam der 11.11.2015. 24 Stunden lang galten Sonderangebote. 24 Stunden lang glühte das Internet. Um Mitternacht hatte Alibaba 467 Millionen Bestellungen im Wert von 14,32 Milliarden Dollar eingefahren, 60 Prozent mehr als am 11. November 2014: 7,6 Milliarden Sendungen!

Olympische Logistik

305

Im Rahmen der Olympiade in Rio, bei der alleine die deutsche Equipe 449 Athleten umfasste, wurde viel Material bewegt. Aus über 60 Einzelteilen für jede Gelegenheit bestand die offizielle Olympia-Ausrüstung eines jeden DOSB-Athleten. Offizielle, legere und noch Kleidung für das Siegerpodest. Dazu kamen die privaten Koffer. Hochsprungstäbe, Speere, Kajaks und Ruderboote vom Einer bis zum Achter, Segelboote, Surfbretter, Fechtausrüstung, Anzüge, Sportkleidung, Trikots, Bälle, Fahrräder, Sportwaffen, Pferde, Sättel und Zubehör, medizinisches Equipment. Für die Ausstattung des Olympischen Dorfes, die Deutsche Olympiamannschaft, das Deutsche Haus, die Eröffnungs- und Abschlusszeremonie und das VIP-Catering an den Stadien, gingen insgesamt 1.030 Standardcontainer auf die Reise. Darunter befand sich eine komplette Backstraße für das Deutsche Haus, 7000 Flaschen Wein, 2100 Flaschen Sekt, 90 Fünfzig-Liter-Fässer Bier, 32.500 Gläser. Sechs 40-Fuß-Container mit Segelbooten und Zubehör, Werkstattausrüstung und Mannschaftsapotheke reisten per Schiff, 60 Tonnen Fracht per Flugzeug. Auch die Fernsehanstalten schickten tonnenweise Technik für die provisorischen Studios vor Ort. Die Welt ist zwar Zeuge, der Fernsehzuschauer erwartet nichts weniger für seine Gebühren, wenn er fast 24 Stunden der Berichterstattung folgt. Aber von den vielen Aktivitäten hinter den Kulissen hat er meist keine Ahnung.

Die Olympischen Spiele erfordern eine ausgeklügelte Logistik mit langer Vorbereitung.

306 Priorität von Post

In entlegenen Gegenden hat der Mensch gerne ein Transportmittel, auf das er sich verlassen kann, selbst wenn er es nur einmal im Jahr benutzt. Ob sie es nun wollen oder nicht, ob sie sich der Tatsache bewusst sind oder nicht, Airlines haben auch eine soziale Aufgabe. Das mag weniger im dicht besiedelten Deutschland zutreffen als vielmehr in den abgelegenen Gegenden der Welt. Die Mittwochsmaschine der Air Greenland nach Qaqertoq oder der Samstagsflug von Air Mashall Islands zum Maloelap-Atoll sind Lebensadern für einsam lebende Menschen. Der Liniendienst im brasilianischen Mato Grosso bringt die Post in die unzugänglichen Urwalddörfer, die gelegentliche Landung einer Maschine der Mongolian Airways auf einer Farm 300 Kilometer von Ulaanbaatar (Ulan-Bator) gibt den Bewohnern die Gewissheit, nicht vergessen zu sein. Das wird derart ernst genommen, dass zum Beispiel in Grönland die Postbeförderung Vorrang vor Passagieren hat. Blieb wegen anhaltenden Schneestürmen die Post über längere Zeit liegen, wird die Maschine zu allererst mit den Paketen und Postsäcken gefüllt. Bleibt dann noch Platz, dürfen noch Passagiere mit. Das Postwesen hat eben Tradition, von der Antike bis – na ja – in die Neuzeit. Zumindest vor tausend Jahren wurde in allen Hochkulturen darauf geachtet, dass die Post morgens nach dem Aufstehen zugestellt wurde. Die Postillione ritten von Poststation zu Poststation im Durchschnitt 160 km. Frische Pferde wurden dank reibungsloser Organisation stets vorgehalten. Jeder Brief wurde befördert, als entschiede er über Leben und Tod. Auch bei schwer entzifferbaren Adressen von fremdsprachigen Absendern entwickelte die Post eine geradezu legendäre Findigkeit.

Besonders in entlegenen Regionen verlassen sich die Menschen auf die Post.

307 Perishable Center

Die Schnittstelle Erzeuger/Empfänger ist der Transport. Die Kühlkette muss funktionieren.

Nicht nur Elektronik wird per Luftfracht transportiert, sondern auch Blumen, Früchte, pharmazeutische Produkte, Fleisch und allerhand verderbliche Waren. Große Frachtdrehkreuze betreiben deshalb Perishable Center, in denen die ankommenden oder abgehenden Produkte bei der richtigen Temperatur zwischengelagert werden können. In Frankfurt besteht das aus sofortiger Zwischenlagerung in klimatisierten Lagerhäusern von –25 bis +25 °C. Temperaturgeführte Produkte können in Flugcontainer bzw. Flugpaletten im temperierten Bereich 0 °C bis 2 °C, 2 °C bis 8 °C, 12 °C bis 15 °C oder 15 °C bis 25 °C vorbereitet und bis zur Verladung in den Truck oder ins Flugzeug gelagert werden. 120.000 t Perishables pro Jahr werden in Frankfurt umgeschlagen, davon allein 25.000 Tonnen Frischfisch. Veterinäramt, Pflanzenschutzdienst und Bundesanstalt für Landwirtschaft und Ernährung (BLE) kontrollieren eingeführte Waren direkt vor Ort. Behördenbeschau vor Ort und falls notwendig Vernichtung unter zollamtlicher Aufsicht. Denn Zoll und Veterinäre müssen auch die Einschleppung von Neophyten und Neozoen verhindern, Pflanzen und Tiere, die mit den biologischen Importen huckepack einreisen und der heimischen Flora und Fauna gefährlich werden können. Diese Dienste beobachten auch die Agrarmärkte in den Herkunftsländern und verhängen notfalls Importembargos aus Gesundheitsgründen.

308 Freddie Laker

Freddie Laker war seiner Zeit voraus. Wie würde der Unternehmer wohl heute die Märkte aufmischen?

Freddie Laker war ein britischer Flugzeughändler, der militärische Transportmaschinen zu zivilen Passagier- und Frachtmaschinen umrüstete und weltweit verkaufte. 1951 eröffnete er die erste von mehreren Charter-Airlines. Sein großer Wurf aber war Laker Airways im Jahr 1966. Sie galt lange Zeit als die profitabelste Airline auf der Insel. Damals mussten die Tickets noch als Arrangement mit Hotelübernachtung verkauft werden. Und doch schaffte es Freddie Laker, mit neuen Geschäftsmodellen bessere Ergebnisse zu erzielen. 1972 kaufte er zwei DC-10 Widebodies und führte unter dem Namen Skytrain Low Cost Flüge zwischen London-Gatwick und New York JFK für sagenhafte 32 Pfund pro Strecke ein. Nach heutigem Geldwert wären das 400 Pfund oder 463 Euro (2017). 1978 schlug ihn Queen Elizabeth II. für seine Verdienste um die Luftfahrt zum Ritter. Doch British Airways und die zivile Luftfahrtbehörde Englands verstanden es, Sir Freddie mithilfe der Banken das Leben schwer zu machen. 1982 schloss die Airline ihre Schalter, nachdem sie ihre Rechnungen nicht mehr bezahlen konnte.

Es kann durchaus auch sein, dass viele Passagiere das Vertrauen in die Sicherheit der DC-10 verloren, nachdem in recht kurzer Zeit zwei Maschinen dieses Typs abstürzten, 1974 die Turkish Airlines in Paris und 1979 American Airlines in Chicago.

309 Luxus am Himmel

Es gibt eine Alternative zum engen Mittelsitz in einem Großraumjet: Die erste Klasse einer Airline aus Fernost oder aus den Golfstaaten. Sie bieten Luxus pur. Die Flugbegleiterinnen von Thai, Singapore Airlines oder ANA strahlen einen besonderen Charme aus, der beim europäischen Kunden besonders gut ankommt. Mit dem nötigen Kleingeld, kann man seine Reise zu 1001 Nacht bereits zu Hause beginnen und sich vom Airline-eigenen Chauffeur abholen lassen. Nach den Formalitäten in einer VIP-Lounge am Flughafen, durch die man von einem persönlichen Assistenten begleitet wird, kann man sich auf Einladung der Airline kulinarisch verwöhnen lassen, bis es Zeit wird für den Abflug. Der Assistent bringt einen dann mit dem Porsche direkt zum Flugzeug, ein Aufzug befördert den Fluggast an den Eingang zur ersten Klasse. Auf dem Flug wird man persönlich betreut, es fehlt nicht an individuell zubereiteten Speisen, Champagner und Kaviar bis zum Abwinken inklusiv. Am Zielort wird man erwartet und durch die Zollkontrolle gebracht, auf das Gepäck erhält man in einer Arrival-Lounge. Auf Wunsch kann man sich auch noch zum Hotel bringen lassen und damit das Reisepaket abschließen. Welch ein Unterschied zum Reiseantritt bei Ryanair mit dem Charme einer Ausnüchterungszelle oder eines Abholmarktes!

In der Ersten Klasse gibt es bei Singapore Airlines Suiten mit viel Privacy.

Pay2Fly

Der Malaysische Airline Tycoon Tony Fernandes hat die einst defizitäre AirAsia für 25 Cent gekauft, saniert und auf Low Cost getrimmt. 2014 konnte er industrieweit den niedrigsten Kostensatz pro Sitzkilometer vermelden: 0,015 Eurocent. Das bedeutet, dass AirAsia mit einer Maschine, die nur zu 52 Prozent gefüllt ist, bereits kostenneutral fliegt. Alles darüber hinaus sind Gewinne. Dabei greift Fernandes zu Mitteln, die selbst einem abgebrühten Michael O'Leary von Ryanair die Schamröte ins Gesicht treiben würden, Pay to Fly. Es gibt junge, arbeitslose Piloten in aller Welt, denen die Typenzulassung verfällt, wenn sie nicht bald ihre Mindeststunden abfliegen. Notfalls fliegen sie umsonst. Fernandes konnte dies noch steigern: Er lässt die Piloten dafür bezahlen. Und er vermietet ihnen sogar noch möblierte Apartments in Kuala Lumpur. Söhne reicher Eltern können sich dieses Prestige leisten. Nach einigen Jahren versuchen sie dann, bei einer anderen Airline unterzukommen. So kommt es, dass so mancher Passagier in der eng bestuhlten Kabine für seinen Trip von Kuala Lumpur nach Jakarta weniger bezahlt als der Kopilot, der ihn dorthin fliegen darf. Jüngst ging allerdings eine Meldung durch die Presse, nach der Michael O'Leary seine Piloten nicht nur die Buletten, sondern auch das Wasser bezahlen lässt, das sie an Bord konsumieren. Er scheint seinem malaysischen Wettbewerber offenbar in nichts nachstehen zu wollen. Wohlan, der Wettbewerb ist eröffnet. Mal sehen, wer zuerst keine Piloten mehr hat.

Zufriedene Crews machen die Kunden glücklich. Und zufriedene Kunden kommen zurück.

Lowcost und Full Service

Während manche Airlines die Sitzabstände verkürzen, glänzt Qatar Airways mit Komfort.

Die einen finden immer neue Möglichkeiten, in ihren Flugzeugen Gewicht, Komfort und Kosten zu sparen, die anderen locken mit Luxus, Massagesesseln, Doppelbetten in abgeschlossenen Suiten. Die einen bieten Gummibärchen, Wasser und Kekse, die anderen Champagner, Kaviar und einen Koch an Bord. Die einen verkleinern die Sitzabstände und bauen zusätzliche Sitzreihen ein, die anderen werben mit einer Premium Economy mit viel Beinfreiheit. Die einen verringern die Anzahl der Toiletteneinheiten zugunsten von noch mehr Sitzreihen, die anderen finden Platz für eine Bar. Die einen verlangen Geld für jede Dose Cola, die anderen schenken Bier, Wein und Cognac kostenlos aus. Die einen verkaufen den Kaffee zu stolzen Preisen in Pappbechern, die anderen servieren ihn kostenlos in Porzellan. Die einen pflastern ihre Sitze mit Werbung voll und veranstalten Gewinnspiele, die anderen bieten elektronische Unterhaltungsprogramme mit tausend Filmen. Die einen beschränken das Gepäck auf immer kleinere Einheiten, die anderen räumen 30 kg Freigepäck ein. Die einen verlangen 15 Euro für einen Mittelstreckenflug, die anderen 1500. Welche Strategie wird sich auf Dauer durchsetzen?

312 Null Euro

2017 kündigten Ryanair Piloten wegen ihren Arbeitsbedingungen. Sie müssen sogar ihr Wasser bezahlen!

Immer wieder einmal bietet Michael O'Leary, Chef der Ryanair spektakuläre Sonderangebote wie zum Beispiel 300.000 kostenlose Flüge. Von der Bearbeitungsgebühr von fünf Euro redet man gar nicht. Von Flughafengebühren und Steuern auch nicht. Aber immerhin, Null Euro muss man erst mal unterbieten. Natürlich gibt es einen Haken, irgendwo. Zum Beispiel gilt es nur für Flüge zwischen 1. und 18. Dezember und zwischen 8. und 31 Januar. Oder es gibt sie nur ab einem bestimmten Flughafen. Und nur in eine Richtung. Und man muss bis spätestens Mitternacht des darauffolgenden Dienstags buchen. Und genau damit gelingt es ihm, im Gespräch zu bleiben. Leidensfähige Kunden mit kurzen Oberschenkeln fliegen auf solche Angebote. O'Leary jagt den Vollsortimentern zumindest schon mal die unkritischen Kunden ab und treibt diese Airlines vor sich her. Viele von ihnen haben sich selbst eine Billigsparte zugelegt und versuchen seine Strategien zu kopieren, ohne ihre Herkunft ganz zu verraten. Aber jemand bezahlt dafür, entweder der Kunde mit seiner Gesundheit, oder das Bordpersonal, das nach der nächtlichen Landung noch die Kabine säubern muss, die Piloten, die ja „selbständige Unternehmer" sind und nur für die Flugzeit bezahlt werden, oder die ganze Branche mit dem Verlust der Glaubwürdigkeit. Nichts ist nämlich umsonst.

313

Flugzeugsitze

Die Kunden verbringen vielleicht 12 Stunden in diesem Sitz. Und viele andere am nächsten Tag schon wieder, vielleicht für die nächsten drei Jahre. Andere saßen, ja lebten darauf in den Jahren davor. Kaum ein Möbelstück muss so vielen Anforderungen gerecht werden, wie ein Flugzeugsitz: Er soll schick aussehen, nicht zu hart, nicht zu weich, der Bezug soll Schweiß absorbieren, der Schaumkern jedoch soll trockenbleiben. Ist der Bezug aus Leder, soll er resistent sein gegen Schweiß und Buttersäure, schwer entflammbar, darf bei Brand keine toxischen Gase entwickeln, soll leicht sein, faltenfrei, reinigungsfreundlich, verschleißfest, leicht zu montieren. Der Rest ist Technik, je nach Klasse: Economy einfach, Business und First mit Massagefunktion und Konvertierbarkeit in die Horizontale, mechanisch verschleißfest, dämpfend bei harten Landungen oder im Falle eines Crashs. Rahmen, Netting, Backrest-Mechanik müssen vibrationsfest sein. Ausreichende statische Festigkeiten inkl. Reservefaktoren gegen Missbrauchslasten bei einzelnen Sitzbauteilen müssen gegeben sein. Last but not least, der Sitz soll möglichst wenig wiegen. Von der Industrie wird nichts weniger verlangt, als die eierlegende Wollmilchsau.

Flugzeugsitze sind Maschinen mit Internetanschluss.

Lounges

Komfort und Entspannung schon vor dem Flug bieten die Lounges.

Wer schon einmal Stunden an einem Abfluggate verbracht und auf den Einstieg in die Maschine gewartet hat, wird die Flughafen-Lounges schätzen, die manche Airlines anbieten. Bequeme Ledersessel, Tische, W-LAN, kostenlose Drinks, Snacks, bis hin zur vollwertigen Mahlzeit à la carte. Der Zugang zur Lounge hängt in den allermeisten Fällen von der gebuchten Klasse ab. In der First-Class Lounge der Lufthansa in Frankfurt kann man den Rundum Service von der Ankunft bis zum Boarding genießen. Garderobe, Check-in, eigene Security, Dusche, Büro, persönlicher Assistent, Ruheräume, Bar mit Weltklasseauswahl an Getränken, Restaurant, Unterhaltung, und zum Schluss noch die Abholung und Transport mit einem Oberklassewagen bis zum Flugzeug, In den Lounges geht der Wettbewerb in die andere Richtung als bei den Lowcoster, wo man am Gate oft nach einer Sitzmöglichkeit sucht und dann verzweifelt auf seinem Handgepäck Platz nimmt, welches ja auch immer kleiner werden muss.

Die klassischen Airlines üben den Spagat. Einerseits versuchen sie, sich gegenseitig durch immer mehr Luxus zu übertreffen, während sie am anderen Ende der Preisskala die Billigheimer zu unterbieten versuchen.

315

Emirates

Die Kleidung erinnert an Wüstensand, der Lippenstift ist farblich identisch mit dem „Pillbox-Hütchen“. Aber der besondere Pfiff kommt vom Schleier, ein Kompromiss zwischen der Kleidervorschrift für Frauen in muslimischen Ländern und der Sicherheit, wo Gesichtsfeld und Hören nicht eingeschränkt werden darf.

316

Virgin Atlantic

Während viele Airlines eher auf zarte Blautöne setzen, hell und positiv wie Schönwetterwolken, setzt Virgin auf sattes Rot. Dieses Rot findet sich überall in der Werbung. Die Airline will sich nach eigenen Worten damit von allen anderen abheben, aus dem Alltag hervorstechen, Lebensfreude signalisieren. „We fly in the face of Ordinary“, so CEO Richard Branson. Rote Lippen stehen nach seiner Doktrin für Jet-Set Glamour und Stil. Das passe genau zu seiner Airline. Und natürlich gibt es das Lippen-Gloss an Bord zu kaufen. Die Produktlinie heißt „Pretty Amazing“, die Farbe „Upper Class Red“.

317 Singapore Airlines

Als Singapore Airlines in den 1970er-Jahren nach einem Design für seine Cabin Crew suchte, beauftragte sie den französischen Modeschöpfer Pierre Balmain. Er entwarf den „Sarong Kebaya“. Während er das Flair Singapurs auf den Stoff brachte, empfand er den Halsausschnitt dem der Nofretete nach. Seitdem wurde das Singapore Girl zur Marketing Ikone der Airline. Vielleicht liegt darin ein Geheimnis des Erfolgs? Singapore Airlines ist aber auch ein interessantes Beispiel, wie man die Arbeitskleidung des Kabinenpersonals auf den Charakter der Airline abstimmt. Da ist die Muttergesellschaft mit ihren hochseriösen Uniformen. Sie steht für Kontinuität, klassischen Service und luxuriöses Ambiente.

318 Tiger Airways

Tiger Airways war ein Low-Cost-Ableger von Singapore Airlines. Hier gingen die Uniform-Designer einen ganz anderen Weg: Jugendlich, frisch, frech. Das Halstuch erinnert an den Namen und das Design der Flugzeuge. Das Streckennetz bediente vor allem die sogenannten Tiger-Staaten Singapur, Hongkong, Taiwan und Südkorea. Es spannte sich aber auch von Südostasien bis nach Australien. Der Plan hatte Erfolg, Tiger wurde 2017 erweitert, mit Scoot zusammengelegt und fliegt nun unter deren Namen weiter.

319

Scoot

Die verschiedenen Low-Cost-Töchter der Singapore Airlines füllen das Flugangebot des Stadtstaates, sehr zum Leidwesen anderer Lowcoster wie der malaysischen AirAsia, der australischen Jetstar und der indonesischen Lion Air. Auch Scoot setzt auf frische Farben und junges, sportliches Personal. Die gelb-schwarzen Anteile von Tiger wurden in die Uniform eingebracht.

320

Silk Air

Silk Air gehört ebenfalls zur Singapore-Airlines-Gruppe. Wiederum haben die Strategen einen ganz unterschiedlichen Approach zur Muttergesellschaft gewählt: pastellfarben, freundlich seriös. Das Streckennetz bedient Südostasien und Australien. Ursprünglich wurde die Tochtergesellschaft aus Singapur als Charterunternehmen gegründet.

321

Hooters Air

Die amerikanische Fast-Food-Kette Hooters ist bekannt durch seine Hooters Girls, Bedienungen, die in orangefarbener Cheerleader-Kleidung, Shorts und Tanktops die Gäste bedienen. Die passende Airline dazu wurde 2002 gegründet. Die Hooters Girls verkauften Speisen und Getränke an Bord. Es waren jedoch keine ausgebildeten Stewardessen. Diese waren natürlich auch an Bord, trugen aber eine eher konservative Kleidung. Nach den Hurricans Katrina und Rita stiegen die Kerosinpreise, worauf Hooters Air die Dienste einstellte.

322 Southwest

Southwest Airlines, heute die größte Low-Cost-Airline der Welt, gab sich früher alles andere als zugeknöpft. Ihre orange gekleideten Stewardessen trugen Hotpants, die die Airline heute bei Kunden schon mal beanstanden würde. Es wurden Fälle bekannt, bei denen sich Damen umziehen mussten, weil ihr Kleid zu kurz war. In mindestens einem anderen Fall wurde eine junge Frau in Leggings in eine Flugzeugdecke gehüllt. Da sich die abgewiesenen Passagierinnen danach aber jedes Mal an die Presse wandten und ihre Story mit einem Foto auf Twitter verbreiteten, brach regelmäßig ein Shitstorm über die Airline herein, in dem geschworen wurde, nie wieder Southwest zu fliegen.

323 American Airlines

Es ist trotz Testphase offenbar nicht ohne Risiko, das Heer der Flugbegleiter neu einzukleiden. Als American Airlines ihre 70.000 Mitarbeiter in die neuen Uniformen steckte, sammelten sich 5.000 Klagen über Kopfschmerzen, Hautreizungen, Jucken, Schwellungen, Augentränen und Atembeschwerden. Verantwortlich könnte die chemische Bearbeitung der Stoffe sein. Also bestellte American auch Versionen mit anderen Zusammensetzungen. Bei millionenteuren chemisch-dermatologischen Testreihen wurden unter anderem Bestandteile von Formaldehyd und Cadmium gefunden. Mitarbeitern, die allergisch auf die neue Uniform reagieren, wurde erlaubt, die alten Kleider weiterzutragen. Die Airline kündigte mittlerweile den Vertrag mit dem Hersteller und ist auf der Suche nach Alternativen. Das aber kann noch Jahre dauern.

324 Etihad

Die Ansprüche, die an eine Airline-Uniform gestellt werden, sind sehr hoch. Besonders für die Arbeit in der Kabine. Die Stoffe müssen fleckabweisend und leicht waschbar sein, Tropfen von Getränken sollen möglichst schwer sichtbar bleiben. Knitterfreie Stoffe verhindern, dass ein Flugbegleiter auch nach einem kurzen Schläfchen aussieht, als wohnte er unter einer Brücke. Die Stoffe sind schwer entflammbar, die Nähte dürfen nicht aufplatzen, unter den Armen dürfen keine Schweißflecken entstehen, das Ganze muss bequem sein, leicht kombinierbar, mit anderer Funktionskleidung. Sie muss zum Design und der Farbgebung der Kabine passen und soll adrett und freundlich aussehen.

325 Pacific Southwest PSA

Eine Stewardess der PSA schrieb einst ein Buch über ihre Arbeit mit dem Titel „Long legs and short nights“. In der Tat steckte die Airline ihr weibliches Kabinenpersonal 1960 in die industrieweit kürzesten Minikleider. 1970 kamen dann Hotpants zum Einsatz. Die Stewardessen standen im Mittelpunkt der Airline. Mit ihrer guten Laune, ihrem Spitzenservice und ihrem Diensteifer schufen sie einen treuen Kundenkreis, der stets wiederkehrte. Die Stewardessen gründeten gar eine „Precious Passenger Association“, in die sie besonders freundliche und hilfsbereite Passagiere wählten. Diese erhielten eine Mitgliedskarte und freie Drinks auf allen Flügen. Ein Vielflieger gründete daraufhin die „Precious Stewardess Association“, deren Mitglieder besonders bei Flügen am frühen Morgen den Stewardessen kleine Geschenke mitbrachten. 1988 ging die Airline in der USAir auf.

326 Wizz Air

Corporate Identity: Seit 2004 setzt der ungarische Lowcoster Wizz Air in ganz Europa seine Akzente. Kaum eine Airline wächst so schnell. Auf mittlerweile 28 Basen in 15 Ländern stationiert die Fluggesellschaft ihre 133 Flugzeuge mit dem pinkfarbenen Anstrich. Die körperbetonten Uniformen sind auf die Farben der Maschinen abgestimmt.

327 Austrian Airlines

Ladies in Red. Bei der Beschaffung neuer Uniformen für Austrian Airlines standen graue Strumpfhosen zur Wahl. Doch die Mehrheit der 2.700 Stewardessen wollte die roten behalten, mitsamt ihren roten Schuhen. Sie waren längst zu einem beliebten Markenzeichen der österreichischen Airline geworden. Austrian veranstaltete sogar eine Umfrage unter Kunden, welche Farbe sie bevorzugten. Die Wahl fiel dabei mehrheitlich auf Rot.

328

Brussels Airlines

In der Farbpsychologie spielt Rot eine ganz besondere Rolle. Einerseits signalisiert die Farbe Gefahr, sie wird mit Stoppschildern oder Blut assoziiert. Andererseits wirkt Rot an einer Frau magisch anziehend und geheimnisvoll. Fotos wirken besser, wenn irgendwo ein roter Punkt zu sehen ist. Das dürfte einer der Gründe sein, wenn Airlines darauf achten, dieses Zeichen von Lebendigkeit ihrem Erscheinungsbild hinzuzufügen. Und natürlich wird man darauf achten, dass das selbe Rot immer wieder auftaucht, bis hin zum Logo im Briefbogen.

329

Air Tahiti

Im Gegensatz zu den großen Mega-Carriern haben es Nischen-Airlines relativ einfach, ansprechende Uniformen zu beschaffen. Überschaubare Stückzahlen halten die Kosten gering, so dass auch ein gelegentlicher Wechsel im Erscheinungsbild nicht zu sehr ins Geld läuft. Wichtig erscheint bei Air Tahiti, das Flair der Südsee einzufangen, und sich in das Gesamtbild von Palmen, Muscheln, duftenden Blüten und unbeschwerten Lebens einzufügen. Aber Achtung! Trägt die Dame die Blume hinter ihrem linken Ohr, ist sie verheiratet oder anderweitig in festen Händen. Die Blume hinter dem rechten Ohr signalisiert: „Ich bin noch zu haben“.

330

Qantas

Der australische Mode-Designer Martin Grant entwarf die neuen Uniformen für Qantas. Natürlich wurde ein Topmodel engagiert, das die Kreationen vorführte, sehr zum Leidwesen der 12.000 Angestellten, die die Kleidung tragen müssen, aber nicht die Modelmaße haben. Auch hier haben wir wieder die Leuchtfarbe Rot, die auch das Leitwerk der Qantas-Maschinen mit dem fliegenden Känguru reflektiert. Auch die Australier bemühten in der Vergangenheit führende Modeschöpfer wie Yves Saint Laurent, Pucci oder Marc Newson für ihre Uniformen.

331

Lufthansa

Seit über zehn Jahren kleidet die Lufthansa während des Oktoberfests ihr Kabinenpersonal auf Flügen zwischen 20 internationalen Destinationen und München in traditionelle bayerische Tracht: Dirndl und Lederhosen. Trotz jährlich wechselnden Herstellern findet sich dabei das Lufthansa Farbschema gelb, blau und weiß wieder. Zwischen den Wiesen-Festen ist die Lufthansa-Bordkleidung streng traditionell, mit Lufthansa-gelbem Schal und Pillbox-Hütchen. Bunte Experimente hat es bei dieser Fluggesellschaft noch nie gegeben. Damit versucht sie ihre Seriosität zu unterstreichen.

332

Cebu Pacific

An Bord der bunten Maschinen von Cebu Pacific werden die Sicherheitsanweisungen schon mal im Mittelgang zum Playback aus dem Bordlautsprecher getanzt und gesungen. Gute Laune und jugendliche Dynamik in Schmetterlingsfarben ist bei der philippinischen Airline Programm. Auch die Flugzeuge sind in diesen lustigen Farben bemalt. Verantwortlich für den Öffentlichkeitsauftritt ist der Chefstratege und Senior Vice President von Cebu Pacific, dessen Eltern offenbar Humor und Weitblick hatten. Sein Name ist Programm: Johann M. Sebastian Bach.

333

Korean Air

Gianfranco Ferré entwarf den Look der Korean-Air-Stewardessen bereits im Jahr 2005. Er ist seitdem unverändert. Sie entsprechen ganz dem Painting der Flugzeuge mit dem hellblauen Anstrich. Die Unterseite der Flugzeuge ist weiß. Von der Farbtreue abgesehen sind Schnitt und Tragekomfort bei den Trägerinnen beliebt wie nie zuvor. Teil der Ausstattung sind auch weiße Hosen, was man bei Korean Air zuvor noch nie gesehen hatte. Korean erwartet vom Personal stets einen makellosen Auftritt.

Air Greenland ist die nördlichste Airline der Welt. Mit ihrem Airbus A330-200 verbindet sie die Insel mit Europa, von Kangerlussuaq nach Kopenhagen.

Der Autor

Andreas Fecker, Hauptmann der Luftwaffe im Ruhestand, geboren 1950 in Konstanz, hat sein ganzes Leben in den Dienst der Flugsicherung gestellt. Als aktiver Tower- und Radarcontroller hat er auf einigen der verkehrsreichsten Militärbasen Europas gearbeitet. Er hat ungezählte Fortbildungslehrgänge besucht und sich zu einem der führenden Verfahrensbearbeiter spezialisiert. Als Lehrer hat er am militärischen Ausbildungszentrum für Flugsicherung nicht nur Tower- und Radarlotsen ausgebildet, sondern auch international frequentierte Lehrgänge in der Verfahrensbearbeitung abgehalten. Er setzte in Europa die Anpassung militärischer Anflugkriterien an ICAO-Normen durch und initiierte die Umstellung.

1996 bis 1998 leitete er die NATO-TERPS-Zelle, die für Bosnien-Herzegowina die Instrumentenanflugverfahren berechnet und veröffentlicht hat. Die bosnische Regierung beantragte später beim Verteidigungsministerium seine Entsendung nach Sarajevo, um in der dortigen Luftfahrtbehörde zivile Strukturen aufzubauen.

Nach seiner Versetzung in das Amt für Flugsicherung der Bundeswehr hatte er neben seiner Tätigkeit im Vorschriften- und Lizensierungswesen auch einen Platz bei EUROCONTROL in mehreren Arbeitsgruppen, in denen die Zukunft des europäischen Luftraumes geplant wurde. Zwischen 2001 und 2017 erschienen drei Dutzend Bücher in sieben Sprachen von ihm. Seit Juni 2013 hat Fecker eine eigene Luftfahrtkolumne im Flughafenmagazin airportzentrale.de. Einmal wöchentlich erzählt er darin Geschichten aus der Fliegerei und klärt zu Luftfahrtthemen auf. Fecker erhielt 2013 den Hugo-Junkers-Journalistenpreis.

Bildnachweis

Abel Kavanagh: 5; Aero Icarus: 308; Aeroprints.com: 247; Air New Zealand: 88, 257; AirAsia: 51; Airbus: 50, 106, 259, 262, 271, 272; Alaska Airlines: 16/17; Alan Lebeda: 87; Aleksey KU: 247; Alex Tino Friedel: 274; Alfred T. Palmer: 218; Algkalv: 306; Alibaba: 304; Alitalia: 105; American Airlines: 323; Andreas Fecker: 3, 20, 26, 27, 31, 37, 38, 43, 45, 46, 55, 58, 61, 64, 65, 86, 91, 97, 108, 116, 123, 125, 126, 152, 159, 161, 163, 168, 170, 182, 187, 189, 191, 211, 223, 252, 261, 263, 264, 286, 292, 293, 301, 302, 303, 311, 329; Andres Dallimonti: 80; Andrew Heneen: 299; Árni Friðriksson: 282; AsiaOne: 202; AUA: 327; Azizul Islam: 177; BA: 16; BMVg: 186; 224; 227; Bobmil42: 289; British Airways: 19; Brussels Airlines: 328; BZPB: 47; Camelotrose: 13; Carl Davies: 22; Cathay Pacific: 40; Cebu Pacific: 332 ; China News: 196; Chris Lofting: 175; Christopher Doyle: 33; Cody Collection: 153; Colombian Air Force: 209; Copenhagen Airport: 176; Daily Mail: 6; Dave Carroll: 18; David Shankbone: 117; DB Schenker: 305; Delta/Andreas Fecker: 71; Denise Eberli: 57; Deutsche Post: 142; DHL: 77; Dietmar Plath: 296; Ding Ding: 162; Dipankar Bhakta: 265 o.; DJI: 269; Dominik Maxeiner: 157; EAA Oshkosh: 34; Ehang: 48; Emirates: 315, 319; Erik Lesser/Getty Images: 321; Etihad: 324; Eurowings: 23; Evergreen Aviation Museum: 246; Evergreen: 29; FAA: 199, 206, 210, 280, 288; FBI: 188; FedEx: 75; Flughafenfeuerwehr München: 179; FOS Hemer: 21; Foto Ad Meskens: 99; Frank Kovalchek: 265 u.; Fraport: 172, 178, 287, 307; Greg L.: 207; Gulf Air: 313; Günter Wicker, Flughafen Berlin Brandenburg GmbH: 173; Halifax Airport: 200; Hans-Ulrich Rudolph: 42; Holger Lorenz: 254; Honolulu Daily: 192; Hugues Mitton: 164; Hyundai: 24; Ian Dunster: 248; Infrogmation of New Orleans: 101; ITAF: 279; Jean Nakashia: 113; Jeaneeem: 190; Joergen Eliassen: 284/285; John Murphy: 273; Juanita Banana: 84; Julian Herzog: 118; Junkers Stiftung: 73; 140; 236; Jürgen Naglik: 10; KAL: 333; Kareli: 163; Key Publishing: 9; KLM: 69; Kok-Chwee-Sim: 252, 310; Kornelia Klaus, Flughafen Stuttgart: 39; Leonardo Perez: 167; Lewisporte High: 14; Loganair: 158; Lufthansa: 73, 233, 255, 314, 331; Lufthansa Cargo: 25; Luftwaffe: 253; Marco Toso: 90; Marek Woszniak: 258; Maritime Cyprus: 4; Mark Brouwer: 109; Markus Fecker: 138; Matthias Kabel: 230; Max Orchard – Christmas Island Tourism Association: 166; Max Teuber: 184; Me677: 119; Miami Airport: 11; Michael Prophet: 100; Michael Wirnsperger: 104; Milko Vuille: 150; Ministero dell'Economia e delle Finanze: 28; MNXANL: 49; Moralist: 165; NASA, Overlay Fecker: 53, 96, 197, 283; NASA: 127, 244, 251, 277; Nathan Hukill: 101; Nizam Hakim: 169; NOAA: 290; NTSB: 44, 201; Paul Cardin: 35; Paul Moreley: 249; Perry Hoppe: 12; picture alliance/akg: 212; Pikappa: 204; Polihale: 32; Polizei BW: 205; Pratt & Whitney: 268; Public Domain: 1, 2, 8, 12, 41, 52, 60, 66, 70, 79, 82, 98, 102, 128, 129, 130, 131, 132, 133, 134, 135, 136, 137, 141, 143, 144, 145, 146, 147, 149, 155, 174, 185, 193, 195, 203, 208, 213, 215, 216, 217, 219, 225, 228, 229, 231, 238, 240, 241, 242, 243, 276, 281, 284, 295, 298, 325; Qantas: 68, 239, 330; Qatar Airways: 121; Renardo La Vulpo: 56; Richard Schneider: 260; Richie Diesterheft: 181; Rimowa: 95; Roland Oster: 44; Rolls-Royce: 266; Ryanair: 312; San Diego Air & Space Museum: 139; Szabo Gabor: 8; SDASM: 245; Shao: 294; Shell: 124; Simon Sees: 54; Singapore Airlines: 309, 317, 317, 318, 319; Skyguide: 285; South Korean Department of Defense: 36; Southwest Airlines: 92; 322; Stefan Martin: 11; Sven Scharr: 156; Sven-Sebastian Sajak: 151; Swissair: 74; TAROM: 256; Tewksbury Police: 83; Ti Xiao: 160; Tony Williams: 114; University of Texas: 62; U. S. Coast Guard: 7; US DOD: 148, 183, 198, 237, 275, 278; US DOT: 286; U.S. Navy: 171, 222, 226, 300; USAF AMC: 5, 7; USAF: 30, 59, 89, 122, 154, 180, 194, 196, 214, 220, 221, 225, 232, 267, 270, 291; Virgin Atlantic: 63, 316, 320; Widerøe: 81; WizzAir: 326; Zeesenboot: 17.

Impressum

Unser komplettes Programm finden Sie unter

www.geramond.de

Verantwortlich: Johannes Abdullahi
Satz und Layout: VerlagsService Gaby Herbrecht
Einbandgestaltung: Ralph Hellberg
Schlusskorrektur: Michael Dörflinger
Repro: Cromika
Herstellung: Anna Katavic
Printed in Italy by Printer Trento

★★★★★

Sind Sie mit diesem Titel zufrieden? Dann würden wir uns über Ihre Weiterempfehlung freuen. Erzählen Sie es im Freundeskreis, berichten Sie Ihrem Buchhändler, oder bewerten Sie das Werk online. Und wenn Sie Kritik, Korrekturen Aktualisierungen haben, freuen wir uns über Ihre Nachricht an den GeraMond Verlag, Postfach 40 02 09, D-80702 München oder per E-Mail an lektorat@-geramond.de.

GeraMond Verlag
Lektorat Postfach 40 02 09
D-80702 München
E-Mail: lektorat@geramond.de

Die Deutsche Nationalbibliothek verzeichnet diese Publikation in der Deutschen Nationalbibliografie, detaillierte bibliografische Daten sind im Internet über http://dnb.d-nb.de abrufbar.

Umschlag:
Vorderseite innen: Auf seine Art eine wahre Kuriosität: der Flughafen Berlin Brandburg (Willy Brandt). Selten wurde so oft und so viel über einen Flughafen berichtet, der immer noch nicht fertig gebaut ist. Eigentlich hätte er 2011 in Betrieb gehen sollen. Verschiedene Pannen und Versäumnisse verhinderten dies (dazu gehörten Probleme beim Brandschutz, bei der Leittechnik, zu kurze Rolltreppen …). Mehrmals wurde der Eröffnungstermin verschoben. Inzwischen wird eine Eröffnung für 2019/2020 ins Auge gefasst (Stand: Jahreswende 2017/2018). Foto: Mario Hagen/Shutterstock
Rückseite innen: Chicago O'Hare International Airport ist ein Flughafen-Gigant. Aus dem in den 1940er-Jahren als Werksflughafen für die Douglas Aircraft Company gebauten Airport wurde der größte Flughafen Chicagos, der zugleich drittstärkst frequentierte Flughafen der USA (Stand: 2016).Foto: Thomas Barrat/Shutterstock

ISBN 978-3-95613-041-0